宁夏清水河流域水环境功能分区及水承载力研究

邱小琮　赵增锋　段杰仁　赵睿智　著

中国水利水电出版社
www.waterpub.com.cn
·北京·

内 容 提 要

本书针对清水河流域水环境恶化的现状，对清水河干流，双井子沟、苋麻河、中河、西河、冬至河、井沟、沙沿沟、折死沟、中卫五排等支流进行了系统调查研究和综合评价，并提出了清水河研究的任务和远景。全书共9章，包括清水河流域概述、清水河流域水环境因子时空分异特征、清水河水环境功能分区、重金属分布特征与风险评估、清水河浮游生物及河岸带植物群落结构研究、生态环境需水量、水生态承载力研究、水生生态系统健康评价、任务与远景。

本书适用于大中专院校、科研院所及相关政府部门从事水环境、水生态、植物保护等人群阅读。

图书在版编目（CIP）数据

宁夏清水河流域水环境功能分区及水承载力研究 / 邱小琮等著. -- 北京 : 中国水利水电出版社, 2023.5
ISBN 978-7-5226-1210-2

Ⅰ. ①宁… Ⅱ. ①邱… Ⅲ. ①流域－区域水环境－区域生态环境－环境功能区划－研究－宁夏②流域－区域水环境－区域生态环境－环境承载力－研究－宁夏 Ⅳ. ①X321.243

中国国家版本馆CIP数据核字(2023)第003314号

书 名	**宁夏清水河流域水环境功能分区及水承载力研究** NINGXIA QINGSHUI HE LIUYU SHUIHUANJING GONGNENG FENQU JI SHUICHENGZAILI YANJIU
作 者	邱小琮 赵增锋 段杰仁 赵睿智 著
出版发行	中国水利水电出版社 （北京市海淀区玉渊潭南路1号D座 100038） 网址：www.waterpub.com.cn E-mail：sales@mwr.gov.cn 电话：（010）68545888（营销中心）
经 售	北京科水图书销售有限公司 电话：（010）68545874、63202643 全国各地新华书店和相关出版物销售网点
排 版	中国水利水电出版社微机排版中心
印 刷	天津嘉恒印务有限公司
规 格	184mm×260mm 16开本 13.75印张 335千字
版 次	2023年5月第1版 2023年5月第1次印刷
印 数	0001—1000册
定 价	**98.00**元

前言

清水河是宁夏回族自治区（以下简称“宁夏”）入黄河的最大一级支流，发源于原州区开城乡黑刺沟脑，流经原州区、海原县、西吉县、同心县、红寺堡区、中卫市至中宁县泉眼山汇入黄河，流域面积14481km^2。水在宁夏经济社会发展中起着举足轻重的作用，近年来，伴随着宁夏科技的发展和工业化进程的不断推进，清水河沿岸城市及村庄的需水量及污染排放量都在不断增加，加上流域内植被结构单一，沙漠化严重，引起河流水质不断恶化，加速了水体的富营养化和污染程度。

针对清水河流域水环境恶化的现状，作者团队对清水河干流，双井子沟、苋麻河、中河、西河、冬至河、井沟、沙沿沟、折死沟、中卫市第五排水沟等支流进行了系统的调查研究。于2017年11月，2018年4月、7月、11月，2019年4月、7月、11月对清水河流域的水环境因子、水生生物、河岸带植物、鱼类进行了采样调查，分析研究了清水河流域干、支流水环境因子的时空分布特征及水质的主要影响因子，对水质进行了综合评价，并采用灰色GM（1，1）模型对清水河流域水环境因子的变化进行了预测。基于遥感影像及实地勘测数据，结合河岸带功能、土地利用类型及清水河流域的开发规划远景，采用系统动力学模型计算了清水河水环境承载力，进行了清水河流域水功能分区并制定了水功能区划原则及编码方案。评价了清水河流域水体、底泥中4种重金属的污染水平；分析了清水河流域浮游生物、鱼类、河岸带植物的种类组成、群落结构、密度、生物量以及生物多样性；计算了清水河干流的生态环境需水量、水生态承载力，对水生生态系统健康进行了评价。根据研究评价结果，提出了清水河研究的任务和远景。

清水河流域是典型的地氟病高发区，地方性氟中毒已经成为一种严重危害当地居民身体健康的地方病。20世纪70年代以来，我国的环境科学工作者、医学地理学工作者和土壤学工作者从氟污染和地方性氟中毒病的角度出发，对土壤和地下水中的氟含量进行了大量研究。目前的研究主要集中在氟的区域空间分布、来源、赋存形态、迁移转化的影响因素以及控制对策等方面，对水体、沉积物、土壤中氟赋存形态的形成机理、迁移规律等研究的深度和广度都还不够。因此今后需要对清水河流域水体、沉积物、河岸带土壤、流域内农田土壤及农作物中不同形态的氟进行研究，研究多态氟的迁移转化规律及其与环境因子、水文、气象因素的关系，确定氟在植物、动物、微生物间的迁移转化规律、迁移通量及迁移机制。

本书得到了宁夏高等学校一流学科建设（水利工程）资助项目（NXY-LXK2021A03）资助。本书第1～3章、第9章由邱小琮主笔，第4～6章由赵增锋主笔，第5章由段杰仁主笔，第7～8章由赵睿智主笔，雷兴碧、吴岳玲、李世龙、郭琦、王世强、欧阳虹等参与了研究与编写，在此一并致谢。

由于作者水平有限，书中不足之处在所难免，望专家和同仁不吝指正。

编者

2023年4月

目录

第1章 清水河流域概述

1.1 自然地理概况

清水河是宁夏入黄河的最大一级支流，发源于原州区开城乡黑刺沟脑，流经原州区、海原县、西吉县、同心县、红寺堡区、沙坡头至中宁县泉眼山汇入黄河，流域面积14481km^2（其中宁夏境内13511km^2，甘肃境内970km^2），河长320km，河源海拔2480m，河口海拔1192m，河道平均比降1.49‰。宁夏境内流经原州区、西吉县、海原县、同心县、中宁县、红寺堡区及中卫市共51个乡镇、701个行政村。

清水河流域地处黄土高原的西北边缘，地势南高北低，地貌以黄土覆盖的丘陵为主。河谷为清水河冲洪积河谷漫滩，地势南高北低。山地海拔一般为1500～2000m，由于受水流切割，形成了川、台、塬、梁、峁等地貌。漫滩为第四系松散冲洪积物，含少量砂壤土、角砾。

地形分布：山区占总面积的4%，山麓丘陵占34%，黄土丘陵区占48%，河谷川台区占14%。

1.2 地势

清水河流域位于我国西北黄土高原，地形类别有三种。一是山区，流域西南有六盘山脉，海拔一般在2500m以上，使流域呈西南高而东北低的地势；流域东部为南北向断续分布的剥蚀残山；北部诸山高出当地丘陵很多；流域周围的山区地势较高，构成与泾河、渭河、祖厉河的分水岭。二是黄土丘陵沟壑区，分布于流域的中上游，呈特有的黄土沟谷和峁梁丘陵地理景观，相对高差60～100m，黄土覆盖层厚30～100m，植被稀疏，树木极少，水土流失严重。三是川区，约占流域面积的15%，分布于干流两岸，顺河而上延伸长200km以上，平均河谷宽约5km，在固原县黑城镇一带及同心县城以北河段，河谷宽达10km以上，共有川台地超过150万亩，地面平缓宽阔，利于耕种，是发展农业的好地方。这种宽谷河流的形成，是受地质构造的影响。自燕山运动以来，流域南部的六盘山急剧上升，而中部沿南北方向发生断陷，几经演变，发育成今日的清水河宽谷。

1.3 气候与降水

流域地处温带半干旱气候区，区域气温由北向南递减，流域南北部气候差异明显，呈南寒北暖、南湿北干的特点，年平均气温8.1～8.4℃。南部地区属暖温带半湿润区，中部属中温带半干旱区，以北地区为中温带干旱区。冬寒漫长但日照充足，降水量时空分布不均，南部地区较为充沛，70%～75%集中在汛期，年平均降水量349mm，降水主要集中在7—10月，最大降水量出现在8月，最小降水量出现在12月或1月。

清水河光照充足、湿度小，风大且水面蒸发较强，年平均蒸发量为1272mm，在900～1300mm变化，由南向北逐渐递增（11月至次年2月为结冰期，蒸发量较小）。春季气温逐渐升高，蒸发量大大增加，5—7月蒸发量达到最大，这3个月是农作物耕种和生长的季节，且需要较多水量，而此时蒸发量也非常大，导致水资源利用相当紧张。9月、10月，气温逐渐下降，水面蒸发量也逐渐下降。

清水河流域属大陆性气候，由于南部受六盘山、北部受腾格里沙漠的影响，以及纬度的差异，流域南部和北部气候差别很大。南部固原市以南地区年平均降水量650mm，年平均蒸发量1200mm，年平均气温5～6℃，无霜期110～130d。北部同心县以北地区，年平均降水量只有220mm或更少，是黄河流域的少雨区，年平均蒸发量高达1800mm，年平均气温7～9℃，无霜期130～150d。

1.4 河流水系

1.4.1 地理分布特征

清水河多年平均径流量1.65亿m^3，但部分支流表现出干旱半干旱河流的特点。清水河左岸主要支流有冬至河、中河、苋麻河、西河、金鸡儿沟、长沙河等，右岸有杨达子沟、大红沟、双井子沟、折死沟、洪泉沟等，清水河主要流域划分图如图1.1所示。

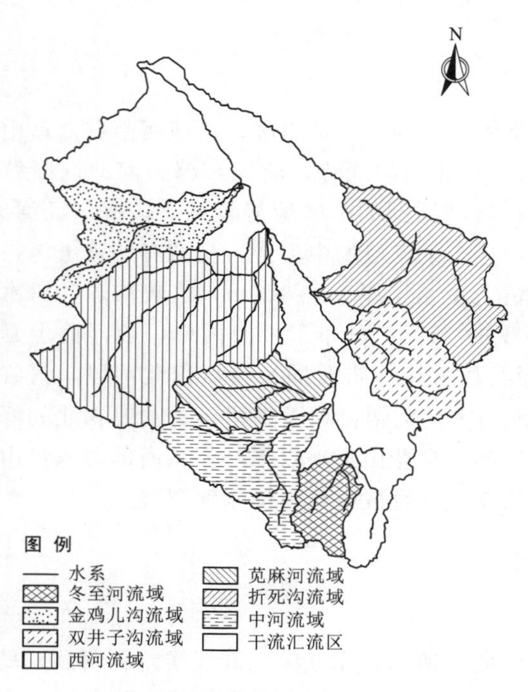

图1.1 清水河主要流域划分

西河是清水河左岸最大一条支流，发源于海原县南华山，流域面积3048km^2，其中宁夏境外303km^2，河道长122.9km，平均坡降6.48‰。较大支流有马营河、贺堡河、大沙沟等，是清水河支流中水库最多的一条支流。在西河入清水河上游建有石峡口水库，控制流域面积3048km^2，总库容2.4亿m^3，有效库容6700万m^3，2010年除险加固完成，是西河出口断面控制性中型水库。

苋麻河为清水河中游左岸支流，属黄河水系二级支流，主要由撒家台沟、郑旗沟及财沟河汇成，流域总面积763km^2，河道总长度80.4km，平均坡降6.69‰。苋麻河流域为黄土丘陵沟壑地形，基本水文特点是降水少、蒸发大、径流少、泥沙大等。苋麻河上建有苋麻河水库，坝址以上控制流域面积

688km²，占苋麻河流域面积的90%。

中河为清水河中游左岸支流，属黄河水系二级支流，上游位于西吉县境内，下游位属于海原县境内。流域总面积1190km²，沟道总长98.7km，平均坡降5.17‰。上游有杨明河和臭水河两大支流，杨明河总流域面积488km²，臭水河总流域面积477km²。在杨明河和臭水河汇入点下游建有寺口子中型水库，距河口34.5km，坝址以上流域面积1022km²，占中河流域面积的86%。

冬至河为清水河左岸支流，位于原州区境内，总流域面积500km²，河长45.1km，平均坡降9.06‰。该流域大多属于低山丘陵区，在冬至河水库以下均为清水河河谷平原。冬至河上建有冬至河水库，坝址以上流域面积为279km²，占中河流域面积的56%。

折死沟是清水河右岸最大的一条支流，发源于甘肃省环县毛井乡墩墩梁，流域面积1860km²，其中：同心县境内流域面积1498.4km²，甘肃省环县境内流域面积367km²。流域主沟道长102km，比降3.11‰，平均沟宽500m，平均沟深80m。地势东北高，西南低，海拔1984～1400m。

双井子沟流域面积945km²。金鸡儿沟流域1069km²。

清水河流域主要水系及河道特征见表1.1。

表1.1　清水河流域主要水系及河道特征

河名		发源地点	左右岸	集水面积/km²	河道长度/km	平均坡降/‰
干流	一级支流					
固原水文站				210	26.5	12.4
沈家河水库				313	39.5	9.1
	杨达沟	固原寨科乡蜗牛山	右	205	26.3	7.21
	杨达水库			204	24.8	7.27
二营水库				624	56.8	6.39
	冬至河	固原红庄乡上台	左	500	45.1	9.06
	冬至河水库			279	32.5	13.8
	中河	西吉偏城乡任家洼	左	1190	98.7	5.17
	中河（寺口子水库）			1022	64.2	5.08
	苋麻河		左	763	80.4	6.69
	苋麻河水库			688	53.6	11.7
苋麻河汇入点				3596	121.7	2.63
	双井子沟	固原炭山乡两湾峁	右	945	61.8	3.85
韩府湾水文站				4935	138.0	2.39
	折死沟	甘肃环县毛井乡墩墩梁	右	1860	102.0	3.11
高崖断面				7329	184.1	1.86
	八里沟	窑山乡峁头上	右	93.5	28.5	13.8
	洞子沟	窑山乡王石川以上	右	113	34.1	11.2
	西河	海原关庄乡中嘴梁	左	3048	122.9	6.48

续表

河名		发源地点	左右岸	集水面积 /km^2	河道长度 /km	平均坡降 /‰
干流	一级支流					
	边浅沟	同心窑山乡窑山	右	150	32.1	12.7
	洪泉沟	同心纪家乡张家山南	右	214	36.8	11.3
	边桥沟	兴隆乡前光川	左	103	25.0	9.25
同心豫海断面				11200		
	金鸡儿沟	甘肃靖远黄家凹山	左	1069	92.6	6.58
马家河湾水文站				13015	262.7	1.5
	长沙河	中卫红泉乡香山寺	左	574	71.4	10.0
	小红沟	喊叫水乡朱宝山	左	79.2	23.0	19.6
	石滩沟	纪家乡小风台疙瘩	右	152	30.0	13.3
长山头水库				14174	292.2	1.41
	宽口井沟		左	47.0	20.3	25.0
泉眼山水文站				14480	318.4	1.42

清水河沿线平面形态及纵向变化较大，根据河段情况分为上、中、下 3 个河段，其中沈家河以上相对顺直，沈家河至中宁县石喇叭村陡槽段进口河道蛇曲盘行，以下河段较为顺直，两岸为灌区，河道窄深。

(1) 上游黑刺沟脑至沈家河水库。该河段属清水河上游，长 39.1km，其中黑刺沟脑至开城段为河流源头，长约 9km，河源宽度 2m 左右，黑刺沟脑以后河道宽为 10～20m，纵比降 48‰，弯曲率 1.13，主流常年基本稳定；开城至沈家河水库段长 30.1km，为粉土质黄土河床，河宽最窄 13m，最宽 250m，河道纵比降约 10‰，弯曲率 1.11。开城至沈家河水库段区间沿线河道宽度变化较大，开城至三十里铺河段长 5.7km，河宽 12～40m，平均河宽约 17m，河道纵比降 20‰，弯曲率 1.16；三十里铺至二十里铺河段长 6.6km，河宽 30～50m，河道纵比降 14‰，弯曲率 1.15；二十里铺至固原火车站河段长 11.1km，河宽 50～150m，河道纵比降 9.7‰，弯曲率 1.13；固原火车站至沈家河水库河段长 6.7km，河宽 150～250m，河道纵比降 4.0‰，弯曲率 1.17。

(2) 中游沈家河水库至长山头水库。该河段长 251.4km，河宽 40～80m，该段属河道中游，反映了清水河主要的河道特性，河床为砂壤土，河道属于典型的蜿蜒型河道，主河槽呈弯曲形，深槽紧靠凹岸，边滩依附凸岸，凹岸冲蚀，凸岸淤长。该段河道纵比降 3.0‰～1.0‰，弯曲率 1.69，其中多处畸形河弯，最大弯曲率达 11.6。

(3) 下游长山头水库至泉眼山。该河段长 29.5km，河床主要由卵石、粉土、粉细砂构成，河宽 60～200m，河道纵比降约 1.2‰，两岸地势较为平坦，河道弯曲率 1.18。其中长山头水库坝下约 8km 段进入峡谷段，河宽 30m，纵比降 2.85‰，弯曲率 1.06，主流常年基本稳定；中卫宁公路至杨营段（七星渠渡槽以下 290m）长 0.85km，河宽约 60m，纵比降 2.46‰，两岸河坎高度约 16m，河岸顺直，水流集中，河岸较为稳定。

清水河干流河道基本特征见表 1.2。

表 1.2　　清水河干流河道基本特性表

河段		河型	河道长度/km	河道平均宽度/m	河道比降/‰	弯曲率	备注
上游(42.79km)	黑刺沟脑至开城段	弯曲型	9.00	＜15	48	1.13	
	开城至沈家河水库段	弯曲型	30.15	13～250	20	1.16	
	沈家河水库库区段		3.64	90～140	8	1.16	
中游(247.77km)	沈家河水库枢纽至二营库尾	弯曲型	12.19	60～100	2.5	1.69	
	二营水库库区段		2.10	30～100	3.1	1.22	
	二营枢纽至四营水库库尾	弯曲型	29.08	30～200	1.2	1.68	杜庄水库和吴庄水库旁是两段陡槽
	四营水库库区段		4.35	50～140	1.1	1.28	
	四营水库枢纽至长山头水库库尾	弯曲型	190.88	60～450	1.28	1.75	
	长山头水库库区段	弯曲型	9.17	80～400	1.1	1.09	
下游(29.45km)	长山头水库枢纽至石喇叭渡槽	峡谷型	6.55	60～100	1.2	1.57	
	石喇叭渡槽至石喇叭村	弯曲型	6.69	50～80	1.1	1.53	
	石喇叭村至北滩村	平顺陡槽	6.58	40～60	1.5	1.16	
	北滩村至泉眼山水文站（下游）	弯曲型	6.02	40～60	1.3	1.13	下游
	泉眼山水文站至七星渠渡槽（下游）	陡槽段	1.30	40～60	11	1.21	卫宁公路
	七星渠渡槽至入河口	弯曲型	2.30	40～440	1.1	1.37	下游
合计			320			1.65	

1.4.2 行政区域分布状况

清水河流域宁夏境内分布于海原县、沙坡头区、中宁县、红寺堡区、同心县、原州区及西吉县。利用 ArcGIS 软件，经过流域提取后与行政区进行图层叠加、剪裁等，然后根据各行政区内流域面积占比进行运算得出流域分布情况见表 1.3。

表 1.3　　清水河流域在不同行政区的分布情况

行政区名称	区内流域面积/万 km^2	区内面积占行政区总面积比例/%	区内面积占省内流域总面积比例/%
沙坡头区	0.11	19.66	7.80
海原县	0.48	96.21	35.17
中宁县	0.18	53.71	13.02
红寺堡区	0.03	15.08	2.33
同心县	0.32	70.98	23.12
原州区	0.20	72.57	14.59
西吉县	0.05	17.53	3.97

清水河流域宁夏境内 35.17%区域位于海原县，23.12%区域位于同心县，14.59%区域位于原州区，13.02%区域位于中宁县，在各县区级行政区内的面积分布大小排序为海原县>同心县>原州区>中宁县>沙坡头区>西吉县>红寺堡区。海原县县域面积中 96.21%为清水河流域组成部分，同心县县域面积中 70.98%为清水河流域组成部分，这个比例在原州区为 72.57%，在中宁县为 53.71%。

1.5　水资源功能现状

水资源功能取决于取水目的以及区域的自然及生态状况。水资源功能调查应从水体周边环境及水体自身着手，查清水域及河流沿岸等现状，进而明确各支流及河段的水资源功能需求。清水河流量小，流域内无成片鱼类养殖区，仅有的少量水生动物也主要集中在水库中，天然河道内鱼类较少，同时，流域内城乡居民用水主要供水水源为地下水。由于干、支流流量小，直接从天然河道内取水的难度大，流域内仅少部分地区农田灌溉及农村用水取水方式为直接从天然河道内取水，现有地表水水资源的利用主要通过在天然河道上修建水库截流进行。经过调查统计得到清水河流域主要水库及其空间分布如图 1.2 所示。

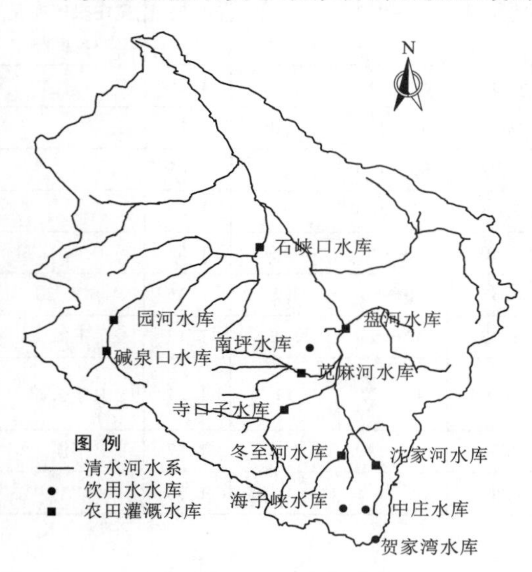

图 1.2　清水河流域主要水库及其空间分布图

流域内现共有 12 座主要水库，承担饮用水水源地与保障灌溉需水两种水资源功能。其中饮用水水库主要位于清水河原州区源头处，农田灌溉水库集中在干流及西河等主要支流上。4 座水库功能为饮用水水源地，占比 33.33%；其他 8 座水库主要功能为保障农田灌溉，占比 66.67%。从水库空间分布上看，5 座水库位于清水河上游，分别为冬至河水库、沈家河水库、海子峡水库、中庄水库及贺家湾水库。支流中西河流域水库较多，共有 3 座水库，分别为碱泉口水库、园河水库及石峡口水库。

1.6　流域河岸带功能

1.6.1　调查点位布置与数据来源

根据清水河水系汇流特点，以及《水质　河流采样技术指导》（HJ/T 52—1999）进行踏勘调查及监测点位布置，具体布置如下。

干流布置 17 个点位，分别位于清水河开城、清水河东郊、沈家河水库、清水河头营、清水河杨郎、清水河三营、清水河黑城、清水河七营、清水河双井子沟交汇、清水河羊路、清水河李旺、清水河王团、清水河同心、清水河丁家塘、清水河河西、清水河长山头、清水河入黄点。

支流共布置15个点位，分别为第五排水沟（1）、清水河与第五排水沟交点（下）、双井子沟、苋麻河（2）、中河（1）、中河（2）、寺口子水库、中河（3）、猫儿沟水库、冬至河（1）、冬至河水库1、冬至河水库2、井沟、沙沿沟（2）、折死沟（3）。

清水河支流环境人工干扰程度较干流小，且支流多位于山区，因此支流主要通过解译地图进行利用现状分析，在支流上布置32个目视解译点位，其中金鸡儿沟布置6个解译点，西河布置8个解译点，苋麻河布置4个解译点，冬至河布置1个解译点，双井子沟布置4个，折死沟布置5个解译点，目视解译以谷歌地图为底图进行。

清水河踏勘调查点位布置如图1.3所示，目视解译点位如图1.4所示。

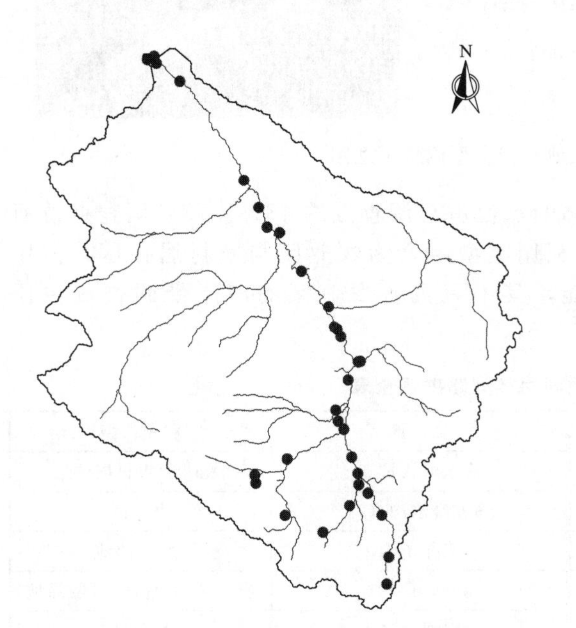

图1.3　清水河踏勘调查点位布置图

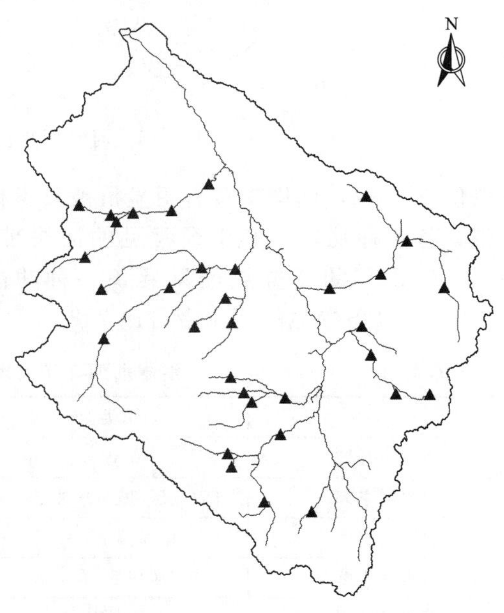

图1.4　清水河目视解译点位布置图

1.6.2　河岸带现状功能分类

综合流域内土地、水体利用类型现状及水环境功能区类型，将河岸带利用类型分为7类，分别为绿地、工业区、农业区、城市居住区、农村居住区、蓄养区及其他，其中河岸土地利用类型以目视范围内土地利用现状为调查对象，调查范围为以调查点位为圆心的1000m范围；河岸周边土地利用类型调查示意如图1.5所示。

清水河共计64个点位的河岸带土地利用类型踏勘调查见表1.4，河岸周边土地利用类型目视解译调查见表1.5。踏勘调查点位主要集中在干流，目视解译点位集中在各个支流。清水河河岸周边主要土地利用类型为农业，具备农业功能的点位占总调查点位的70.3%，具备农村居住功能的点位占总调查点位的34.4%，具备城市居住功能的占总调

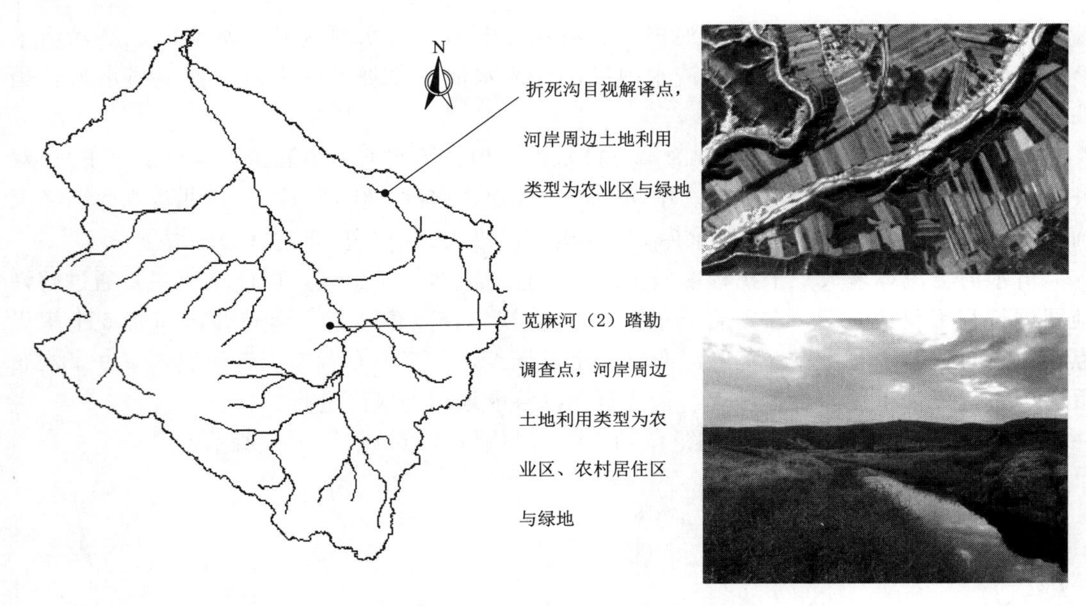

图1.5 河岸周边土地利用类型调查示意图

查点位14.1%，河岸带具有明显植被及森林的点位占总调查点的48%。78%调查点位河岸带具备多种功能，其中最常见的河岸带利用类型组合为农业区与农村居住区，占比28%，仅22%的调查点位只具备一种功能，其中只具备农业区的河岸带调查点占比9.4%，只具备绿地的河岸带占比7.8%。

表1.4 清水河河岸带土地利用类型踏勘调查表

位 置	利用类型	位 置	利用类型
清水河开城	绿地	清水河入黄点	农业区/农村居住区
清水河东郊	农业区/城市居住区	第五排水沟（1）	农业区
沈家河水库	农业区	双井子沟	绿地/裸地
清水河头营	城市居住区/农业区	苋麻河（2）	农业区/农村居住区/绿地
清水河杨郎	农业区	中河（1）	农业区
清水河三营	城市居住区	中河（2）	农业区/农村居住区
清水河黑城	农业区/城市居住区	寺口子水库	绿地/裸地
清水河七营	农业区/城市居住区	猫儿沟水库	裸地/绿地
清水河双井子沟交汇	绿地	冬至河（1）	城市居住区
清水河羊路	农业区/农村居住区/绿地	冬至河水库1	农业区/农村居住区
清水河李旺	农业区/农村居住区	冬至河水库2	绿地/农业区/农村居住区
清水河王团	农业区/农村居住区	井沟	农业区
清水河同心	城市居住区/农业区	沙沿沟（2）	城市居住区
清水河丁家塘	农业区/农村居住区	中河（3）	绿地/林地/农村居住区
清水河河西	农业区/农村居住区	折死沟（3）	农业区/农村居住区
清水河长山头	农业区/农村居住区	清水河与第五排水沟交点（下）	绿地/农村居住区

表 1.5 河岸周边土地利用类型目视解译调查表

位 置	利用类型	位 置	利用类型
金鸡儿沟（JJ01）	农业区/农村居住区	苋麻河（XM03）	农业区/绿地
金鸡儿沟（JJ02）	农村居住区/农业区	苋麻河（XM04）	农业区/绿地
金鸡儿沟（JJ03）	农业区/绿地	中河（ZH01）	农村居住区/绿地
金鸡儿沟（JJ04）	绿地	中河（ZH02）	绿地
金鸡儿沟（JJ05）	农业区/绿地	中河（ZH03）	绿地
金鸡儿沟（JJ06）	裸地/绿地	中河（ZH04）	农村居住区/农业区/绿地
西河（XH01）	绿地/裸地	冬至河（DZ01）	农业区
西河（XH02）	绿地/裸地	双井子沟（SJ01）	农业区/草地/农村居住区
西河（XH03）	农业区/农村居住区	双井子沟（SJ02）	绿地/农业区
西河（XH04）	农业区/绿地	双井子沟（SJ03）	绿地/农业区
西河（XH06）	农业区/绿地	双井子沟（SJ04）	农业区
西河（XH07）	农业区/绿地	折死沟（ZS01）	农业区/绿地
西河（XH08）	绿地	折死沟（ZS02）	农业区/绿地
西河（XH05）	农村居住区/农业区	折死沟（ZS03）	农业区
苋麻河（XM01）	农业区/绿地	折死沟（ZS04）	农业区/绿地
苋麻河（XM02）	农村居住区/农业区/绿地	折死沟（ZS05）	绿地

从空间分布上看（图 1.6），调查点位中河岸周边具备农业区用途的点位分布均匀，

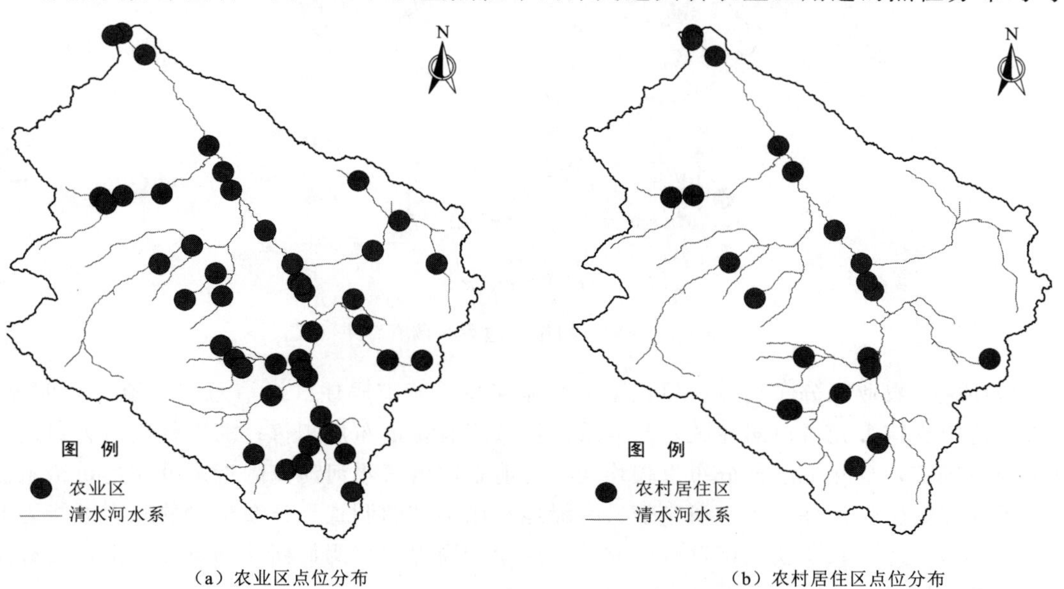

（a）农业区点位分布

（b）农村居住区点位分布

图 1.6（一） 河岸周边现状调查结果

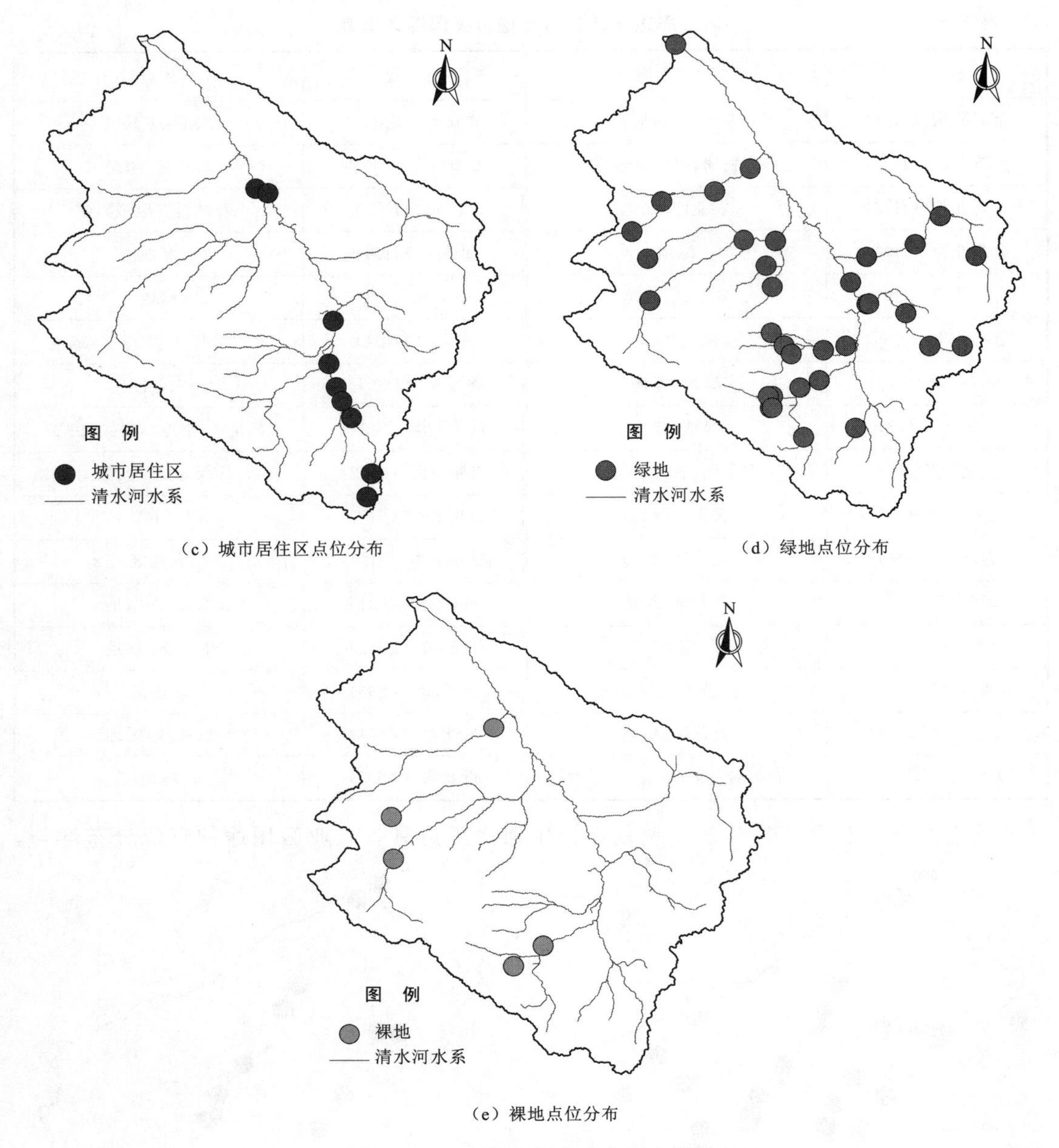

(c) 城市居住区点位分布

(d) 绿地点位分布

(e) 裸地点位分布

图 1.6 (二) 河岸周边现状调查结果

农村居住区与农业区分布类似，但数量上明显偏少；城市居住区沿清水河干流分布明显，调查点位中支流上无城市居住区，与清水河流域现有城市布局相符；河岸带周边为绿地的点位分布较广，且除下游外分布也较均匀，可能是因为清水河河流附近水分充足，给植被提供了良好的生长条件，下游河岸带具有绿地利用类型的调查点位数量少的原因可能为下游地势平坦，适宜农业及城市发展；此外，河岸带周边存在明显裸地的点位较少，具有裸地的调查点位主要分布于西河及中河源头。

1.7　流域陆域土地利用类型

1.7.1　数据来源及预处理

土地分类主要基于遥感数据进行，遥感数据的选择需要考虑数据的完整性、遥感卫星传感器类型及遥感数据的使用目的，同时由于土地利用类型在时间和空间上存在动态变化，数据的选择还需考虑遥感图像采集时间；此外，清水河流域南北海拔变化幅度大，流域南部地区为山区，降水量较北部地区大，地区上空云层覆盖面积较广，云层覆盖面积的大小直接影响研究成果的精度。基于上述考虑，选择遥感影像数据。遥感数据选用情况见表1.6。由于遥感影像成像时间、区域海拔等都存在差异，遥感影像需要经辐射定标、大气校正后才进行影像拼接，而后再根据流域区域范围进行剪裁，原始遥感数据如图1.7所示，预处理后数据如图1.8所示；遥感数据的处理及分析以软件ENVI 5.3进行。

表1.6　遥感数据选用情况表

卫星名称	数据标识	传感器类型	获取日期/年-月-日	平均云量
Landsat 8	LC81290342018092LGN00	OLI_TIRS	2018-04-02	0.22
Landsat 8	LC81300342018083LGN00	OLI_TIRS	2018-03-24	0.28
Landsat 8	LC81300352016062LGN00	OLI_TIRS	2016-03-02	0.04
Landsat 8	LC81290352018092LGN00	OLI_TIRS	2018-04-03	0.02

图1.7　原始遥感数据

图1.8　预处理后数据

1.7.2 研究方法

(1) 支持向量机法。支持向量机法在土地利用类型识别中可通过在维数可能无限大的空间寻求最优分类平面，使得样本点离超平面的总偏差最小，训练中通过引入松弛变量 ζ_1 和惩罚参数 C 将训练样本存在重叠现象转化为可线性分离的情形。本研究参数取值情况如图1.9所示。

(2) BP神经网络分类法。BP神经网络包含输入层、隐含层和输出层，通过误差反向传播方式对训练样本信息进行提取，隐藏层及节点设置不当都有可能丢失训练样本特征，最常用的形式是三层BP神经网络。ENVI应用BP神经网络进行土地类型识别涉及7个参数，分别为活化函数、训练贡献阈值、权重调节速度、训练步幅、误差控制、隐藏层数量及迭代设置。本研究参数取值情况如图1.10所示。

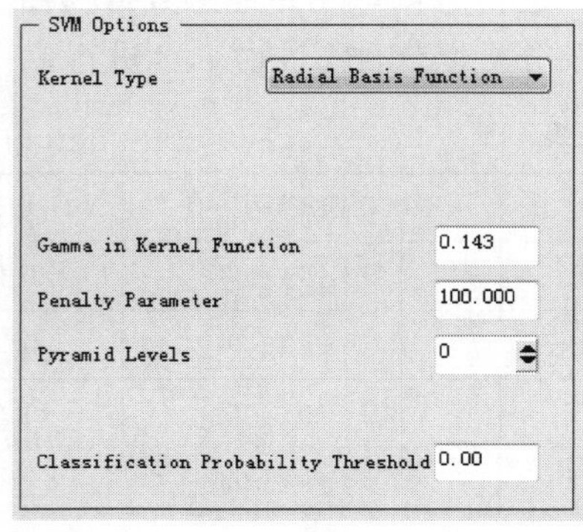

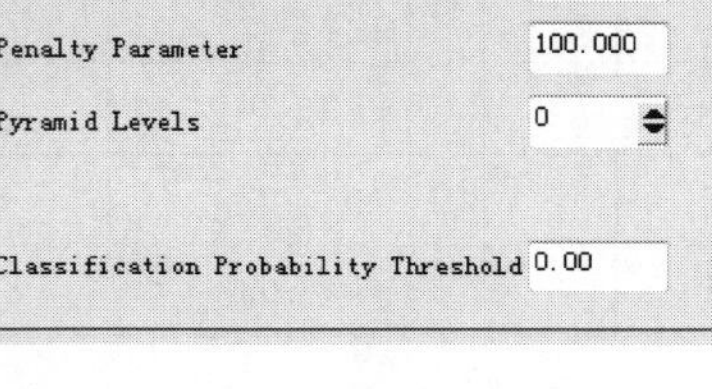

图1.9 支持向量机法参数取值

图1.10 BP神经网络参数取值

基于遥感影像的土地分类需结合土地的自然属性与开发利用类型，反映土地性质及分布规律。根据《土地利用现状分类》(GB/T 21010—2017)，结合水环境功能分区中对于污染源识别的需要，将土地划分为4种土地利用类型：绿地、建设用地、耕地、裸地，并基于现有遥感地图经目视解译及实地验证方式建立对应的分类识别训练样本。

1.7.3 训练样本与分类精度评价

训练样本重叠状况（可分离性）判断参数有Jeffries - Matusita系数和Transformed Divergence系数两种，参数的值区间为[0, 2]，值越接近2，代表不同类型样本间的可分离性越好，当样本可分离系数大于1.9时表明样本可分离性好，当可分离系数处于区间[1.8, 1.9]时为合格样本。本研究样本可分离度以Jeffries - Matusita系数进行判定，可分离性判断结果见表1.7。

表1.7 训练样本Jeffries - Matusita系数

土地利用类型	耕地	建设用地	裸地	绿地	其他
耕地	—	1.982	1.964	2.000	1.978
建设用地	1.982	—	1.993	1.999	1.893

续表

土地利用类型	耕地	建设用地	裸地	绿地	其他
裸地	1.964	1.993	—	1.998	1.984
绿地	2.000	1.999	1.998	—	1.999
其他	1.979	1.893	1.984	1.999	—

训练样本的可分离性检验结果（表 1.7）显示，分离度 Jeffries-Matusita 系数最小值出现在城市建设用地与其他之间，为 1.893，但两者之间可分离度仍良好；其余样本可分离度皆大于 1.9，表明建立的分类识别训练样本可分离性好。

分类精度表征遥感影像土地分类结果与土地利用现状的接近程度，以正确分类占比表示。本研究通过利用更高精度的地图（谷歌地球）选取精度评价样本，同时结合实地测验，选取合适的检验样本后对各分类结果进行了精度评价，精度评价结果见表 1.8。

表 1.8　　分类精度评价

分类方法	耕地正确分类占比/%	建设用地正确分类占比/%	裸地正确分类占比/%	绿地正确分类占比/%
支持向量机法	85.90	96.04	79.83	84.82
BP 神经网络	98.71	97.28	84.89	87.48

支持向量机法与 BP 神经网络分类精度评价结果（表 1.8）显示，支持向量机法建设用地分类精度最高，为 96.04%，裸地分类精度最低，为 79.83%；BP 神经网络法耕地分类精度最高，为 98.71%，裸地分类精度最低，为 84.89%。BP 神经网络法在各土地利用类型的识别上精度皆比支持向量机法高，因此以 BP 神经网络法结果进行后续分析。

1.7.4　结果

清水河流域土地利用情况见表 1.9；城市建设用地、耕地、绿地及裸地空间分布分别如图 1.11～图 1.14 所示。

表 1.9　　清水河流域土地利用情况表　　单位：km^2

利用类型	金鸡儿沟	西河	苋麻河	中河	折死沟	双井子沟	冬至河	干流汇流区	合计
耕地	305.3	1335.8	196.8	254.6	815.3	186.0	66.6	1876.1	5036.5
城市建设用地	12.6	48.6	14.9	12.1	1.8	2.1	21.2	211.0	324.3
裸地	297.0	1121.9	437.6	682.4	815.4	602.6	260.9	1953.7	6171.4
绿地	2.1	47.3	26.2	177.5	54.3	65.4	103.9	175.0	651.7
其他类型	490.1	552.7	86.2	60.4	179.8	89.9	39.9	500.5	1999.5
合计	1107.1	3106.3	761.7	1187.0	1866.6	945.0	492.5	4716.3	14183.5

流域内城市建设用地分布特征明显，城市建设集中沿两岸进行分布，其中干流汇流区城市建设用地为 211.0km^2，占流域内总城市建设用地的 65.1%，主要原因为清水河流域主要城市建设用地为分布在干流两岸的固原市区、三营、同心及入黄口区域的城市建设用地。子流域中城市建设用地较多的 3 个分别为西河流域、冬至河流域及苋麻河流域，但其面积分别仅占流域总城市建设用地面积的 15.0%、6.5%及 4.6%。以流域内耕地面积分

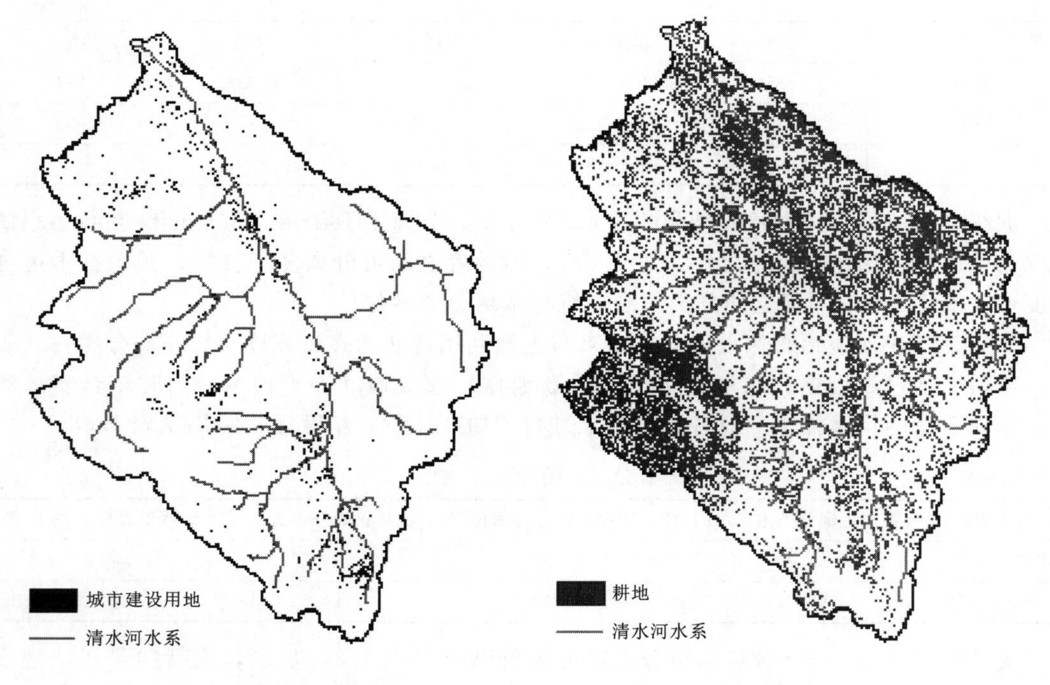

图 1.11　城市建设用地空间分布图　　　图 1.12　耕地空间分布图

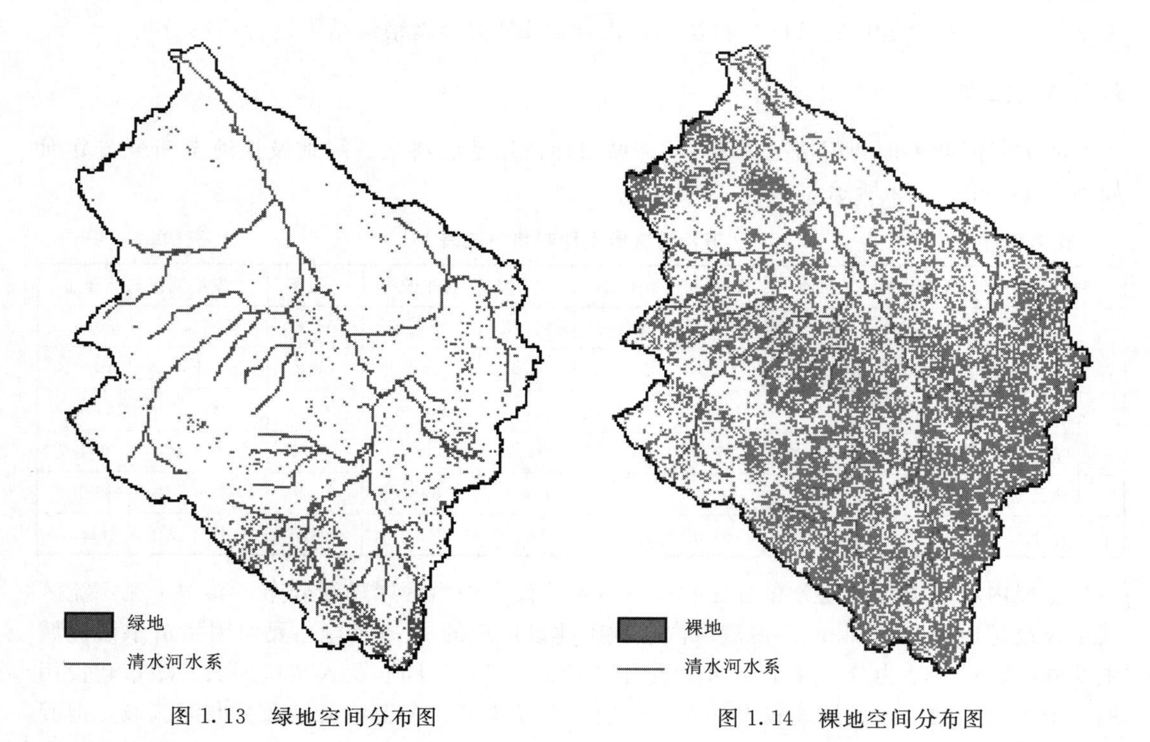

图 1.13　绿地空间分布图　　　图 1.14　裸地空间分布图

布进行分析，金鸡儿沟流域耕地面积为 305.3km²，占金鸡儿沟流域面积的 27.6%；西河耕地面积为 1335.8km²，占西河流域面积的 43.0%；苋麻河流域耕地面积为 196.8km²，占苋麻河流域面积的 25.8%；中河流域耕地面积为 254.6km²，占中河流域面积的 21.4%；折死沟流域耕地面积为 815.3km²，占折死沟流域面积的 43.7%；双井子沟流域耕地面积为 186.0km²，占双井子沟流域面积的 19.7%；冬至河流域耕地面积为 66.6km²，占冬至河流域面积的 13.5%；干流汇流区耕地面积为 1876.1km²，占干流汇流区流域面积的 40.0%。以流域内绿地面积分布进行分析，中河流域绿地面积为 177.5km²，多于干流汇流区 175.0km² 的绿地面积，子流域绿地面积由大到小排序依次为中河、冬至河、双井子沟、折死沟、西河、苋麻河及金鸡儿沟。流域内裸地占比最大，占比为 43.5%，其次为耕地，占比为 35.5%，绿地面积仅相当于耕地面积的 12.9%。

流域土地利用类型空间差异大，城市建设用地主要集中在干流两岸，中游城市建设用地较少，上游及下游城市用地面积较大；耕地分布主要集中于流域北部及中游干流两岸，空间上从流域南部往北耕地面积逐渐增加，南部山区耕地面积相对较小；绿地主要分布于流域南部，流域北部平原地区绿地面积小，干流左岸绿地分布面积明显比右岸广；清水河流域土地利用类型中裸地分布范围最广，流域东南部、南部土地类型中裸地为主要利用类型，流域东北部、西部裸地面积相对较小。

土地利用类型遥感分析结果（图 1.15）表明清水河流域裸地面积大，占比 51%，对比河岸带土地利用类型调查结果（图 1.16），河岸带存在明显裸地的区域仅占 10.94%，表明裸地多分布在离水系较远区域；除裸地外，遥感分析结果中城市建设用地、耕地及绿地面积占比分别比河岸带利用类型中具备城市居住区、农业区及绿地的调查点位占比小，表明农业区、城市建设及绿地主要沿着水系分布，离水系较远区域分布面积少。

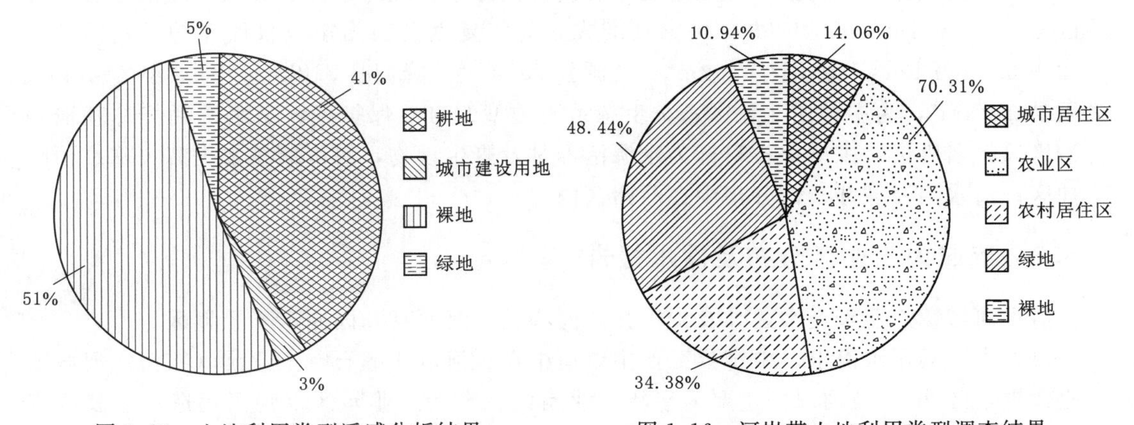

图 1.15 土地利用类型遥感分析结果

图 1.16 河岸带土地利用类型调查结果

1.8 清水河流域开发规划

1.8.1 数据来源

流域内用水需求数据来源于宁夏水利厅公布的《清水河城镇产业带受水区工业用水需

求调研报告（2017）》，流域开发规划数据来自宁夏回族自治区发展和改革委员会2018年公布的《生态保护与建设“十三五”规划（修订版）》。

1.8.2 自然保护区现状

清水河流域现有3个国家级自然保护区（表1.10）：云雾山草原自然保护区、南华山国家自然保护区、六盘山国家级自然保护区。

表1.10 清水河流域自然保护区

地区	保护区	保护区种类	保护区级别
固原市	云雾山草原自然保护区	草原类自然保护区	国家级
海原县	南华山国家自然保护区	山地森林生态系统和山地草原与草甸生态系统	国家级
固原市	六盘山国家级自然保护区	水源涵养林及野生动物	国家级

（1）云雾山草原自然保护区建立于1982年，核心保护区面积达1700hm^2，总面积6660hm^2；保护区内主要优势植物为本氏针茅、大针茅、百里香等；为中国科学院水利部水土保持研究所20世纪80年代初期在我国西部建立最早、保护最完整的本氏针茅草原自然保护区。

（2）南华山国家级自然保护区分布于海原县县域中心部位，核心植被区面积6182hm^2，保护区总面积20100.5hm^2；保护区内有国家级野生保护植物3种和《中国珍稀濒危保护植物名录》中5种，其中发菜为国家Ⅰ级重点保护植物、短芒披碱草为国家Ⅱ级重点保护植物；保护区定位为山地森林生态系统和山地草原与草甸生态系统。

（3）六盘山国家级自然保护区地处宁夏南部固原市，地跨宁夏、甘肃、陕西三省（自治区）；建立于1982年，1988年国家批准成立为宁夏六盘山国家级自然保护区，保护区总面积6.78万hm^2，原州区916km^2、泾源县750km^2、隆德县318km^2、西吉县154km^2、彭阳县217km^2，为中国西北地区森林生态系统类型的自然保护区，是水源涵养林基地和自治区风景名胜区，主要保护目标为水源涵养林及野生动物，属国家级水土流失重点预防保护区；清水河流域涉及部分集中在原州区内。

1.8.3 流域内工业区分布及需水报告

清水河城镇产业带受水区涉及中宁县、同心县、海原县和固原市4个地区。

（1）中宁县用水需求。中宁县工业主要集中在黄河以北的石空工业园（在清水河城镇产业带规划区外），黄河以南主要为宁新工业园区。宁新工业园区以轻工制造、包装印刷为主，用水需求不大，供水水量、水质满足一定阶段的用水需求。

（2）同心县用水需求。同心县工业企业主要集中在同德慈善产业园内。园区规划总面积22km^2。开发规划期限近期为2015年，远期为2020年。产业区远期规划用水量为每日3.1万t；园区内的中水回收用水为每日2.0万t，补水量为每日1.1万t。太阳山新材料及装备制造产业区预计远期用水量在每年1800万t左右。

（3）海原县用水需求。海原县规划产业集聚区，主导产业为食品加工、服饰用品加工等。该区规划面积约2000亩，园区以农产品深加工为主，用水需求不大。厚德慈善园区目前基本处于停产状态，年用水量在几万 m^3。

(4) 固原市工业用水需求。固原市一区四县全部位于清水河城镇产业带规划区内，核心供水区域为固原市区。2020 年工业用水主要考虑金昱元、中铝和配套电厂以及轻工产业园需求，共计 1300 万 m^3；2030 年预计需求量为 4500 万 m^3。

综上分析，清水河城镇产业带受水区工业需水量为：2030 年工业供水 6500 万 m^3，其中同心县 1000 万 m^3，海原县 1000 万 m^3，固原市 4500 万 m^3。

根据清水河开发利用规划与流域用水需求报告，流域内部分区域供水水质满足一定阶段内用水需求，但报告并未对所有区域供水水质是否满足要求进行评价。因此，本研究认为清水河流域短期内用水可满足要求，工业用水并不通过追求直接改善清水河河流水质的方式改善或提高供水水质。

1.8.4 流域生态保护及主体功能区

清水河流域主要涉及 5 种主体功能类型（图 1.17），其中禁止开发区位于流域源头，流域中部主体功能定位为国家级重点生态功能区，流域北部为国家级农产品产业区。流域西南部六盘山规划为森林屏障区，北部为荒漠草原防沙治沙带（图 1.18）。

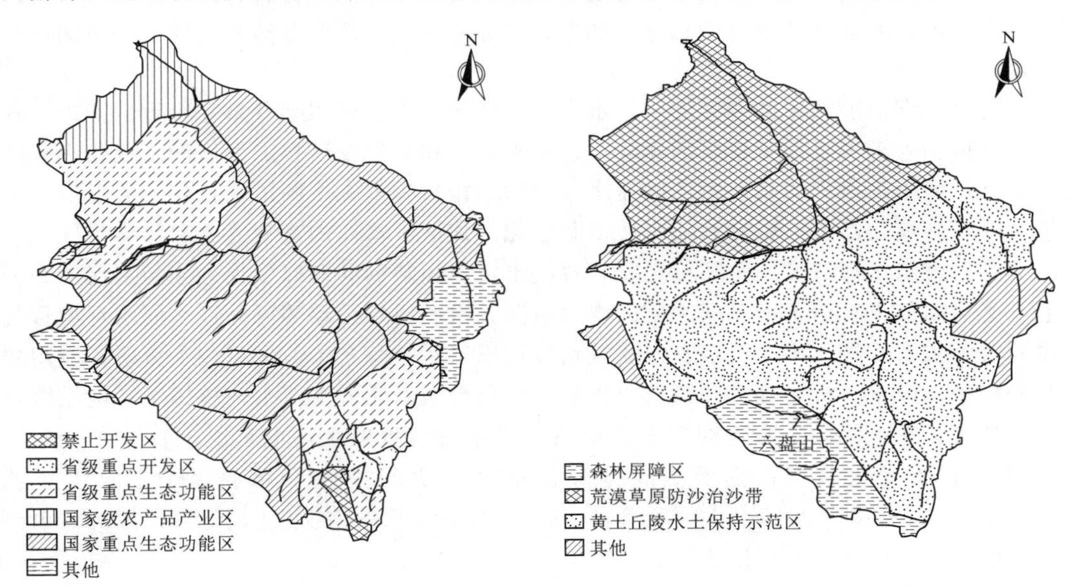

图 1.17 流域主体功能区图

图 1.18 流域生态保护与建设重点示意图

第 2 章　清水河流域水环境因子时空分布特征

2.1　引言

2.1.1　研究背景

地球上的水资源总量约为 13.8 亿 km^3，海水和淡水分别占总量的 97.5%和 2.5%，适宜人类使用的仅为 0.01%，联合国《世界水资源综合评估报告》预测，到 2025 年，全世界人口将增加到 83 亿人，而生活在水资源短缺国家的人口将增加到 30 亿人。水资源是保障人类生活和促进社会经济发展不可或缺的自然资源。然而，随着科技的进步和人类社会的不断发展，水环境状况日益恶化，如今，水环境问题已严重制约我国社会经济的可持续发展。

宁夏是我国极度缺水的省区之一，水在宁夏经济社会发展中起着举足轻重的作用，水环境保护成为一项艰巨而又重要的任务。近年来，伴随着宁夏科技的发展和工业化进程的不断推进，清水河沿岸城市及村庄的需水量及污染排放量都在不断增加，加上流域内植被结构单一，沙漠化严重，引起河流水质不断恶化，加速了水体的富营养化和污染程度。

为了改善清水河流域的水环境现状，解决水资源短缺的问题以及促进人与河流的和谐发展，必须高度重视清水河流域水质的变化情况。水质评价及预测可为清水河水环境管理提供有效的技术支持。本章对清水河流域水环境因子时空分布特征进行调查分析，应用主成分分析法和因子分析法分析和筛选出影响清水河流域水质的主要水环境因子，应用综合污染指数法、灰色关联法和模糊综合评价法对清水河流域的水环境状况进行评价，探讨清水河的水质变化状况；基于主成分分析法筛选出的主要水环境因子，应用灰色 GM（1，1）模型预测 2019 年 7 月至 2020 年 11 月水环境因子的变化趋势，以期为清水河的水环境治理提供一定的理论依据。

2.1.2　国内外研究进展

2.1.2.1　水质评价的研究进展

水质评价，是在选择指标的基础上，按照一定的评价方法和标准，对水体质量进行定性或定量的评价过程。

水质评价是解决水体污染和保护水环境的基础，水质评价工作最早出现在美国。20 世纪 60 年代，在水质指数（QI）的概念提出后，各个国家的学者以此概念为理论基础，不断总结，进一步对水质评价的方法进行补充。根据水质指数（QI）理论，R. M. Brown 提出了水质评价的另一种方法——质量指数法（WQI），随后美国学者 N. L. Nemerow 提出了水质评价的 Nemerow 污染指数法，并将该方法用于分析美国地表水的污染情况。1977 年，基于前人提出的水质评价方法，英国学者 S. L. Ross 提出了罗斯水质指数法，该方法计算较为简单。在 20 世纪 70 年代，苏联也积极展开了水质评价工作，建立了河流污染平衡模型，使评价结果更加全面、科学。

相对于其他国家，我国在水质评价方面起步较晚，1973 年，对北京西郊环境质量的评价，是我国对于水环境质量评价的开始。1978 年，我国将地表水质污染指数用于东部河流水质污染程度的评价中；1981 年，我国将单项评价法、地图重叠法、水质指数法应用到了第一次全国水质评估中。虽然我国水质评价工作开始较晚，但发展十分迅速，郭晶等运用主成分分析法对洞庭湖的水质进行评价，得出洞庭湖水质主要受总氮、总磷、五日生化需氧量、高锰酸盐指数四个因子的影响。孙大明应用层次分析法和单因子评价法对大连市沙河流域水质进行综合评价，结果表明，层次分析法的评价结果与大沙河流域各断面实际水质情况相吻合。

水质综合评价已在水体污染防护中占据主导地位，在评价过程中，水质指标的选择是水质综合评价的首要工作。水环境是一个极其复杂的大环境，在这个大环境中进行评价时，水质指标的选取、权重的确定等都会导致评价结果的不同，因此，迄今为止还没有一个完全合理、被大家公认的评价方法。随着科技的进步和社会的发展，许多学者对水质评价做进一步的研究，提出了许多水质评价的方法，如：主成分分析法、聚类分析法、综合污染指数法、模糊综合评价法、灰色关联法等，但是，应用这些方法得出的水质评价结果是否科学合理没有一个确切的定义。因此，人们往往结合多种方法对水质进行综合评价，分析比较各种方法的优缺点以及结合实际水体情况，使得评价结果更加科学合理。

（1）主成分分析法。主成分分析法主要是从众多的水环境因子中筛选出对水体影响较大的水环境因子，又称为主分量分析法。由于参与水质评价的因子众多，因此可能无法提取出水体中的重要信息，以至于无法做出科学有效的水质评价。主成分分析法在减少指标数量的同时还能筛选出两两之间互不相关的指标，这样不仅信息量损失小还能简化计算，筛选出主要的水质指标，从而使评价结果更加准确。在水质评价过程中，常与其他方法结合，对水质进行综合性评价。

（2）聚类分析法。聚类分析法是利用数理统计对数据进行分类的一种方法，该方法是建立在大量样本数据的基础上，在指标的筛选中，将数据特征相近或相关的水质指标利用该方法归为一类。聚类分析法常用于分析流域水环境的时空分布特征，在很多研究中把水质评价和聚类分析一起进行，应用该方法将参与水体评价的流域在空间尺度上进行归类，然后综合讨论。

（3）综合污染指数法。综合污染指数法是根据水功能分区进行评价，将单项因子与水功能分区的水质标准进行比较，得出单项污染指数，再通过一些计算方法得出各指标的相对污染指数，以此来作为水质评价的基础。综合污染指数法的优点是能够直观地判断出水质是否符合功能区目标；缺点是由于在计算的过程中所采用的数学方法不同，所以得出的污染指数也就有所不同，因此综合污染指数法不能准确地去判断该水体的综合水质级别，不便于进行水体之间的水质对比。

（4）模糊综合评价法。由于水体污染程度界限的模糊性，用其他方法去判断水体的污染程度是不客观的，针对水体污染程度的模糊性，该方法对于研究水环境问题具有很好的贴合性。模糊评价法是依据实测数据，建立所选的水质指标对各类水质标准等级的隶属函数关系，然后根据隶属度最大的原则判断水体的水质类别。模糊综合评价法在水质评价过程中的计算较为复杂，对于劣Ⅴ类水质的评价偏保守。我国已有许多学者将模糊综合评价法运用到实际案例中，朱洁等用模糊综合评价法对楠溪江的水质进行了评价，侯玉婷等运用改进的模糊综合评价法对科斯特山区的水质进行了评价。

(5) 灰色关联法。灰色关联法是由邓聚龙教授于1982年提出的一门新兴理论。灰色关联法是基于灰色系统来确定两个水环境因子之间关联度的方法，该方法充分考虑了水质分级界限的不确定性，使水质评价结果更加准确。灰色关联法的缺点是在水质评价过程中有太多指标需要评估时，指标权重的归一化和标准化可能会影响指标分得的权重值，从而忽略了这些指标在评价中的作用。现如今，许多学者将灰色关联法已应用到水质评价的实践当中，张彦波应用改进的灰色关联法对地表水环境的质量进行评价，储金宇等采用灰色关联法对长江镇江段的水质进行了评价。

(6) 层次分析法。使用层次分析法对水质进行评价时，按一定的方法将待评测水体的评价指标分成几个层次，建立一个有序的层次结构，以确定每个层次之间的隶属关系，最后通过对每组中的水质指标两两比较确定层次中各因素的相对重要性顺序。在水质评价的过程中，该方法具有较强的逻辑性和系统性，是一种将定性和定量分析相结合的评价方法。

(7) 人工神经网络法。在水质综合评价中，由Rumelhart等学者提出的BP (Back Propagation) 网络是人工神经网络评价法中应用较广泛的，也是最具代表性的一种模型，人工神经网络法计算简单，受外界影响小，且评价结果与水体实际情况相符度高，评价结果可信度高。人工神经网络法虽然在水质评价中得到了较为广泛的应用，但也具有一定的缺陷：收敛速度慢，网络对初始值比较敏感，因此容易陷入局部极小值。

2.1.2.2 水质预测的研究进展

水质预测模型是依据现有的监测资料对未来的水质状况进行科学的推测和判断，对于水环境的保护具有重要意义。

随着研究的不断深入和计算机技术的不断发展，越来越多的水质预测方法被应用到实践中，如数理统计法、神经网络模型、水质模拟模型和混沌理论等，GM (1, 1) 模型是应用最广泛的方法。近年来，神经网络模型也是应用比较多的预测方法，许多我国学者已将神经网络模型应用到实际案例中，例如：张青等运用BP神经网络对洪湖的水质指标进行了预测。孔刚等应用BP神经网络法对北京平原地下水水质进行评价。

1925年，美国工程师Streeter和Phelps提出第一个水质模型，氧平衡模型。随着全球水污染加重，经过30多年的发展，人们建立了各种新的水质预测模型。张学成引入均值生成函数建立了MFAM模型，用于预测和模拟河流的污染，反应水质的变化规律。1963年，美国学者爱德华提出了一种兼具质性思考与量化分析的混沌理论，经过长时间的研究与发展，已成功应用到社会、经济和语言等方面。目前，美国环境保护局提出的WASP水质模型系统在河流、湖泊等水体得到了广泛的应用。

水是人类赖以生存的基础，但水资源的管理在很长一段时间里被人们忽视和遗忘，伴随着科技的发展和工业化进程的不断推进，致使我国多数水体的水质受到了不同程度的污染。为了在水质污染程度严重时可及时采取相应的措施，需了解和掌握水环境质量在将来的变化趋势，就需对水质进行预测，目前，常见的水质预测方法有下列几种。

（1）QUAL 模型预测法。QUAL 模型最初包括 QUAL－Ⅰ水质综合模型和 QUAL－Ⅱ模型，随着研究区域和模型对象的日益完善，之后陆续推出 QUAL2E、QUAL2K 等版本，该版本能够较好地对水质进行模拟预测。QUAL 模型经过几十年的发展历程，在水质模拟预测上有了广泛的应用，既可以研究点源污染，又可以研究非点源污染问题，特别是 QUAL2K 版本，有望得到更广泛的应用。

（2）MIKE 模型预测法。由丹麦水资源及水环境研究所（DHI）开发的 MIKE 模型包括 MIKE11、MIKE21 和 MIKE3。MIKE11 是一维动态水质模型，应用于各类水体水质、泥沙等分析的综合模拟软件。MIKE21 是适用于河口、海岸等地区水力和水流二维仿真模拟的综合模拟软件。MIKE3 是三维模型。除此之外，MIKE 体系还包括其他一些界面友好的子模型。

（3）WASP 模型预测法。WASP 模型是应用最广泛的水质模型之一，该模型能够应用于自然或人为污染造成的各种水环境中，也可针对各种不同水质目标进行模拟，如溶解氧、总磷、总氮以及金属离子等。经过研究者的不断创新和总结，随后推出了 WASP6 系列模型，是美国环境保护局最完整实用的水质模型之一。WASP 模型的局限是 WASP 软件内嵌的一维水动力模型 DYNHYD5，该模块不具有模拟水利工程运行的功能，没有考虑浮游动物的影响。

（4）QUASAR 模型预测法。QUASAR 模型是一维动态水质模型，适用于模拟混合良好的支状河流。QUASAR 模型包括 PC－QUASAR、HERMES 和 QUESTOR 三部分，可同时模拟水质组分生化需氧量、溶解氧、氨氮、酸碱度、硝氮、温度和一种守恒物质的任意组合。QUASAR 模型在模拟河道水质预测的过程中，将河段划分为若干等长的完全混合计算单元。

（5）灰色模型预测法。灰色系统理论是由邓聚龙教授首次提出的，在水环境保护中灰色系统理论及相关模型得到了广泛的应用。河流水质预测是水资源保护和环境评价中不可缺少的组成部分，而在我们现实生活中，由于各种因素的影响，我们无法获得待预测水体水质信息的准确性和完整性，给预测方法的使用带来了很大的困难，灰色预测的引入为预测信息不完整的水质情况提供了一定的理论依据。其中，灰色 GM（1，1）模型在水质预测中得到了较为广泛的应用。

（6）人工神经网络模型预测法。人工神经网络模型起始于 20 世纪 40 年代，是一种根据人脑神经元结构设计的计算方法。人工神经网络的每个神经元都具有独立运算和处理的能力，作为一个高度的非线性动力系统，对于同一种网络结构，既可应用于处理线性问题，又可应用处理非线性问题，在求解问题时，对实际问题的结构没有要求，不必对变量之间的关系做出任何假设，因此在各个领域得到了广泛的应用。随着科技的发展和工业化进程的不断推进，水环境系统逐渐恶化，人工神经网络的引入为解决水体污染问题提供了一定的依据，通过监测资料建立适合的人工神经网络，以实现对水质的预测。

2.1.3 研究目的和意义

在水资源紧缺和水环境污染严重的情形下，对河流水环境因子时空分布特征进行分析并对水质进行综合评价，可以充分了解河流的健康状况、污染情况，对于解决水体污染、保护水资源和社会经济的发展具有十分重要的现实意义。对水环境因子进行科学合理的预测，可及时分析和掌握河流水环境质量的变化趋势，为水环境保护奠定一定的基础。

本章在清水河流域水环境因子采样调查的基础上，探讨分析流域水环境因子的时空分布特征，应用主成分分析法和因子分析方法确定影响清水河流域水质的主要水环境因子并对水质进行综合评价，基于筛选出的主要水环境因子，应用灰色 GM（1，1）模型对其进行预测分析，以期全面了解清水河流域的水质变化情况，为清水河水环境质量评价及预测、水质改善以及环境综合治理、流域水资源规划管理提供依据。

2.1.4 研究目标、研究内容及技术路线

2.1.4.1 研究目标

在清水河流域水环境因子采样测定的基础上，分析水环境因子时空分布特征；应用主成分分析法和因子分析法确定影响清水河流域水质的主要环境因子；基于筛选出的主要影响因子，应用综合污染指数法、灰色关联法和模糊综合评价法对清水河流域的水质进行综合评价，并运用灰色 GM（1，1）模型对主要影响因子进行预测。

2.1.4.2 研究内容

（1）根据清水河的水文规律和支流分布情况，在清水河干流上共设置 17 个断面，支流设置 15 个断面，其中冬至河 3 个断面，中河 4 个断面，中卫市第五排水沟 2 个断面，西河、苋麻河、双井子沟、折死沟、井沟、沙沿沟各 1 个断面，共设置 32 个采样点断面，采样分析研究 pH 值、溶解氧（DO）、电导率（EC）、悬浮物（SS）、五日生化需氧量（BOD_5）、叶绿素 a（Chl－a）、总氮（TN）、氨氮（NH_3-N）、硝态氮（NO_3-N）、亚硝态氮（NO_2-N）、总磷（TP）、正磷酸盐（PO_4-P）、高锰酸盐指数（COD_{Mn}）、化学需氧量（COD_{Cr}）、氟化物（F^-）等水环境因子的时空分布特征。

（2）应用主成分分析法、因子分析法对水环境因子进行分析，根据综合得分及排序选出影响清水河流域水质的主要水环境因子，基于选出的主要影响因子，应用综合污染指数法、灰色关联法、模糊综合评价法对清水河流域水质进行综合分析与评价，探讨当氟化物参与水质评价与否时清水河流域水质的变化情况，结合三种方法以及清水河流域的实际水体情况，得出较为符合实际水体的评价结果。

（3）基于主成分分析法和因子分析法筛选出的主要水环境因子，应用灰色 GM（1，1）模型对对清水河流域水环境因子变化趋势进行预测。

2.1.4.3 技术路线

技术路线如图 2.1 所示。

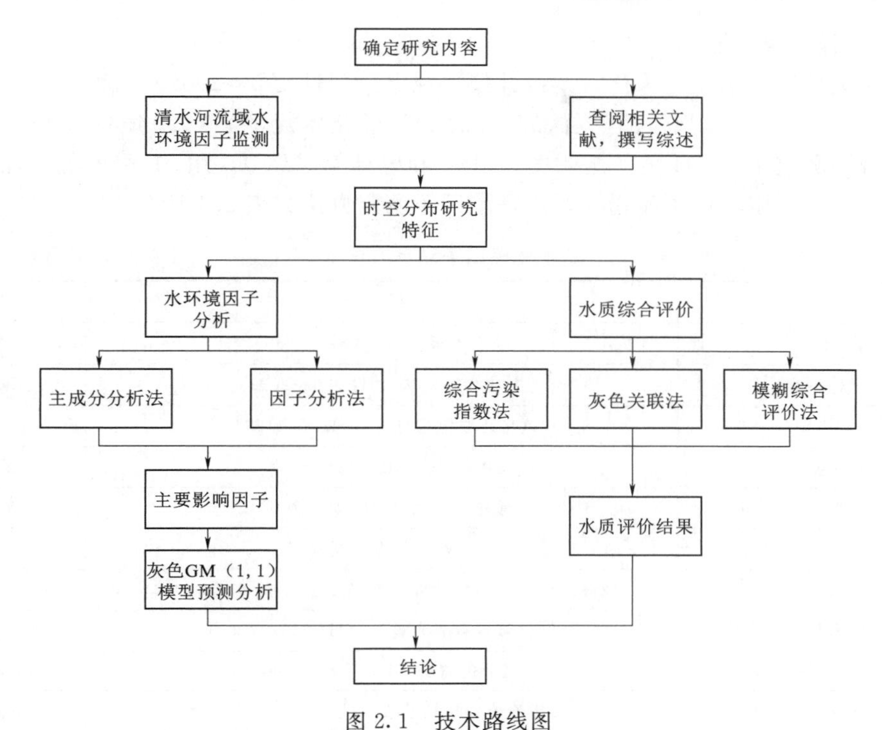

图 2.1　技术路线图

2.2　清水河流域水环境因子时空分布特征研究

2.2.1　材料和方法

2.2.1.1　样点设置与采样时间

根据清水河水文规律和支流分布情况，在清水河干流上设置 17 个断面，支流设置 15 个断面，与踏勘点位相同，其中冬至河 3 个断面，中河 4 个断面，中卫市第五排水沟 2 个断面，西河、苋麻河、双井子沟、折死沟、井沟、沙沿沟各 1 个断面，采样时间为 2017 年 11 月，2018 年 4 月、7 月、11 月，2019 年 4 月、7 月、11 月。清水河流域采样点布设如图 2.2 所示。在进行评价时，根据清水河的水系特征，将清水河干流分为上游、中游、下游 3 个流域，支流分为中卫市第五排水沟、双井子沟、苋麻河、中河、西河、冬至河、井沟、沙沿沟、折死沟 9 个小流域。

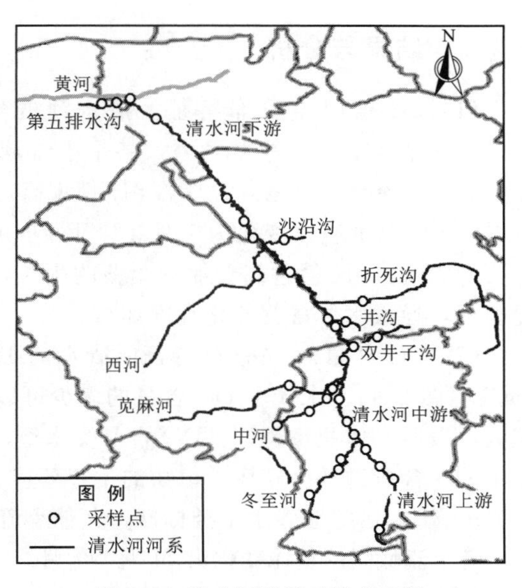

图 2.2　清水河流域采样点布设

2.2.1.2 水样采集与测定

水样采集按照《水质 采样方案设计技术规定》(HJ 495—2009)、《水质 采样技术指导》(HJ 494—2009)、《水质 样品的保存和管理技术规定》(HJ 493—2009) 中的要求进行，现场测定水体 pH 值、透明度 (SD) 和电导率 (EC)。用 5L 采水器采集水样保存，带回实验室测定其他水质指标，水环境因子测定方法如表 2.1 所列。

表 2.1 水环境因子测定方法

检测项目	分析方法	单位
pH 值	玻璃电极法 (GB 6920—80)	无量纲
溶解氧 (DO)	电化学探头法 (HJ 506—2009)	mg/L
电导率 (EC)	氧化还原电位计法 (SL 78—1994)	μS/cm
悬浮物 (SS)	重量法 (GB 11091—89)	mg/L
五日生化需氧量 (BOD_5)	稀释接种法 (HJ 505—2009)	mg/L
叶绿素 (Chl - a)	紫外分光光度法	μg/L
总氮 (TN)	碱性过硫酸钾消解紫外分光光度法 (HJ 636—2012)	mg/L
氨氮 (NH_3 - N)	纳氏试剂分光光度法 (HJ 535—2009)	mg/L
硝态氮 (NO_3 - N)	离子色谱法 (HJ/T 84—2001)	mg/L
亚硝态氮 (NO_2 - N)	气相分子吸收光谱法 (HJ/T 198—2005)	mg/L
总磷 (TP)	钼酸铵分光光度法 (GB 11893—89)	mg/L
正磷酸盐 (PO_4 - P)	离子色谱法 (HJ 669—2003)	mg/L
高锰酸盐指数 (COD_{Mn})	酸性高锰酸钾法 (GB 11892—92)	mg/L
化学需氧量 (COD_{Cr})	重铬酸盐法 (HJ 828—2017)	mg/L
氟化物 (F^-)	氟试剂分光光度法 (GB 7488—87)	mg/L

2.2.2 结果与分析

(1) pH 值时空分布特征。清水河的年平均 pH 值为 8.14，变化范围为 7.75～8.91 (图 2.3)。从年平均值看，各个小流域之间的 pH 值差异较小，没有明显的空间分布趋势。从季节变化看，7 月的 pH 值偏高，4 月和 11 月的 pH 值基本一致，清水河各小流域间 pH 值的整体变化为 7 月＞11 月＞4 月。pH 值对藻类的种群结构和时空分布有着重要的影响，pH 值过高会促进蓝藻的生长，清水河 7 月 pH 值大于 8.0，会使蓝藻成为优势种，导致水体富营养化程度加重。

(2) DO 含量时空分布特征。清水河 DO 含量在全流域的变化范围为 3.66～12.34 mg/L (图 2.4)。水体中 DO 含量的多少可以判断水体环境质量的好坏，水体中 DO 含量越大，表明水体质量越好。DO 含量受水温、溶解离子、微生物等多方面共同影响的，水体中 DO 含量过低会破坏动植物的生存环境。从年平均值看，双井子沟 DO 含量最高，为 8.01mg/L，达到地表水Ⅰ类标准，其他小流域间的 DO 含量没有明显的差异。从季节变化看，各小流域间的整体变化为 11 月＞7 月＞4 月，表现出一定的季节变化规律，11 月各小流域的 DO 含量均达到地表水Ⅰ类标准，4 月的 DO 含量相对较低，水体质量相对较差。

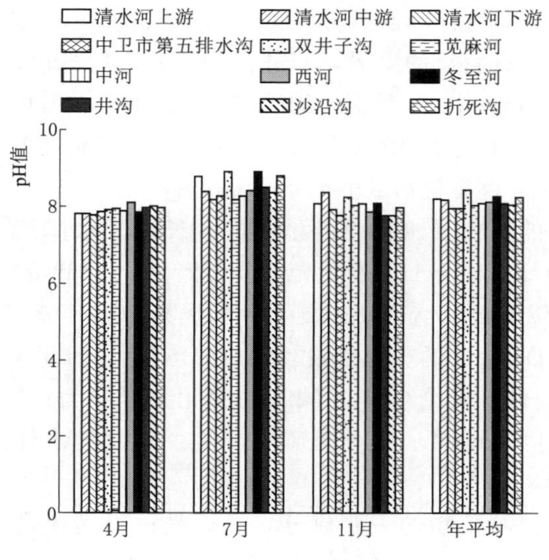

图 2.3 清水河 pH 值含量时空变化

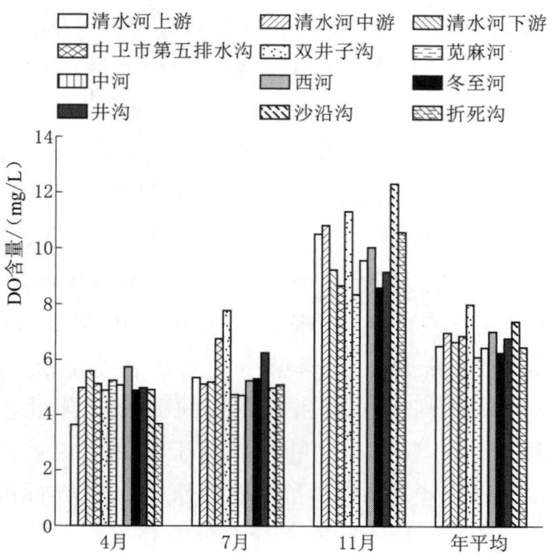

图 2.4 清水河 DO 含量时空变化

(3) EC 时空分布特征。水体的 EC 是水体中含盐浓度的指标，清水河 EC 全流域的变化范围为 683～25284μS/cm（图 2.5），从年平均值看，各小流域间的 EC 有着明显的差异，双井子沟的 EC 最高，为 14607μS/cm；其次是折死沟，为 12194μS/cm；清水河上游的 EC 最低，为 990.8μS/cm。从季节变化看，各小流域间 EC 的整体变化为 7 月＞4 月＞11 月，且每个小流域间的 EC 有明显差异，双井子沟、井沟、沙沿沟和折死沟的 EC 明显大于其他小流域，清水河上游和西河的 EC 较低。

(4) SS 含量时空分布特征。清水河的年平均 SS 含量为 6.03mg/L，变化范围为 1.30～21.00mg/L（图 2.6），从年平均值看，西河的 SS 含量最高，为 9.67mg/L；苋麻

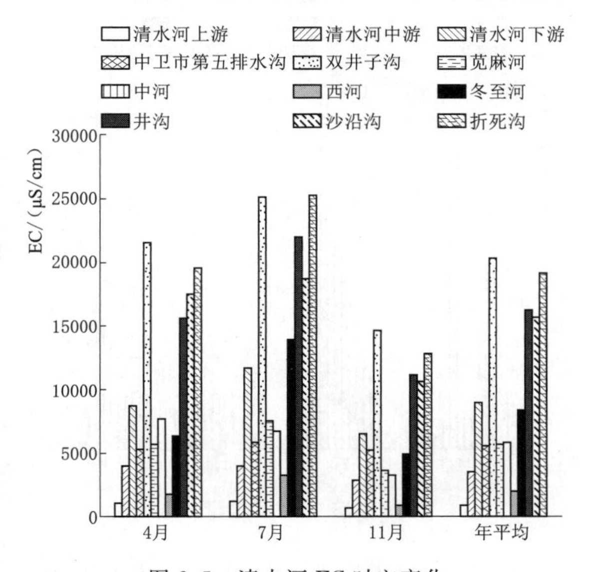

图 2.5 清水河 EC 时空变化

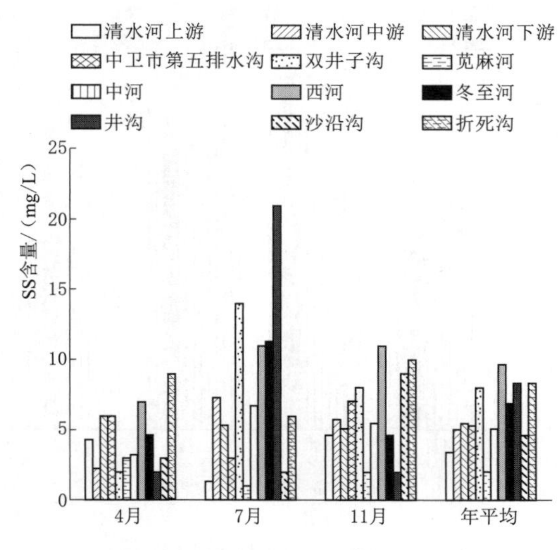

图 2.6 清水河 SS 含量时空变化

河 SS 的含量相对低一些，为 2.00mg/L。从季节变化看，各小流域间 SS 含量的整体变化为 7 月>11 月>4 月，且每个小流域间的 SS 含量有明显的差异，双井子沟、井沟的 SS 含量在 7 月明显高于其他小流域，分别为 14mg/L、21mg/L，4 月折死沟的 SS 含量最高，11 月西河的 SS 含量最高。清水河流域 7 月 SS 含量最高可能与水温的变化有关，水温变化影响着水中浮游生物量的变化，浮游生物量大，SS 含量就大，浮游生物量小，SS 含量就小。

（5）BOD_5 含量时空分布特征。BOD_5 含量的高低受水体浮游植物的生长以及水体污染状况的影响。清水河的年平均 BOD_5 含量为 6.72mg/L，变化范围为 3.72～9.76mg/L（图 2.7），从年平均值来看，井沟 BOD_5 含量最高，为 7.93mg/L；其次是双井子沟，为 7.84mg/L。从季节变化看，各小流域间 BOD_5 含量的整体变化为 11 月>7 月>4 月，4 月清水河上游段和折死沟的 BOD_5 含量相对较低，其余各小流域间的变化差异不大；7 月井沟的 BOD_5 含量明显高于其他小流域，为 9.76mg/L；其次是双井子沟。清水河水体中 BOD_5 含量整体上为地表水Ⅲ～Ⅴ类标准。

（6）Chl－a 含量时空分布特征。Chl－a 是浮游植物的主要成分之一，是评价河流富营养化的重要指标。清水河的年平均 Chl－a 含量为 9.51mg/L，变化范围为 0.64～27.26mg/L（图 2.8），从年平均值看，苋麻河的 Chl－a 含量最高，为 22.62mg/L；其次是西河，为 20.78mg/L；沙沿沟的 Chl－a 含量相对较低，为 1.56mg/L。从季节变化看，各小流域间 Chl－a 含量整体的变化为 7 月>4 月>11 月，表现出一定的季节变化规律，7 月 Chl－a 含量最高，尤其是苋麻河和西河，其 Chl－a 含量分别为 27.26mg/L、47.17mg/L，原因可能与水温有关，夏季水温较高，浮游植物繁殖旺盛，生物量达到最大，因而 Chl－a 含量也达到最高。4 月清水河上游、清水河中游和苋麻河的 Chl－a 含量较高，其余各小流域的变化差异不大，11 月清水河中游和西河的 Chl－a 含量最高。

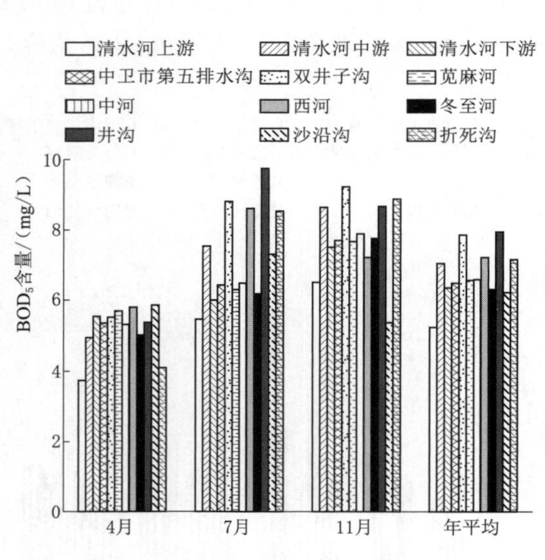

图 2.7 清水河 BOD_5 含量时空变化

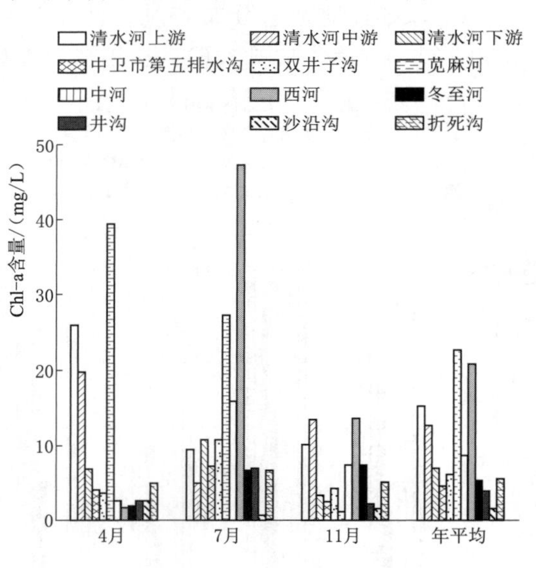

图 2.8 清水河 Chl－a 含量时空变化

（7）TN 含量时空分布特征。清水河的年平均 TN 含量为 1.663mg/L，变化范围为 0.541～2.062mg/L（图 2.9），从年平均值看，井沟、沙沿沟、折死沟的 TN 含量相对较高，分别为 1.990mg/L、2.046mg/L、2.050mg/L；中河、西河、冬至河的 TN 含量相对较低，分别为 1.186mg/L、1.279mg/L、1.292mg/L，达到地表水Ⅲ～Ⅳ类标准。清水河中游、清水河下游、中卫市第五排水沟、双井子沟、苋麻河的 TN 含量变化差异不大。从季节变化看，各小流域间 TN 含量整体的变化为 11 月＞7 月＞4 月，7 月和 11 月河道补水量增加，外源性氮进入河道，因而 TN 含量相对较高，井沟、沙沿沟、折死沟的 TN 含量明显大于其他小流域，为地表水Ⅴ～劣Ⅴ类标准，可能由于井沟、沙沿沟、折死沟位于清水河的下游段，是清水河河道补水的主要来源，加上河岸水土流失与淋溶、沿岸城镇污水的排放，因而 TN 含量较高。中河、西河、冬至河的 TN 含量相对较低。清水河水体中 TN 含量整体上为地表水Ⅲ～Ⅴ类标准。

（8）NH_3-N 含量时空分布特征。清水河的年平均 NH_3-N 含量为 1.052mg/L，变化范围为 0.160～1.923mg/L（图 2.10），从年平均值看，各小流域间 NH_3-N 含量差异较大，井沟、折死沟的 NH_3-N 含量相对较高，分别为 1.431mg/L、1.567mg/L；西河的 NH_3-N 含量最低，为 0.445mg/L。从季节变化看，各小流域间 NH_3-N 含量整体的变化为 7 月＞4 月＞11 月，4 月折死沟的 NH_3-N 含量明显高于其他小流域，为 1.923mg/L；西河的含量最低，为 0.160mg/L。7 月 NH_3-N 含量最高，此时水温最高，水体的氨化作用与反硝化作用加强，导致水体中 NH_3-N 含量升高；11 月井沟的 NH_3-N 含量最高，苋麻河的含量最低。清水河水体中 NH_3-N 含量整体上为地表水Ⅲ～Ⅴ类标准。

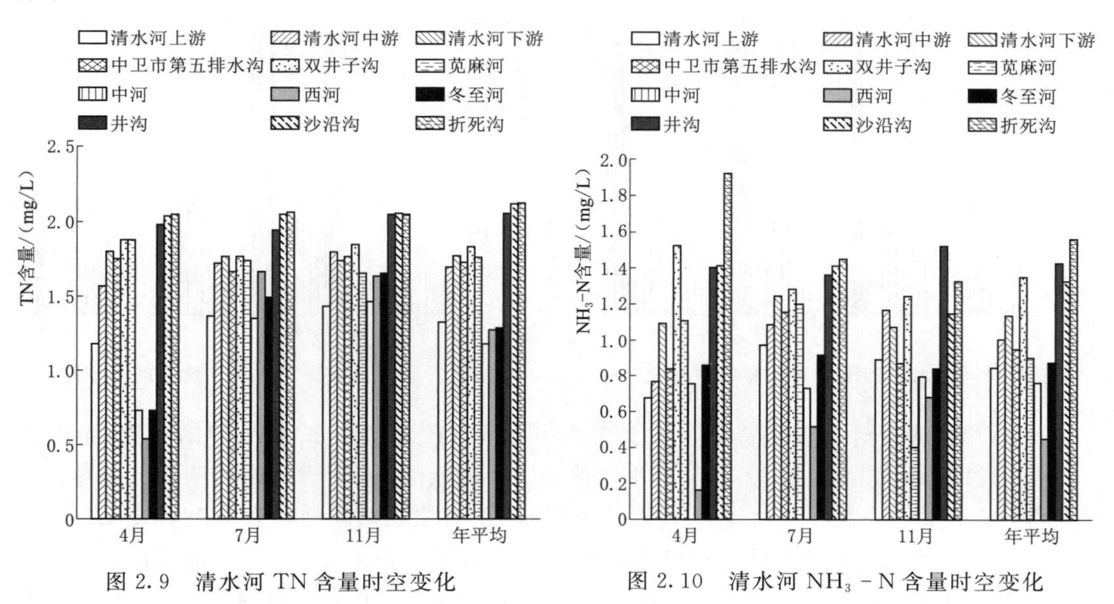

图 2.9　清水河 TN 含量时空变化　　　图 2.10　清水河 NH_3-N 含量时空变化

（9）NO_3-N 含量时空分布特征。清水河的年平均 NO_3-N 含量为 0.673mg/L，变化范围为 0.032～2.139mg/L（图 2.11），从年平均值看，沙沿沟的 NO_3-N 含量最高，为 1.803mg/L；其次是井沟和折死沟，分别为 1.239mg/L、1.192mg/L；西河的 NO_3-N 含量相对较低，为 0.104mg/L。从季节变化看，各小流域间 NO_3-N 含量整体的变化为 7 月＞11 月＞4 月，表现出明显的季节变化规律，7 月和 11 月河道补水量大，外源性氮进入河道，因而 NO_3 - N 含量较高，井沟、沙沿沟、折死沟的 NO_3 - N 含量明显大于其他小流域，可能是由于其地处清水河下游段，沿岸城镇生活污水、农业生产化肥、农药的使用使得水体中氮增多。

（10）NO_2 - N 含量时空分布特征。清水河的年平均 NO_2 - N 含量为 0.075mg/L，变化范围为 0.002～0.412mg/L（图 2.12），从年平均值看，折死沟的 NO_2 - N 含量最高，为 0.170mg/L；中河、西河、冬至河的 NO_2 - N 含量相对较低，分别为 0.011mg/L、0.012mg/L、0.009mg/L。从季节变化看，各小流域间的 NO_2 - N 含量变化差异较大，4 月双井子沟的 NO_2 - N 含量相对较高，为 0.08mg/L；其余各小流域间的 NO_2 - N 含量变化不大，7 月折死沟的 NO_2 - N 含量明显高于其他小流域，为 0.412mg/L；其次是井沟，为 0.336mg/L；中河、西河、冬至河的 NO_2 - N 含量相对较低，分别为 0.015mg/L、0.002mg/L、0.013mg/L。11 月双井子沟的 NO_2 - N 含量相对较高，为 0.168mg/L；其次是苋麻河，为 0.128mg/L。清水河各小流域间 NO_2 - N 含量整体的变化为 7 月＞11 月＞4 月。

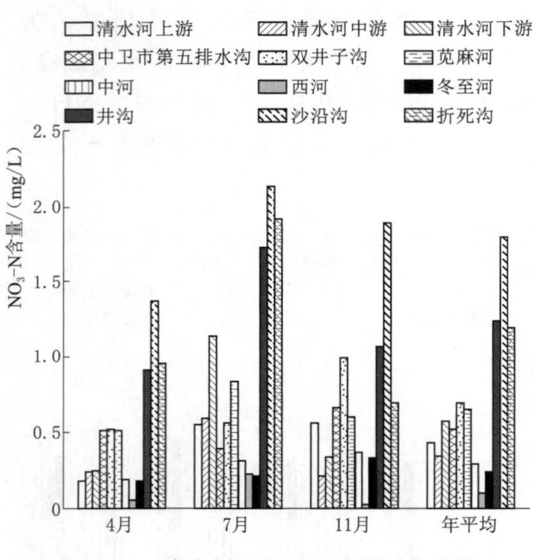

图 2.11　清水河 NO_3 - N 含量时空变化

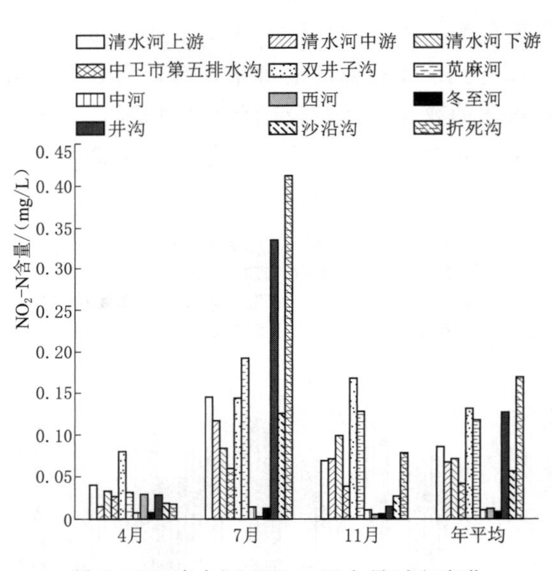

图 2.12　清水河 NO_2 - N 含量时空变化

（11）TP 含量时空分布特征。清水河的年平均 TP 含量为 0.063mg/L，变化范围为 0.001～0.138mg/L（图 2.13），从年平均值看，小流域间的 TP 含量有着明显的差异，西河的 TP 含量最高，为 0.093mg/L；双井子沟的 TP 含量相对较低，为 0.024mg/L。从季节变化看，清水河 TP 含量的变化较为复杂，没有明显的变化规律，4 月西河的 TP 含量相对较高，为 0.08mg/L；其次是折死沟，为 0.072mg/L；双井子沟的 TP 含量最低，为 0.001mg/L。7 月沙沿沟的 TP 含量最高，为 0.138mg/L；其次是西河，为 0.136mg/L。11 月清水河中游的 TP 含量较高，为 0.106mg/L。清水河各小流域间 TP 含量整体的变化为 7 月＞11 月＞4 月，7 月 TP 含量最高，原因可能与清水河的补水量和补水水源的水质有关，水体中磷含量过高会引起蓝藻过量生长，导致水体富营养化，水质恶化。

（12）PO_4 - P 含量时空分布特征。清水河的年平均 PO_4 - P 含量为 0.043mg/L，变

化范围为0.001～0.069mg/L（图2.14），从年平均值看，各小流域间的PO_4-P含量有明显差异，中卫市第五排水沟PO_4-P含量最高，为0.049mg/L；沙沿沟PO_4-P含量最低，为0.009mg/L。从季节变化看，清水河PO_4-P含量的变化较为复杂，没有明显的变化规律，4月和7月中卫市第五排水沟的PO_4-P含量明显高于其他小流域，分别为0.054mg/L、0.069mg/L。7月双井子沟、沙沿沟、折死沟的PO_4-P含量相对较低。11月干流中游的PO_4-P含量最高，为0.051mg/L；井沟和折死沟次之；沙沿沟的PO_4-P含量最低，为0.009mg/L；其余各小流域的PO_4-P含量变化不大。清水河各小流域间的PO_4-P含量整体的变化为7月>11月>4月。

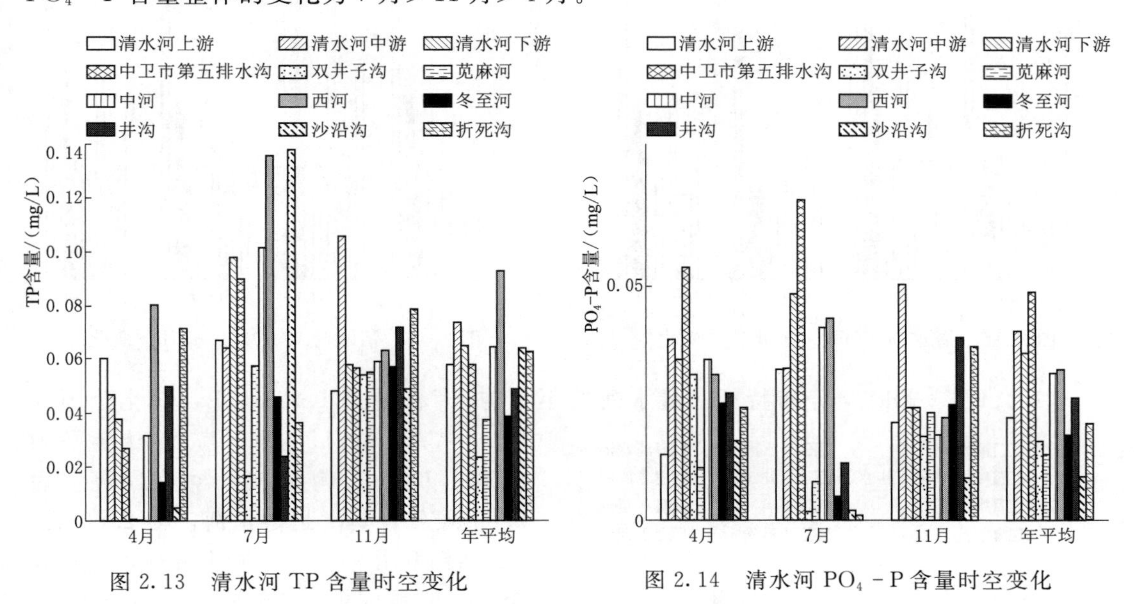

图2.13 清水河TP含量时空变化

图2.14 清水河PO_4-P含量时空变化

（13）COD_{Mn}含量时空分布特征。清水河的年平均COD_{Mn}含量为4.53mg/L，变化范围为1.01～10.76mg/L（图2.15），从年平均值看，折死沟的COD_{Mn}含量最高，为9.48mg/L；其次双井子沟和井沟；其余各小流域间的COD_{Mn}含量变化不大。从季节变化看，4月折死沟的COD_{Mn}含量最高，为9.21mg/L；其次是双井子沟，为6.54mg/L。7月双井子沟、井沟和折死沟的COD_{Mn}含量相对较高，其中井沟和折死沟的含量达到地表水Ⅳ类标准。11月折死沟的COD_{Mn}含量明显高于其他小流域，为8.47mg/L，西河的COD_{Mn}含量最低，其余各小流域间的COD_{Mn}含量变化不大，清水河各小流域间的COD_{Mn}含量整体的变化为7月>4月>11月。

（14）COD_{Cr}含量时空分布特征。清水河的年平均COD_{Cr}含量为19.69mg/L，变化范围为4.85～46.06mg/L（图2.16），从年平均值看，折死沟的COD_{Cr}含量明显高于其他小流域，为40.70mg/L，达到地表水环境质量标准劣Ⅴ类水；其次是双井子沟、井沟和干流上游，其含量在地表水Ⅲ～Ⅳ类水标准内。从季节变化看，4月折死沟的COD_{Cr}含量明显高于其他小流域，为42.66mg/L；其次是井沟，其余各小流域间的COD_{Cr}含量变化不大。7月各小流域间的COD_{Cr}含量有着明显的差异，双井子沟的COD_{Cr}含量最高，为46.06mg/L，达到劣Ⅴ类水的标准；西河的含量最低。11月双井子沟的含量最高，西河的含量最低。清水河各小流域间的COD_{Cr}含量整体的变化为7月>4月>11月，其含量整体上为地表水Ⅲ～Ⅴ类标准。

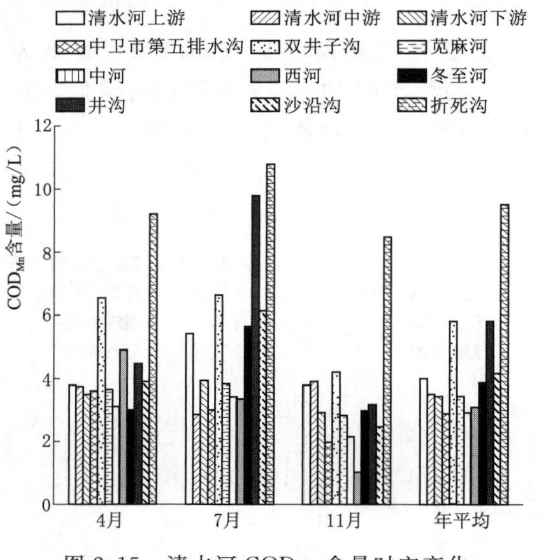

图2.15　清水河COD_{Mn}含量时空变化

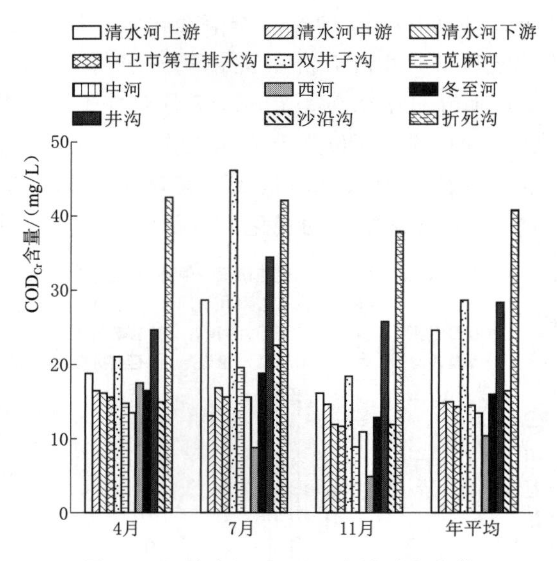

图2.16　清水河COD_{Cr}含量时空变化

(15) F^-含量时空分布特征。清水河的年平均F^-含量为1.82mg/L，变化范围为0.60～3.11mg/L（图2.17），从年平均值看，双井子沟的F^-含量最高，为2.85mg/L；其次是冬至河，为2.60mg/L；西河和井沟的F^-含量相对较低；其余各小流域间的F^-含量变化差异不大。从季节变化看，清水河各小流域间F^-含量的整体变化为11月>4月>7月。7月F^-含量最低，可能是由于7月降雨较多，径流量大，对水体中的F^-浓度有一定的稀释作用。11月的F^-含量最高，其中双井子沟和冬至河的F^-含量明显高于其他小流域，西河的F^-含量最低，为0.82mg/L。4月双井子沟和冬至河的F^-含量明显高于其他小流域，井沟的F^-含量最低，其余各小流域间的F^-含量变化差异不大。

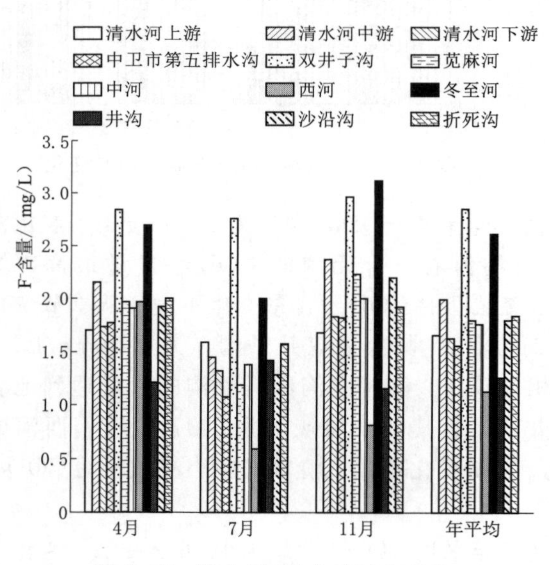

图2.17　清水河F^-含量时空变化

2.2.3　小结

清水河流域的pH值在全流域的变化范围为7.75～8.91，呈弱碱性；DO含量在全流域的变化范围在3.66～12.34mg/L，优于Ⅲ类水质标准，水体DO含量越大，表明水质越好；EC在全流域的变化范围为683～25284μS/cm，7月的EC最高；SS含量在全流域含量的变化范围为 1.3～21.0mg/L；BOD_5 含量在全流域的含量变化范围为 3.72～9.76mg/L，其含量在地表水Ⅲ～Ⅴ类标准内；Chl-a 含量在全流域的变化范围为 0.64～27.26mg/L，7 月的 Chl-a 含量最高；TN 含量在全流域的变化范围为 0.541～2.062mg/L，双井子沟、井沟、沙沿沟和折死沟的 TN 含量较大，在地表水Ⅳ～劣Ⅴ类标准内；NH_3-N 含量在全流域的变化范围为 0.160～1.923mg/L，双井子沟、井沟、沙沿沟和折死沟的 NH_3-N 含量较高，在地表水Ⅳ～Ⅴ类标准内；NO_3-N 含量在全流域的变化范围为 0.032～2.139mg/L，7 月的含量最高；NO_2-N 含量在全流域的变化范围为 0.002～0.412mg/L，7 月的含量最高；TP 含量在全流域的变化范围为 0.001～0.138mg/L，其含量变化在地表水Ⅰ～Ⅱ类标准内；PO_4-P 含量在全流域的变化范围为 0.001～0.069mg/L，7 月的含量最高；COD_{Mn} 含量在全流域的变化范围为 1.01～10.76mg/L，双井子沟、井沟、沙沿沟和折死沟的含量较高，在地表水Ⅲ～Ⅴ类标准内；COD_{Cr} 含量在全流域的变化范围为 4.85～46.08mg/L，折死沟的含量最高，超出了地表水Ⅴ类标准；F^- 含量在全流域的变化范围为 0.60～3.11mg/L，双井子沟和井沟的含量较高，超出了地表水Ⅴ类标准。

pH 值和 SS、NO_3-N、NO_2-N、TP、PO_4-P 的含量在 7 月最大，4 月最小。EC 和 BOD_5、Chl-a、NH_3-N、COD_{Mn}、COD_{Cr} 的含量在 7 月最大，11 月最小。DO 和 TN 含量在 4—11 月呈递增变化趋势，F^- 含量在 11 月最大，7 月最小，可能由于 7 月降雨较多，对水体中的 F^- 浓度有一定的稀释作用。

2.3 清水河流域水环境因子分析及水质评价

2.3.1 材料和方法

2.3.1.1 水环境因子分析

主成分分析法是在数据信息损失保持最小的前提下，以使得问题变得简单、直观为目的，从众多的水质指标中筛选出对水质影响较大的水质指标。

主成分分析法过程如下。

设原始变量矩阵 X 式（2.1），由 n 个样本的 p 个因子构成。

$$X=\begin{bmatrix} x_{11} & x_{12} & \cdots & x_{1p} \\ x_{21} & x_{22} & \cdots & x_{2p} \\ \cdots & \cdots & \cdots & \cdots \\ x_{n1} & x_{n2} & \cdots & x_{np} \end{bmatrix} \tag{2.1}$$

（1）对原始变量矩阵 X 进行标准化处理，式（2.2）为其标准化公式。

$$x_{ij}=\frac{x_{ij}-\overline{x}_j}{s_j}(i=1,2,\cdots,n;j=1,2,\cdots p) \tag{2.2}$$

式中：$\overline{x}_{ij}=\frac{1}{n}\sum_{i=1}^{n}x_{ij}$；$s_j=\frac{1}{n-1}\sum_{i=1}^{n}(x_{ij}-\overline{x}_j)^2$。

（2）计算样本矩阵的相关系数 R，见式（2.3）。

$$R=\begin{bmatrix} r_{11} & r_{12} & \cdots & r_{1p} \\ r_{21} & r_{22} & \cdots & r_{2p} \\ \cdots & \cdots & \cdots & \cdots \\ r_{p1} & r_{p2} & \cdots & r_{pp} \end{bmatrix} \tag{2.3}$$

(3) 求 R 特征值与特征向量，见式 (2.4) ～式 (2.6)。

$$|R-\lambda I|=0(\lambda_1 \geqslant \lambda_2 \geqslant \cdots \geqslant \lambda_p \geqslant 0) \tag{2.4}$$

$$C^{(i)}=(C_1^{(i)},C_2^{(i)},\cdots,C_p^{(i)})(其中\ i=1,2,\cdots,p) \tag{2.5}$$

$$C^{(i)}C^{(j)}=\sum_{k=1}^{p}C_k^{(i)}C_k^{(j)}=\begin{cases}1, & i=j\\ 0, & i\neq j\end{cases} \tag{2.6}$$

(4) 选取 $m(m<p)$ 个主成分。

在DPS数据处理系统中，将数据标准化，对因子载荷矩阵采用最大旋转法进行旋转，按照85%的累积方差贡献率提取主成分，然后选择旋转后载荷值大于0.6的指标作为主要因子进行分析，各因子的主成分得分与对应的方差贡献率乘积的和即为各水质因子的综合得分，然后按照分值大小进行排序，确定影响清水河流域水质的主要水环境因子。

因子分析法的原理同主成分分析法一样，也是用降维的思想方法去研究分析一组变量之间的相关关系。

2.3.1.2 水环境质量评价方法

(1) 综合污染指数法。综合污染指数法是通过比较污染指数的大小来判断各个流域内水体的受污染程度，其计算公式为式 (2.7) 和式 (2.8)。

$$P_i=\frac{c_i}{s_i} \tag{2.7}$$

$$P=\frac{1}{N}\sum_{i=1}^{n}p_i \tag{2.8}$$

式中：P_i 为水质因子 i 的污染指数；c_i 为水质因子 i 的实测浓度；s_i 为《地表水环境质量标准》(GB 3838—2002) 中水质因子 i 的Ⅲ类标准值；P 为综合污染指数；N 为指标总数。

综合污染指数评价分级见表2.2。

表2.2 综合污染指标评价分级

P	级别
$P<0.8$	合格
$0.8\leqslant P<1$	基本合格
$1\leqslant P<2$	污染
$P\geqslant 2$	重污染

(2) 灰色关联法。灰色关联法是以《地表水环境质量标准》(GB 3838—2002) 等级作为比较序列，以河流水系断面的实测数据作为参考序列，通过比较参考序列与比较序列之间的相似度来判断两者间的关联程度，关联度越大，两者的联系越紧密，通过求取各个分级的关联度，选择最大关联度来推断待评测水体的水质级别。

(3) 模糊综合评价法。模糊综合评价法是通过实测数据与各级标准序列间的隶属度来确定水质的级别。其评价步骤如下：

1) 评价因子与评价集。各参数的评价标准根据《地表水环境质量标准》(GB 3838—

2002）规定的Ⅴ类水质，确定评价集为：V＝{Ⅰ，Ⅱ，Ⅲ，Ⅳ，Ⅴ}。

2）建立隶属函数，确定模糊关系矩阵 R。公式见式（2.9）～式（2.11）。

Ⅰ类水的隶属函数，即 $j=1$ 时：

$$r_{ij}=\begin{cases}1, & x_i \leqslant s_{i2} \\ s_{i2}-x_i/s_{i2}-s_{i1}, & s_{i1}<x_i<s_{i2} \\ 0, & x_i \geqslant s_{i2}\end{cases} \tag{2.9}$$

Ⅱ～Ⅳ类水的隶属函数，即 $j=2\sim4$ 时：

$$r_{ij}=\begin{cases}0, & x_i \leqslant s_{ij-1} \\ x_i-s_{ij-1}/s_{ij}-s_{ij-1}, & s_{ij-1}<x_i<s_{ij} \\ 1, & x_i=s_{ij} \\ s_{ij+1}-x_i/s_{ij+1}-s_{ij}, & s_{ij}<x_i<s_{ij+1} \\ 0, & x_i \geqslant s_{ij+1}\end{cases} \tag{2.10}$$

Ⅴ类水的隶属函数，即 $j=5$ 时：

$$r_{ij}=\begin{cases}0, & x_i \leqslant s_{i4} \\ x_i-s_{i4}/s_{i5}-s_{i4}, & s_{i4}<x_i<s_{i5} \\ 1, & x_i \geqslant s_{i5}\end{cases} \tag{2.11}$$

式中：x_i 表示评价指标 i 的实际检测浓度值；$s_{i,j-1}$、s_{ij}、$s_{j,j+1}$ 分别表示第 i 项指标对应的第 $j-1$、j、$j+1$ 级水质类别标准值。

3）权重的确定。依据污染物对水环境的污染大其权重应大，污染小其权重应小的原则，采用“超标倍数法”来确定各指标权重的大小，公式见式（2.12）～式（2.14）。

$$\widetilde{S}_i=\frac{1}{m}\sum_{j=1}^{m}s_{ij} \tag{2.12}$$

$$I_i=C_i/\widetilde{S}_i \tag{2.13}$$

$$W_i=I_i/\sum_{i=1}^{n}I_i \tag{2.14}$$

式中：C_i 为 i 因子的监测值；s_{ij} 为因子 i 第 j 级标准值；m 为级别数 S_i 为因子 i 各级标准平均值；W_i 为第 i 个评价因子的权重，对 W_i 进行归一化处理，即可得各水质因子的权重向量集。

4）综合评价。计算隶属度(B)＝权重集(A)×模糊矩阵(R)，根据最大隶属度原则判定各样点水质隶属级别。

2.3.2　结果与分析

2.3.2.1　清水河流域水环境因子分析

应用主成分分析法对清水河流域 2018 年 4 月、7 月、11 月的水环境因子进行分析，清水河流域 2018 年 4 月的主成分特征值变化曲线如图 2.18 所示，主成分特征值及贡献率见表 2.3，旋转后因子载荷值见表 2.4。主成分分析法将清水河流域的水环境因子分为 5 类：第一主成分的贡献率为 33.32%，包含的水环境因子为 TN、NH_3-N、NO_3-N、NO_2-N，对水质起主导作用，可认为是氮营养盐引起的水体污染，可能与清水河周边农

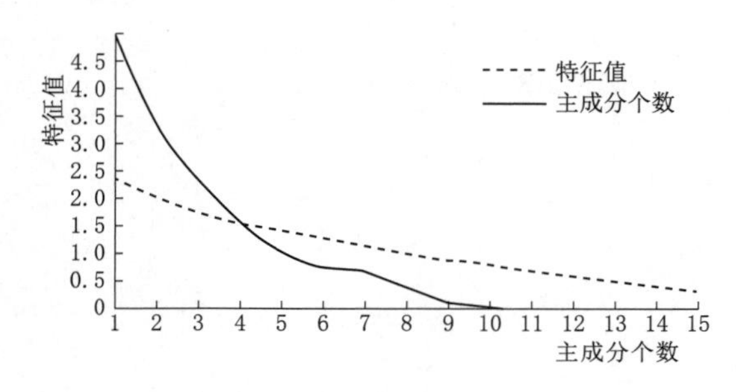

图 2.18　清水河流域 2018 年 4 月主成分特征值变化曲线

田退水、工农业废水的排放有关；第二主成分的贡献率为 21.68%，包含的水环境因子为 TP、PO_4-P、COD_{Mn}、COD_{Cr}，可认为是磷营养盐和有机物引起的水体污染；第三主成分的贡献率为 15.39%，包含的水质因子为 pH 值、DO、SS、BOD_5，可认为是有机物等引起的水体污染；第四主成分的贡献率为 10.01%，包含的水环境因子为 F^-，可认为是氟化物引起的水体污染，可能与沿岸城镇生活污水和工业污水的排放有关；第五主成分的贡献率为 6.98%，包含的水质因子为 EC，可认为是溶解盐类引起的水体污染。

表 2.3　清水河流域 2018 年 4 月主成分特征值及贡献率

变量	因子 1	因子 2	因子 3	因子 4	因子 5
pH 值	0.2688	0.3354	0.6245	−0.0372	0.4152
DO	−0.6114	0.5821	0.3913	−0.0142	0.1577
EC	0.9666	0.1161	0.0844	0.0962	−0.1396
SS	0.3807	−0.4323	0.5716	0.0672	−0.0580
BOD_5	−0.3960	0.8475	0.2806	−0.0426	0.1759
Chl－a	−0.2015	−0.2118	−0.5825	−0.1615	0.2131
TN	0.5969	0.4286	−0.4806	−0.3139	0.1307
NH_3-N	0.8356	0.3783	−0.3226	−0.0328	−0.1564
NO_3-N	0.6628	0.5015	−0.1233	−0.4123	−0.0385
NO_2-N	0.1351	0.1590	−0.4281	0.4864	0.6878
TP	0.2268	−0.7046	0.5155	−0.1945	0.2572
PO_4-P	−0.1576	−0.7981	−0.4011	−0.0375	0.2250
COD_{Mn}	0.9017	−0.0572	0.1588	0.2996	0.2132
COD_{Cr}	0.9343	−0.2397	0.1461	0.0504	0.0188
F^-	−0.0258	0.1977	−0.0813	0.9061	−0.2692
特征值	4.9980	3.2516	2.3083	1.5019	1.0476
贡献率/%	33.32	21.68	15.39	10.01	6.98
累计贡献率/%	33.32	55.00	70.39	80.40	87.38

表 2.4　清水河流域 2018 年 4 月旋转后因子载荷值

变量	因子 1	因子 2	因子 3	因子 4	因子 5
pH 值	0.1216	0.4800	−0.6650	0.1735	0.1764
DO	−0.3779	−0.3156	−0.8043	0.0349	−0.0124
EC	−0.0225	0.5483	0.0409	−0.2229	0.7944

续表

变量	因子 1	因子 2	因子 3	因子 4	因子 5
SS	−0.0706	0.0656	0.7838	0.0014	−0.2069
BOD_5	−0.0508	−0.3836	−0.9127	0.0001	0.0625
Chl - a	−0.0586	−0.4038	0.4318	0.2565	0.2783
TN	0.8729	−0.1989	0.0190	0.1911	0.2196
NH_3-N	0.9633	0.0664	0.0611	−0.1797	0.0515
NO_3-N	0.8881	0.0013	−0.2067	0.2025	−0.0707
NO_2-N	0.9401	−0.0868	0.0272	−0.1760	0.1159
TP	−0.2729	0.7809	0.2189	0.4271	−0.0543
PO_4-P	−0.3649	0.7808	0.0171	0.2681	0.2445
COD_{Mn}	0.5536	0.7248	0.0548	−0.2025	0.3178
COD_{Cr}	0.5860	0.7410	0.2412	−0.0416	0.0485
F^-	−0.0851	−0.0410	−0.0421	−0.9490	0.1688
方差贡献	4.1564	3.2929	2.8826	1.4852	1.2902
累计贡献/%	27.7096	49.6622	68.8797	78.7810	87.3820

清水河流域2018年4月的主成分综合得分见表2.5和表2.6，将各项水环境因子的主成分得分乘以方差贡献率逐项求和得到各水环境因子主成分综合得分，并按照分值的大小对其进行排序。再将清水河12个小流域的得分乘以方差贡献率并逐项求和得到各个小流域的综合得分，按照分值大小对其进行排序，来确定清水河水体和12个小流域之间水质污染的影响程度。从表2.5可以看出，影响清水河水环境的主要因子依次为TN、COD_{Cr}、F^-、COD_{Mn}、NH_3-N、NO_3-N、BOD_5、TP、Chl - a、NO_2-N、pH值、SS、PO_4-P、EC、DO。综合分析，氮营养盐、有机物、氟化物在清水河水体中起主要作用，是引起清水河流域水质变动的主要原因。氮营养盐和氟化物主要来自于清水河周边的农田退水、工农业废水加上清水河的特殊地形通过降雨淋洗的作用使得氟化物随水流汇入到清水河中。从表2.6可以看出，清水河流域12个小流域的污染排序为：折死沟>井沟>双井子沟>沙沿沟>清水河下游>中卫市第五排水沟>苋麻河>清水河中游>清水河上游>西河>中河>冬至河。污染较为严重的小流域主要为折死沟、井沟、双井子沟、沙沿沟和清水河下游，因为这些小流域地处清水河中下游段，造成清水河中下游段水质较差的主要原因是清水河周围生活污水和工农业废水都排入了河流中，下游段又有较大的支流汇入以及中下游段属于高岩土壤地区，矿化度较高，为苦咸水所导致。

表2.5　　清水河流域2018年4月各水质因子得分及排序

评价指标	因子 1	因子 2	因子 3	因子 4	因子 5	综合得分	排序
pH值	−0.0405	0.2226	−0.3074	0.1913	0.2493	0.0240	11
DO	−0.0742	0.0105	0.0320	−0.6535	0.0365	−0.0804	15
EC	−0.0904	−0.0123	−0.2859	0.0594	0.0701	−0.0659	14

续表

评价指标	因子 1	因子 2	因子 3	因子 4	因子 5	综合得分	排序
SS	−0.0782	0.2638	−0.0211	−0.0310	−0.1129	0.0169	12
BOD_5	−0.1283	0.2833	−0.0079	0.2716	0.0739	0.0498	7
Chl－a	−0.0539	0.0279	−0.0452	−0.0086	0.7535	0.0329	9
TN	0.2516	−0.1437	0.0135	0.1954	0.1094	0.0820	1
NH_3－N	0.2521	−0.0750	0.0480	−0.0870	−0.0689	0.0616	5
NO_3－N	0.1608	0.1087	0.0079	−0.1320	−0.0819	0.0594	6
NO_2－N	0.0189	−0.1490	0.1520	0.1858	0.2056	0.0303	10
TP	−0.0975	0.0016	0.2443	0.1557	0.2116	0.0358	8
PO_4－P	−0.0030	−0.0554	−0.3170	0.0635	0.1018	−0.0483	13
COD_{Mn}	0.0445	0.2209	−0.0351	−0.0869	0.2434	0.0656	4
COD_{Cr}	0.0882	0.1882	0.0455	−0.0159	0.0183	0.0769	2
F^-	0.2580	−0.0793	−0.0630	0.1834	−0.1024	0.0703	3

表 2.6　　清水河流域 2018 年 4 月不同样点因子得分及排序

小流域	因子 1	因子 2	因子 3	因子 4	因子 5	综合得分	排序
清水河上游	−0.3567	−0.6055	0.5688	−0.0666	−0.3966	−0.1969	9
清水河中游	−0.1662	−0.3594	−0.1137	0.2083	−0.2426	−0.1469	8
清水河下游	0.5950	−0.2934	−0.3130	−1.8495	2.2622	0.0596	5
中卫市第五排水沟	−0.1764	−0.2377	−0.0631	0.3986	−0.2424	−0.0970	6
双井子沟	−0.8330	−0.0157	2.4821	0.8874	0.8766	0.2511	3
苋麻河	0.3315	−1.2246	−0.3370	0.4171	0.6428	−0.1203	7
中河	−0.7277	−0.2361	−0.1365	−0.2672	−1.1563	−0.4221	11
西河	−1.8201	1.6800	−1.5880	0.5290	0.7207	−0.3835	10
冬至河	−0.7119	−0.2145	0.1825	−1.8236	−1.3950	−0.5355	12
井沟	0.9126	−0.0591	−0.5023	1.5687	0.04092	0.3739	2
沙沿沟	1.2401	−0.7515	−0.9401	0.3694	−0.6101	0.1000	4
折死沟	1.7131	2.3173	0.7601	−0.3717	−0.5002	1.11807	1

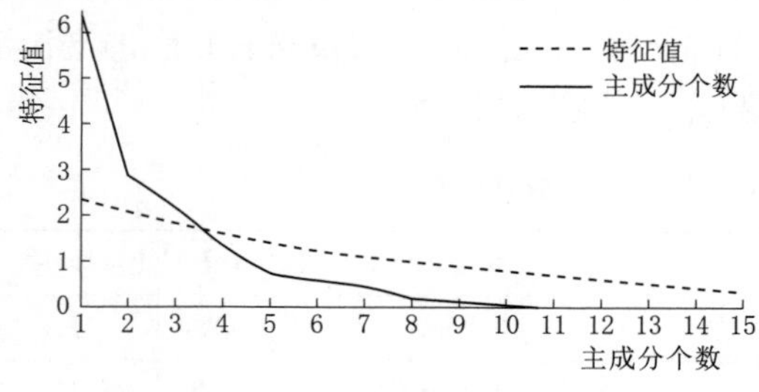

图 2.19　清水河流域 2018 年 7 月主成分特征值变化曲线

清水河流域 2018 年 7 月主成分特征值变化曲线如图 2.19 所示，主成分特征值及贡献率见表 2.7 所示，旋转后因子载荷值见表 2.8 所示。从表 2.7 可以得出，主成分分析法将清水河流域的水环境因子分为 4 类；第一主成分的贡献率为 43.33%，包含的水环境因子为 EC、TN、NH_3－N、NO_3－N、NO_2－N，在水体中起主导作用，可认为是溶解盐类、氮营养盐引起的水体污染；第二主成分的贡献率为19.19%，包含的水环境因子为pH值、DO、TP、PO_4-P、F^-，可认为是磷营养盐和氟化物引起的水体污染；第三主成分的贡献率为14.62%，包含的水环境因子为COD_{Mn}、COD_{Cr}，可认为是有机物引起的水体污染，夏季浮游植物大量繁殖，导致水体的有机物含量增加；第四主成分的贡献率为8.87%，包含的水环境因子为SS、BOD_5，可认为是有机物引起的水体污染。

表2.7　　清水河流域2018年7月主成分特征值及贡献率

变量	因子1	因子2	因子3	因子4
pH值	0.5688	0.6598	0.0008	0.1509
DO	0.4686	0.4198	0.3814	−0.2557
EC	0.9010	−0.1642	0.1908	−0.1460
SS	0.4580	0.2000	0.7298	0.1775
BOD_5	0.6056	−0.2154	0.6328	0.3378
Chl-a	−0.5222	−0.0382	0.4627	0.5458
TN	0.6451	−0.7106	0.0881	−0.0109
NH_3-N	0.7743	−0.3721	−0.3207	−0.3279
NO_3-N	0.6415	−0.6698	−0.2921	0.0932
NO_2-N	0.8082	−0.2749	−0.2233	0.3234
TP	−0.7097	−0.4484	−0.0652	0.0610
PO_4-P	−0.2593	0.5089	−0.6341	0.3707
COD_{Mn}	0.7478	0.1955	−0.3882	0.4656
COD_{Cr}	0.8451	0.3461	−0.2456	0.1727
F^-	0.6090	0.6048	0.0321	−0.4111
特征值	6.4996	2.8780	2.1931	1.3307
贡献率/%	43.3300	19.1900	14.6200	8.8700
累计贡献率/%	43.3300	62.5200	77.1400	86.0100

表2.8　　清水河流域2018年7月旋转后因子载荷值

变量	因子1	因子2	因子3	因子4
pH值	−0.0984	0.6521	0.5602	0.1811
DO	−0.0185	0.7050	−0.0285	0.3294
EC	0.6962	0.4944	0.1009	0.3964
SS	−0.0294	0.3719	0.0462	0.8201
BOD_5	0.3490	0.0946	0.1182	0.8849
Chl-a	−0.6232	−0.5475	−0.0308	0.4601
TN	0.9004	−0.0763	−0.0454	0.3324
NH_3-N	0.9031	0.3289	0.0788	−0.1358
NO_3-N	0.9396	−0.1524	0.2147	0.0459

续表

变量	因子1	因子2	因子3	因子4
NO_2-N	0.7247	0.0759	0.5528	0.2161
TP	−0.1624	−0.7162	−0.3588	−0.2114
PO_4-P	−0.4402	0.6317	−0.0925	−0.5142
COD_{Mn}	0.3752	0.2452	0.8709	0.0739
COD_{Cr}	0.3545	0.5661	0.6851	0.0926
F^-	0.0556	0.9408	0.1362	0.0051
方差贡献	4.4150	3.5438	2.4760	2.4666
累计贡献/%	29.4336	53.05892	69.5654	86.0094

清水河流域2018年7月的主成分综合得分见表2.9和表2.10，将各个水环境因子的综合得分按照分值大小对其进行排序，可确定影响清水河水环境的主要因子依次为NH_3-N、NO_3-N、TN、COD_{Cr}、NO_2-N、Chl-a、COD_{Mn}、F^-、TP、BOD_5、pH值、SS、DO、PO_4-P、EC。综合分析，氮营养盐、有机物和叶绿素在清水河水体中起主要作用，是引起清水河流域水体变动的主要原因。从表2.9可以得出清水河12个小流域的污染排序为：折死沟＞井沟＞双井子沟＞沙沿沟＞清水河下游＞苋麻河＞清水河中游＞冬至河＞中卫市第五排水沟＞清水河上游＞中河＞西河。污染较为严重的小流域主要分布在清水河的中下游段，主要是折死沟、井沟、双井子沟、沙沿沟。造成清水河中下游段水质较差的主要原因是清水河周围生活污水和工农业废水都排入了河流中，下游段又有较大的支流汇入以及中下游段属于高岩土壤地区，矿化度较高，为苦咸水所导致。

表2.9　清水河流域2018年7月各水质因子得分及排序

评价指标	因子1	因子2	因子3	因子4	综合得分	排序
pH值	−0.1183	0.1334	0.1959	0.0539	0.0077	11
DO	0.0328	−0.1867	−0.0503	−0.0268	−0.0313	13
EC	−0.1636	−0.2451	0.1653	0.3244	−0.0656	15
SS	−0.1000	0.0515	−0.0024	0.3545	−0.0030	12
BOD_5	−0.0589	0.2543	−0.1386	0.0794	0.0099	10
Chl-a	0.0079	0.0661	0.2370	−0.0127	0.0497	6
TN	0.2279	−0.0921	−0.0718	0.0832	0.0778	3
NH_3-N	0.2443	0.0973	−0.1109	−0.1776	0.0929	1
NO_3-N	0.2443	−0.1453	0.0679	−0.0341	0.0849	2
NO_2-N	0.1303	−0.1322	0.2367	0.0595	0.0709	5
TP	−0.0318	0.3500	−0.1201	−0.1033	0.0268	8
PO_4-P	−0.1293	−0.0917	0.3784	−0.1605	−0.0323	14
COD_{Mn}	0.0110	−0.0994	0.4014	0.0219	0.0463	7
COD_{Cr}	0.1306	0.1089	−0.0847	0.0772	0.0718	4
F^-	0.0036	−0.0962	0.0632	0.3857	0.0259	9

表 2.10 清水河流域 2018 年 7 月各样点主成分综合得分

小流域	因子 1	因子 2	因子 3	因子 4	综合得分	排序
清水河上游	−1.0777	−0.0144	2.3789	−1.5398	−0.2559	10
清水河中游	−0.0766	0.0086	−0.7640	−0.2268	−0.1630	7
清水河下游	0.4270	−0.3085	−0.7846	−0.7374	−0.0531	5
中卫市第五排水沟	−0.1968	0.1807	−0.9735	−0.6914	−0.2531	9
双井子沟	−0.1462	2.3227	−0.1402	0.9307	0.4428	3
苋麻河	0.2343	−0.7595	−0.3059	−0.3604	−0.1203	6
中河	−0.9532	−0.2999	−0.5238	−0.2693	−0.5706	11
西河	−1.4246	−1.7227	−0.0115	1.8058	−0.7924	12
冬至河	−0.8719	1.1854	−0.3822	−0.1520	−0.2194	8
井沟	0.9358	0.1466	0.7612	1.6094	0.6849	2
沙沿沟	1.5937	−0.6369	−0.5768	−0.7068	0.2451	4
折死沟	1.5562	−0.1020	1.3224	0.3381	0.8775	1

清水河流域 2018 年 11 月主成分特征值变化曲线如图 2.20 所示，主成分分析结果如表 2.11 所示，因子分析结果见表 2.12。主成分分析将清水河的水环境因子分为 5 类：第一主成分的贡献率为 31.81%，包含的水环境因子为 EC、TN、NH_3-N、COD_{Mn}、COD_{Cr}，可认为是溶解盐类、氮营养盐和有机物引起的水体污染；第二主成分的贡献率为 20.24%，包含的水环境因子为 Chl－a、NO_3-N、NO_2-N，可认为是浮游藻类和氮营养盐引起的水体污染；第三主成分的贡献率为 13.67%，包含的水环境因子为 pH 值、EC，可认为是溶解盐类引起的水体污染；第四主成分的贡献率为 12.38%，包含的水环境因子为 pH 值、TP、PO_4-P，可认为是磷营养盐引起的水体污染；第五主成分的贡献率为 9.5%，包含的水环境因子为 F^-，可认为是氟化物引起的水体污染。

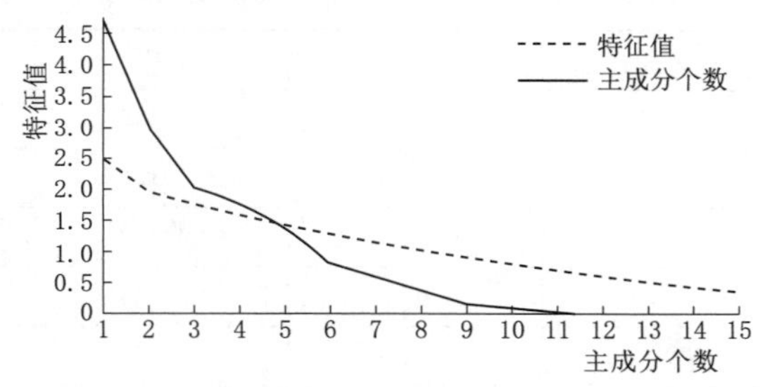

图 2.20 清水河流域 2018 年 11 月主成分特征值变化曲线图

表 2.11 清水河流域 2018 年 11 月主成分特征值及贡献率

变量	因子 1	因子 2	因子 3	因子 4	因子 5
pH 值	0.0115	0.8494	−0.2070	0.4061	−0.1378
DO	0.4680	−0.0324	0.4907	0.6908	−0.1065
EC	0.9345	−0.2100	−0.1687	0.0185	−0.0935
SS	0.2201	−0.0770	0.6184	0.3151	−0.4458
BOD_5	0.4186	0.6526	−0.2685	−0.4316	−0.1550

续表

变量	因子1	因子2	因子3	因子4	因子5
Chl-a	-0.4280	0.6331	0.5958	0.1350	-0.1143
TN	0.8674	-0.2791	0.1363	-0.1944	-0.1577
NH_3-N	0.8260	0.0573	0.2755	-0.1271	0.1269
NO_3-N	0.5958	-0.6559	-0.0500	0.3128	0.1016
NO_2-N	0.3334	0.3114	-0.5533	0.3951	0.0624
TP	0.2787	0.6613	0.3325	-0.3632	-0.2105
PO_4-P	-0.2454	0.2629	0.2179	0.3290	0.8292
COD_{Mn}	0.7228	0.4409	0.0362	0.0444	0.2990
COD_{Cr}	0.8138	0.2457	0.1194	-0.2131	0.3844
F^-	0.2225	0.2674	-0.5940	0.4618	-0.2843
特征值	4.7722	3.0404	2.0512	1.7549	1.3799
百分率/%	31.8100	20.2700	13.6700	11.7000	9.2000
累计百分率/%	31.8100	52.0800	65.7600	77.4600	86.6600

表2.12　清水河流域2018年11月旋转后因子载荷值

变量	因子1	因子2	因子3	因子4	因子5
pH值	-0.0008	0.5649	0.7672	0.0908	-0.1798
DO	0.2706	-0.1320	0.1784	0.8958	-0.1562
EC	0.7370	-0.4277	0.2395	0.1618	0.3812
SS	0.0555	0.1144	-0.1368	0.8136	0.1944
BOD_5	0.5249	0.5176	0.3357	-0.3613	0.3112
Chl-a	-0.2464	0.8184	-0.0950	0.3551	-0.3235
TN	0.7417	-0.2956	-0.1115	0.2400	0.4516
NH_3-N	0.8544	-0.0454	-0.0637	0.2281	0.0747
NO_3-N	0.3487	-0.8126	0.0263	0.3229	0.0948
NO_2-N	0.1972	0.7793	-0.1211	-0.0886	-0.0745
TP	0.4512	-0.0280	0.7518	0.0584	0.1698
PO_4-P	0.0206	0.0571	-0.9838	-0.0296	-0.0153
COD_{Mn}	0.8091	0.1319	0.3102	0.0595	-0.1944
COD_{Cr}	0.9553	0.0240	0.0303	-0.0404	-0.1197
F^-	-0.0343	-0.0796	0.1812	0.0316	0.8524
方差贡献	4.1688	2.8275	2.2675	1.9878	1.7470
累计贡献/%	27.7920	46.6417	61.7581	75.0103	86.6568

清水河流域2018年11月的主成分综合得分见表2.13和表2.14，将各个水环境因子的综合得分按照分值大小对其进行排序，可确定影响清水河水环境的主要因子依次为

TN、DO、F^-、COD_{Mn}、COD_{Cr}、EC、TP、PO_4-P、NO_2-N、NH_3-N、BOD_5、NO_3-N、pH值、SS、Chl-a。综合分析，氮营养盐、氟化物和有机物在清水河水体中起主要作用，是引起清水河流域水体变动的主要原因。从表2.14可以得出清水河流域12个小流域的污染排序为：折死沟＞双井子沟＞井沟＞清水河下游＞沙沿沟＞清水河中游＞中卫市第五排水沟＞苋麻河＞清水河上游＞冬至河＞中河＞西河，污染较为严重的小流域主要分布在清水河中下游段，主要是折死沟、双井子沟、井沟、清水河下游、沙沿沟，造成清水河中下游段水质较差的主要原因是清水河周围生活污水和工农业废水都排入了河流中，下游段又有较大的支流汇入以及中下游段属于高岩土壤地区，矿化度较高，为苦咸水所导致。

表2.13　清水河流域2018年11月各水质因子综合得分及排序

评价指标	因子1	因子2	因子3	因子4	因子5	综合得分	排序
pH值	0.0057	−0.1569	0.3117	0.0059	0.0753	0.0202	13
DO	0.1370	0.1622	−0.0875	0.0240	0.0738	0.0741	2
EC	0.1201	0.1205	0.0758	−0.1283	0.0484	0.0624	6
SS	0.0132	−0.1450	−0.0810	−0.1362	0.4729	−0.0087	14
BOD_5	0.2439	−0.1995	0.0902	−0.0114	−0.1311	0.0361	11
Chl-a	0.0477	−0.3293	−0.0789	0.0221	0.2474	−0.0370	15
TN	−0.0978	0.3848	0.0626	0.1374	0.0760	0.0785	1
NH_3-N	0.2719	−0.0158	−0.1513	0.0014	−0.0956	0.0540	10
NO_3-N	−0.1154	0.0905	0.4016	−0.0536	0.0037	0.0306	12
NO_2-N	−0.0235	0.0981	0.3363	0.0468	−0.0538	0.0589	9
TP	−0.0392	0.1014	0.0041	0.4509	0.0038	0.0617	7
PO_4-P	−0.0134	0.0838	−0.0069	0.4405	−0.0250	0.0610	8
COD_{Mn}	0.2183	−0.0816	0.0690	−0.0105	0.0695	0.0675	4
COD_{Cr}	0.2793	−0.0593	−0.0636	−0.0206	−0.0040	0.0654	5
F^-	−0.0570	0.1034	0.0895	0.1347	0.4327	0.0706	3

表2.14　清水河流域2018年11月各样点综合得分及排序

小流域	因子1	因子2	因子3	因子4	因子5	综合得分	排序
清水河上游	−0.5228	0.3072	−0.6814	−0.4567	−0.5610	−0.3022	9
清水河中游	0.2662	−1.3614	0.8488	0.2048	0.5467	−0.0010	6
清水河下游	−0.1080	−0.1121	0.0044	3.0973	−0.0198	0.3041	4
中卫市第五排水沟	−0.0309	0.1018	0.0036	−0.3568	−0.6852	−0.0935	7
双井子沟	0.5449	0.3955	1.9974	−0.4166	0.6615	0.5387	2
苋麻河	−0.9062	0.4182	0.9086	−0.2064	−1.5299	−0.2442	8
中河	−0.5967	−0.6602	−0.1678	−0.3766	−0.2013	−0.4092	11
西河	−0.8844	−1.4265	−1.5986	−0.4239	1.1370	−0.7340	12

续表

小流域	因子 1	因子 2	因子 3	因子 4	因子 5	综合得分	排序
冬至河	−0.5743	−0.5554	0.5130	−0.5560	−0.5871	−0.3442	10
井沟	1.5626	0.8147	−1.4277	−0.0079	−1.3508	0.3418	3
沙沿沟	−0.9300	2.2833	−0.3336	−0.0823	1.6706	0.2655	5
折死沟	2.1796	−0.2050	−0.0667	−0.4188	0.9193	0.6782	1

2.3.2.2 综合污染指数法的评价结果

水质综合污染指数的高低直接反映水体质量的优劣，污染综合指数越大，水质越差，当 F^- 不参与水质评价时，其综合污染指数变化趋势如图 2.21 所示，当 F^- 参与水质评价时，其综合污染指数的变化趋势如图 2.22 所示。

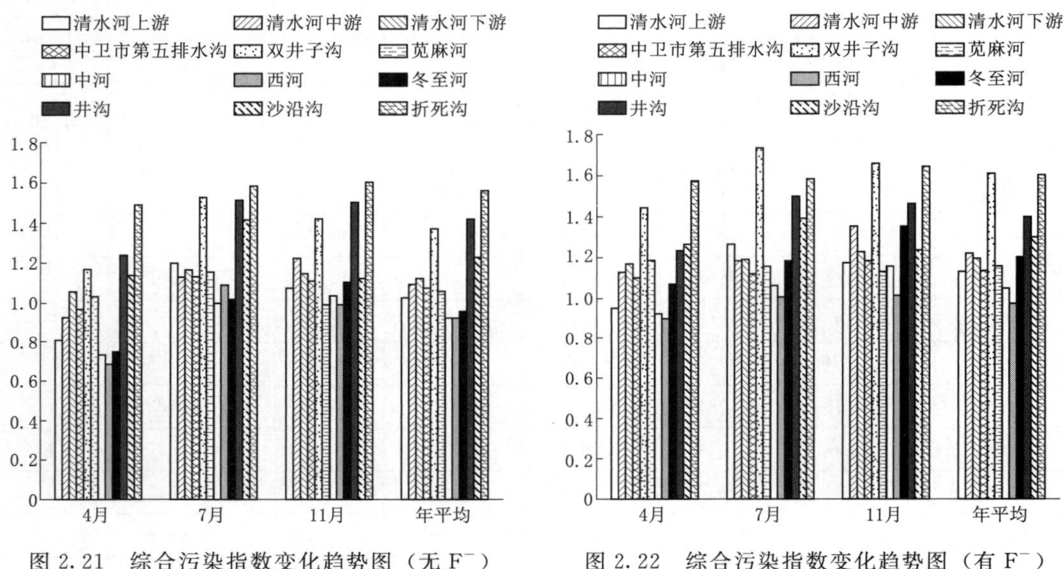

图 2.21 综合污染指数变化趋势图（无 F^-）

图 2.22 综合污染指数变化趋势图（有 F^-）

由图可知，当 F^- 不参与水质评时，清水河流域整体的污染程度为 7 月>4 月>11 月，12 个小流域中，折死沟是清水河水质最差的流域，处于污染状态，中河和西河是清水河水质最好的流域，水质基本合格；当 F^- 参与水质评价时，清水河流域整体的污染程度为 11 月>4 月>7 月，双井子沟是清水河水质最差的流域，处于污染状态，西河是清水河水质最好的流域，水质基本合格。清水河 12 个小流域中大多数样点流域的综合污染指数 P 都大于 1，由此可见，清水河流域水环境状况整体较差。

2.3.2.3 灰色关联法的评价结果

根据孟祥仪对清水河污染超标因子的分析以及结合清水河流域周围工农业生产状况，本节选取总氮（TN）、氨氮（NH_3-N）、总磷（TP）、五日生化需氧量（BOD_5）、化学需氧量（COD_{Cr}）、氟离子（F^-）作为评价因子，先将 TN、NH_3-N、TP、BOD_5、COD_{Cr} 水环境因子进行评价分析，再将 F^- 加入进行评价，分析 F^- 是否参与评价时清水河的水质变化情况，旨在为清水河的水环境治理提供一定依据。在评价时将数据归一化到

0～1，在计算的时候分辨系数选用0.5，通过DPS数据处理系统得到关联度，然后根据最大隶属度原则，得到各点的水质级别。当F^-不参与评价时，清水河流域2018年4月各小流域的水体实测值与各水质级别的关联度见表2.15，当F^-参与评价时，清水河流域2018年4月各小流域的水体实测值与各水质级别的关联度见表2.16。

表2.15　清水河流域2018年4月关联度计算结果（无F^-）

关联矩阵	Ⅰ	Ⅱ	Ⅲ	Ⅳ	Ⅴ	水质级别判定
清水河上游	0.5805	0.823	0.8452	0.6201	0.4446	Ⅲ
清水河中游	0.5698	0.7714	0.7616	0.6905	0.4918	Ⅲ
清水河下游	0.5515	0.7107	0.7522	0.7062	0.5511	Ⅲ
中卫市第五排水沟	0.5694	0.7259	0.7246	0.6647	0.5157	Ⅱ
双井子沟	0.5421	0.605	0.6833	0.7422	0.5915	Ⅳ
苋麻河	0.5745	0.6739	0.699	0.6735	0.5498	Ⅲ
中河	0.6493	0.8444	0.7815	0.6278	0.4511	Ⅱ
西河	0.6554	0.8567	0.7109	0.6061	0.4299	Ⅱ
冬至河	0.6553	0.8288	0.8235	0.6384	0.4642	Ⅱ
井沟	0.5044	0.6272	0.6895	0.7544	0.6211	Ⅳ
沙沿沟	0.5517	0.6469	0.6486	0.7058	0.5911	Ⅳ
折死沟	0.4594	0.5915	0.6234	0.6446	0.753	Ⅴ

表2.16　清水河流域2018年4月关联度计算结果（有F^-）

关联矩阵	Ⅰ	Ⅱ	Ⅲ	Ⅳ	Ⅴ	水质级别判定
清水河上游	0.5409	0.7646	0.7794	0.6822	0.5469	Ⅲ
清水河中游	0.5259	0.7223	0.7161	0.7276	0.5768	Ⅳ
清水河下游	0.506	0.6724	0.7041	0.7358	0.6168	Ⅳ
中卫市第五排水沟	0.5279	0.6964	0.6960	0.7150	0.5963	Ⅳ
双井子沟	0.5058	0.6025	0.6675	0.7829	0.658	Ⅳ
苋麻河	0.5319	0.6587	0.6795	0.725	0.6227	Ⅳ
中河	0.5707	0.7611	0.7146	0.6652	0.5307	Ⅱ
西河	0.5926	0.7918	0.6805	0.664	0.5259	Ⅱ
冬至河	0.5713	0.7491	0.7448	0.6696	0.5349	Ⅱ
井沟	0.5133	0.6346	0.6866	0.7062	0.5952	Ⅳ
沙沿沟	0.5153	0.6391	0.6405	0.7548	0.6592	Ⅳ
折死沟	0.4384	0.593	0.6195	0.7038	0.7942	Ⅴ

当F^-不参与水质评价时，中卫市第五排水沟、中河、西河、冬至河的水质较好，主要以Ⅱ类水为主，清水河上游、清水河中游、清水河下游、苋麻河的水质级别为Ⅲ类，双井子沟、井沟、沙沿沟的水质级别为Ⅳ类，折死沟的水质最差，主要以Ⅴ类为主。当F^-参与水质评价时，中河、西河、冬至河的水质较好，主要以Ⅱ类水为主，清水河上游

的水质级别为Ⅲ类，清水河中游、清水河下游、中卫市第五排水沟、双井子沟、苋麻河、井沟、沙沿沟的水质级别为Ⅳ类，折死沟的水质状况不容乐观，主要以Ⅴ类水为主。综合分析，当F^-参与清水河流域的水质评价时，清水河中游、清水河下游、中卫市第五排水沟、苋麻河的水质逐渐变差，水质由Ⅲ类变为Ⅳ类，支流中卫市第五排水沟的水质由Ⅱ类变为Ⅳ类。

当F^-不参与水质评价时，清水河流域2018年7月清水河各小流域的水体实测值与各水质级别的关联度见表2.17，当F^-参与水质评价时，清水河流域2018年7月各小流域的水体实测值与水质级别的关联度见表2.18。

表2.17　　清水河流域2018年7月关联度计算结果（无F^-）

关联矩阵	Ⅰ	Ⅱ	Ⅲ	Ⅳ	Ⅴ	水质级别判定
清水河上游	0.4996	0.6542	0.7347	0.733	0.5961	Ⅲ
清水河中游	0.5364	0.7077	0.7197	0.6895	0.5722	Ⅲ
清水河下游	0.4675	0.6929	0.7012	0.719	0.5327	Ⅳ
中卫市第五排水沟	0.4799	0.7127	0.7111	0.7136	0.5200	Ⅳ
双井子沟	0.4839	0.5230	0.5756	0.6664	0.7083	Ⅴ
苋麻河	0.4903	0.6443	0.7262	0.7216	0.5396	Ⅲ
中河	0.4674	0.7483	0.6874	0.6403	0.4321	Ⅱ
西河	0.5154	0.6964	0.6192	0.5922	0.5302	Ⅱ
冬至河	0.5183	0.6738	0.7472	0.7235	0.4867	Ⅲ
井沟	0.4907	0.5406	0.5875	0.7055	0.7592	Ⅴ
沙沿沟	0.4437	0.6062	0.6934	0.7316	0.6484	Ⅳ
折死沟	0.4578	0.5184	0.553	0.6763	0.7546	Ⅴ

表2.18　　清水河流域2018年7月关联度计算结果（有F^-）

关联矩阵	Ⅰ	Ⅱ	Ⅲ	Ⅳ	Ⅴ	水质级别判定
清水河上游	0.4687	0.6382	0.7679	0.7026	0.6575	Ⅲ
清水河中游	0.5690	0.6792	0.6893	0.6395	0.5417	Ⅲ
清水河下游	0.4920	0.6666	0.6628	0.6736	0.5075	Ⅳ
中卫市第五排水沟	0.5063	0.6816	0.6802	0.657	0.4957	Ⅱ
双井子沟	0.4588	0.5359	0.5797	0.722	0.7569	Ⅴ
苋麻河	0.5066	0.6329	0.7011	0.6684	0.5168	Ⅲ
中河	0.4889	0.7044	0.6536	0.5902	0.4167	Ⅱ
西河	0.5566	0.6576	0.5933	0.5507	0.4991	Ⅱ
冬至河	0.5058	0.6758	0.7325	0.7782	0.5921	Ⅳ
井沟	0.4894	0.5969	0.636	0.6811	0.7258	Ⅴ
沙沿沟	0.4651	0.6103	0.683	0.6837	0.6143	Ⅳ
折死沟	0.4371	0.532	0.5608	0.7303	0.7955	Ⅴ

当 F^- 不参与水质评价时，清水河上游、清水河中游、苋麻河和冬至河的水质级别为Ⅲ类，清水河下游、中卫市第五排水沟、沙沿沟的水质级别为Ⅳ类，双井子沟、井沟、折死沟的水质较差，以Ⅴ类水为主，中河和西河的水质较好，以Ⅱ类水为主。当 F^- 参与水质评价时，清水河上游、清水河中游、苋麻河的水质级别为Ⅲ类，清水河下游、支流冬至河、沙沿沟的水质级别为Ⅳ类，双井子沟、沙沿沟和折死沟的水质较差，为Ⅴ类水，中卫市第五排水沟、中河和西河的水质较好，为Ⅱ类水。综合分析，当 F^- 参与水质评价时，中卫市第五排水沟、冬至河的水质逐渐变差，中卫市第五排水沟的水质由Ⅱ类变为Ⅳ类，冬至河的水质由Ⅲ类变为Ⅳ类。

当 F^- 不参与水质评价时，清水河流域 2018 年 11 月各小流域的水体实测值与水质级别的关联度见表 2.19，当 F^- 参与水质评价时，清水河流域 2018 年 11 月各小流域的水体实测值与水质级别的关联度见表 2.20。

表 2.19 清水河流域 2018 年 11 月关联度计算结果（无 F^-）

关联矩阵	Ⅰ	Ⅱ	Ⅲ	Ⅳ	Ⅴ	水质级别判定
清水河上游	0.559	0.7322	0.7561	0.7232	0.506	Ⅲ
清水河中游	0.4991	0.6535	0.6509	0.6295	0.5849	Ⅱ
清水河下游	0.5441	0.6893	0.7082	0.6797	0.5691	Ⅲ
中卫市第五排水沟	0.5898	0.7448	0.7307	0.6866	0.5985	Ⅱ
双井子沟	0.5145	0.6586	0.7079	0.6839	0.668	Ⅲ
苋麻河	0.6261	0.744	0.6358	0.6409	0.5359	Ⅱ
中河	0.5392	0.6865	0.6627	0.6438	0.4999	Ⅱ
西河	0.6489	0.7468	0.6917	0.6947	0.5531	Ⅱ
冬至河	0.5693	0.7444	0.7215	0.6853	0.5676	Ⅱ
井沟	0.4537	0.5784	0.6124	0.7163	0.6858	Ⅳ
沙沿沟	0.542	0.6704	0.6881	0.6524	0.5676	Ⅲ
折死沟	0.4372	0.556	0.5824	0.6699	0.7398	Ⅴ

表 2.20 清水河流域 2018 年 11 月关联度计算结果（有 F^-）

关联矩阵	Ⅰ	Ⅱ	Ⅲ	Ⅳ	Ⅴ	水质级别判定
清水河上游	0.5149	0.6915	0.7101	0.7499	0.5857	Ⅳ
清水河中游	0.4818	0.6482	0.6484	0.6985	0.6613	Ⅳ
清水河下游	0.4972	0.6495	0.6643	0.71	0.6271	Ⅳ
中卫市第五排水沟	0.5066	0.6604	0.6519	0.6874	0.6235	Ⅳ
双井子沟	0.4648	0.6185	0.6558	0.7054	0.6917	Ⅳ
苋麻河	0.5496	0.6786	0.6047	0.6714	0.5944	Ⅳ
中河	0.517	0.675	0.7077	0.7077	0.5973	Ⅲ

续表

关联矩阵	Ⅰ	Ⅱ	Ⅲ	Ⅳ	Ⅴ	水质级别判定
西河	0.7094	0.7114	0.6671	0.648	0.5317	Ⅱ
冬至河	0.5052	0.674	0.6601	0.7	0.615	Ⅳ
井沟	0.468	0.5947	0.623	0.6746	0.6492	Ⅳ
沙沿沟	0.5072	0.6586	0.6734	0.7103	0.6397	Ⅳ
折死沟	0.4199	0.5634	0.5854	0.725	0.7832	Ⅴ

当F^-不参与水质评价时，清水河上游、支流双井子沟、沙沿河的水质级别为Ⅲ类，井沟的水质级别为Ⅳ类，清水河中游、中卫市第五排水沟、苋麻河、中河、西河冬至河的水质较好，为Ⅱ类水，折死沟的水质较差，为Ⅴ类水。当F^-参与水质评价时，清水河上游、清水河中游、清水河下游，支流中卫市第五排水沟、双井子沟、苋麻河、冬至河、井沟、沙沿沟的水质级别为Ⅳ类，西河和中河的水质稍好，分别为Ⅱ类、Ⅲ类，折死沟的水质较差，以Ⅴ类水为主。综合分析，当F^-参与水质评价时，清水河上游、清水河中游、清水河下游、中卫市第五排水沟、双井子沟、苋麻河、中河、冬至河和沙沿沟的水质逐渐变差，清水河上游、清水河下游、双井子沟、沙沿沟的水质由Ⅲ类变为Ⅳ类，清水河中游、中卫市第五排水沟、苋麻河、冬至河的水质由Ⅱ类变为Ⅳ类，中河的水质由Ⅱ类变为Ⅲ类。

2.3.2.4 模糊综合评价法的评价结果

根据每个监测项目的5级评价标准确定5个级别的隶属函数，分别计算2018年4月12个小流域水环境因子按TN、NH_3-N、TP、BOD_5、COD_{Cr}、F^-排序的隶属度矩阵见式（2.15）～式（2.26）：

$$R_{\text{清水河上游}}=\begin{array}{c} \begin{array}{ccccc} \text{Ⅰ} & \text{Ⅱ} & \text{Ⅲ} & \text{Ⅳ} & \text{Ⅴ} \end{array} \\ \left[\begin{array}{ccccc} 0 & 0 & 0.626 & 0.374 & 0 \\ 0 & 0.645 & 0.355 & 0 & 0 \\ 0.503 & 0.497 & 0 & 0 & 0 \\ 0 & 0.283 & 0.717 & 0 & 0 \\ 0 & 0.243 & 0.757 & 0 & 0 \\ 0 & 0 & 0 & 0 & 1 \end{array}\right] \end{array} \begin{array}{l} \\ \mathrm{TN} \\ \mathrm{NH_3-N} \\ \mathrm{TP} \\ \mathrm{BOD_5} \\ \mathrm{COD_{Cr}} \\ \mathrm{F^-} \end{array} \tag{2.15}$$

$$R_{\text{清水河中游}}=\begin{array}{c} \begin{array}{ccccc} \text{Ⅰ} & \text{Ⅱ} & \text{Ⅲ} & \text{Ⅳ} & \text{Ⅴ} \end{array} \\ \left[\begin{array}{ccccc} 0 & 0 & 0 & 0.862 & 0.138 \\ 0 & 0.469 & 0.531 & 0 & 0 \\ 0.663 & 0.338 & 0 & 0 & 0 \\ 0 & 0 & 0.541 & 0.459 & 0 \\ 0 & 0.698 & 0.302 & 0 & 0 \\ 0 & 0 & 0 & 0 & 1 \end{array}\right] \end{array} \begin{array}{l} \\ \mathrm{TN} \\ \mathrm{NH_3-N} \\ \mathrm{TP} \\ \mathrm{BOD_5} \\ \mathrm{COD_{Cr}} \\ \mathrm{F^-} \end{array} \tag{2.16}$$

$$R_{清水河下游}=\begin{bmatrix} 0 & 0 & 0 & 0.39 & 0.61 \\ 0 & 0 & 0.806 & 0.194 & 0 \\ 0.775 & 0.225 & 0 & 0 & 0 \\ 0 & 0 & 0.244 & 0.756 & 0 \\ 0 & 0.764 & 0.236 & 0 & 0 \\ 0 & 0 & 0 & 0 & 1 \end{bmatrix}\begin{matrix} TN \\ NH_3-N \\ TP \\ BOD_5 \\ COD_{Cr} \\ F^- \end{matrix} \tag{2.17}$$

(columns: Ⅰ Ⅱ Ⅲ Ⅳ Ⅴ)

$$R_{中卫市第五排水沟}=\begin{bmatrix} 0 & 0 & 0 & 0.504 & 0.496 \\ 0 & 0.327 & 0.673 & 0 & 0 \\ 0.911 & 0.089 & 0 & 0 & 0 \\ 0 & 0 & 0.333 & 0.667 & 0 \\ 0 & 0.881 & 0.119 & 0 & 0 \\ 0 & 0 & 0 & 0 & 1 \end{bmatrix}\begin{matrix} TN \\ NH_3-N \\ TP \\ BOD_5 \\ COD_{Cr} \\ F^- \end{matrix} \tag{2.18}$$

(columns: Ⅰ Ⅱ Ⅲ Ⅳ Ⅴ)

$$R_{双井沟}=\begin{bmatrix} 0 & 0 & 0 & 0.236 & 0.764 \\ 0 & 0 & 0 & 0.944 & 0.056 \\ 1 & 0 & 0 & 0 & 0 \\ 0 & 0 & 0.25 & 0.75 & 0 \\ 0 & 0.894 & 0.106 & 0 & 0 \\ 0 & 0 & 0 & 0 & 1 \end{bmatrix}\begin{matrix} TN \\ NH_3-N \\ TP \\ BOD_5 \\ COD_{Cr} \\ F^- \end{matrix} \tag{2.19}$$

(columns: Ⅰ Ⅱ Ⅲ Ⅳ Ⅴ)

$$R_{苋麻河}=\begin{bmatrix} 0 & 0 & 0 & 0.237 & 0.763 \\ 0 & 0 & 0.78 & 0.22 & 0 \\ 1 & 0 & 0 & 0 & 0 \\ 0 & 0 & 0.165 & 0.835 & 0 \\ 1 & 0 & 0 & 0 & 0 \\ 0 & 0 & 0 & 0 & 1 \end{bmatrix}\begin{matrix} TN \\ NH_3-N \\ TP \\ BOD_5 \\ COD_{Cr} \\ F^- \end{matrix} \tag{2.20}$$

(columns: Ⅰ Ⅱ Ⅲ Ⅳ Ⅴ)

$$R_{中河}=\begin{bmatrix} 0 & 0.524 & 0.476 & 0 & 0 \\ 0 & 0.492 & 0.508 & 0 & 0 \\ 0.85 & 0.15 & 0 & 0 & 0 \\ 0 & 0 & 0.355 & 0.645 & 0 \\ 1 & 0 & 0 & 0 & 0 \\ 0 & 0 & 0 & 0 & 1 \end{bmatrix}\begin{matrix} TN \\ NH_3-N \\ TP \\ BOD_5 \\ COD_{Cr} \\ F^- \end{matrix} \tag{2.21}$$

$$\begin{array}{c}\begin{matrix}\text{Ⅰ} & \text{Ⅱ} & \text{Ⅲ} & \text{Ⅳ} & \text{Ⅴ}\end{matrix}\\ R_{\text{西河}}=\begin{bmatrix}0 & 0.918 & 0.082 & 0 & 0\\ 0.971 & 0.029 & 0 & 0 & 0\\ 0.245 & 0.755 & 0 & 0 & 0\\ 0 & 0 & 0.12 & 0.88 & 0\\ 0 & 0.505 & 0.495 & 0 & 0\\ 0 & 0 & 0 & 0 & 1\end{bmatrix}\begin{matrix}TN\\ NH_3-N\\ TP\\ BOD_5\\ COD_{Cr}\\ F^-\end{matrix}\end{array}\tag{2.22}$$

$$\begin{array}{c}\begin{matrix}\text{Ⅰ} & \text{Ⅱ} & \text{Ⅲ} & \text{Ⅳ} & \text{Ⅴ}\end{matrix}\\ R_{\text{冬至河}}=\begin{bmatrix}0 & 0.534 & 0.466 & 0 & 0\\ 0 & 0.276 & 0.724 & 0 & 0\\ 1 & 0 & 0 & 0 & 0\\ 0 & 0 & 0.502 & 0.498 & 0\\ 0 & 0.717 & 0.283 & 0 & 0\\ 0 & 0 & 0 & 0 & 1\end{bmatrix}\begin{matrix}TN\\ NH_3-N\\ TP\\ BOD_5\\ COD_{Cr}\\ F^-\end{matrix}\end{array}\tag{2.23}$$

$$\begin{array}{c}\begin{matrix}\text{Ⅰ} & \text{Ⅱ} & \text{Ⅲ} & \text{Ⅳ} & \text{Ⅴ}\end{matrix}\\ R_{\text{井沟}}=\begin{bmatrix}0 & 0 & 0 & 0.04 & 0.96\\ 0 & 0 & 0.19 & 0.81 & 0\\ 0.627 & 0.373 & 0 & 0 & 0\\ 0 & 0 & 0.325 & 0.675 & 0\\ 0 & 0 & 0.542 & 0.458 & 0\\ 0 & 0 & 0.58 & 0.42 & 0\end{bmatrix}\begin{matrix}TN\\ NH_3-N\\ TP\\ BOD_5\\ COD_{Cr}\\ F^-\end{matrix}\end{array}\tag{2.24}$$

$$\begin{array}{c}\begin{matrix}\text{Ⅰ} & \text{Ⅱ} & \text{Ⅲ} & \text{Ⅳ} & \text{Ⅴ}\end{matrix}\\ R_{\text{沙沿沟}}=\begin{bmatrix}0 & 0 & 0 & 0 & 1\\ 0 & 0 & 0.178 & 0.822 & 0\\ 1 & 0 & 0 & 0 & 0\\ 0 & 0 & 0.08 & 0.92 & 0\\ 1 & 0 & 0 & 0 & 0\\ 0 & 0 & 0 & 0 & 1\end{bmatrix}\begin{matrix}TN\\ NH_3-N\\ TP\\ BOD_5\\ COD_{Cr}\\ F^-\end{matrix}\end{array}\tag{2.25}$$

$$\begin{array}{c}\begin{matrix}\text{Ⅰ} & \text{Ⅱ} & \text{Ⅲ} & \text{Ⅳ} & \text{Ⅴ}\end{matrix}\\ R_{\text{折死沟}}=\begin{bmatrix}0 & 0 & 0 & 0 & 1\\ 0 & 0 & 0 & 0.154 & 0.846\\ 0.354 & 0.646 & 0 & 0 & 0\\ 0 & 0 & 0.97 & 0.03 & 0\\ 0 & 0 & 0 & 0 & 1\\ 0 & 0 & 0 & 0 & 1\end{bmatrix}\begin{matrix}TN\\ NH_3-N\\ TP\\ BOD_5\\ COD_{Cr}\\ F^-\end{matrix}\end{array}\tag{2.26}$$

依据“超倍数法”确定的清水河流域2018年4月有无F^-各水环境因子的权重向量集见表2.21和表2.22。

表2.21 清水河流域2018年4月各样点水质因子的权重值（无F^-）

小流域	TN	NH_3-N	TP	BOD_5	COD_{Cr}
清水河上游	0.3181	0.1832	0.0816	0.1991	0.2181
清水河中游	0.3666	0.1806	0.0560	0.2298	0.1671
清水河下游	0.3676	0.2257	0.0395	0.2245	0.1428
中卫市第五排水沟	0.3907	0.1888	0.0309	0.2385	0.1511
双井子沟	0.3459	0.2835	0.0006	0.2022	0.1677
苋麻河	0.3934	0.2344	0.0011	0.2371	0.1340
中河	0.2234	0.2303	0.0494	0.3201	0.1766
西河	0.1790	0.0535	0.1356	0.3812	0.2506
冬至河	0.2163	0.2569	0.0220	0.2949	0.2099
井沟	0.3421	0.2451	0.0439	0.1849	0.1840
沙沿沟	0.3844	0.2687	0.0048	0.2203	0.1219
折死沟	0.2919	0.2775	0.0522	0.1160	0.2623

表2.22 清水河流域2018年4月各样点水质因子的权重值（有F^-）

小流域	TN	NH_3-N	TP	BOD_5	COD_{Cr}	F^-
清水河上游	0.2280	0.1314	0.0585	0.1428	0.1564	0.2830
清水河中游	0.2554	0.1258	0.0390	0.1601	0.1164	0.3033
清水河下游	0.2812	0.1726	0.0302	0.1717	0.1092	0.2351
中卫市第五排水沟	0.2910	0.1406	0.0230	0.1776	0.1125	0.2554
双井子沟	0.2382	0.1952	0.0004	0.1392	0.1155	0.3115
苋麻河	0.2899	0.1727	0.0008	0.1747	0.0987	0.2631
中河	0.1490	0.1536	0.0329	0.2135	0.1178	0.3332
西河	0.1144	0.0342	0.0867	0.2436	0.1601	0.3610
冬至河	0.1280	0.1520	0.0130	0.1745	0.1242	0.4082
井沟	0.2896	0.2075	0.0372	0.1565	0.1558	0.1534
沙沿沟	0.2926	0.2045	0.0037	0.1676	0.0928	0.2388
折死沟	0.2337	0.2222	0.0418	0.0929	0.2100	0.1993

清水河流域2018年4月各小流域的隶属度与水质隶属级别见表2.23和表2.24。

表2.23 清水河流域2018年4月模糊综合评价向量及评价结果（无F^-）

小流域	Ⅰ	Ⅱ	Ⅲ	Ⅳ	Ⅴ	水质级别
清水河上游	0.0410	0.2681	0.5720	0.1190	0.0000	Ⅲ
清水河中游	0.0371	0.2203	0.3554	0.4215	0.0506	Ⅳ
清水河下游	0.0306	0.1180	0.2704	0.3569	0.2242	Ⅳ

续表

小流域	Ⅰ	Ⅱ	Ⅲ	Ⅳ	Ⅴ	水质级别
中卫市第五排水沟	0.0282	0.1976	0.2245	0.3560	0.1938	Ⅳ
双井子沟	0.0006	0.1500	0.0683	0.5009	0.2801	Ⅳ
苋麻河	0.1350	0.0000	0.2219	0.3428	0.3002	Ⅳ
中河	0.2186	0.2378	0.3370	0.2065	0.0000	Ⅲ
西河	0.0851	0.2683	0.3354	0.1844	0.0000	Ⅲ
冬至河	0.0220	0.3369	0.4943	0.1469	0.0000	Ⅲ
井沟	0.0275	0.0164	0.2064	0.4213	0.3284	Ⅳ
沙沿沟	0.1267	0.0000	0.0654	0.4235	0.3844	Ⅳ
折死沟	0.0185	0.0337	0.1125	0.0462	0.7890	Ⅴ

表 2.24　清水河流域2018年4月模糊综合评价向量及评价结果（有 F^-）

小流域	Ⅰ	Ⅱ	Ⅲ	Ⅳ	Ⅴ	水质级别
清水河上游	0.0294	0.1922	0.4101	0.0853	0.2830	Ⅲ
清水河中游	0.0259	0.1535	0.1886	0.2937	0.3385	Ⅴ
清水河下游	0.0234	0.0902	0.2068	0.2730	0.4066	Ⅴ
中卫市第五排水沟	0.0210	0.1471	0.1672	0.2651	0.3997	Ⅴ
双井子沟	0.0004	0.1033	0.0470	0.3449	0.5044	Ⅴ
苋麻河	0.0995	0.0000	0.1635	0.2526	0.4843	Ⅴ
中河	0.1458	0.1586	0.2247	0.3332	0.1377	Ⅳ
西河	0.0544	0.1179	0.2523	0.2144	0.1601	Ⅲ
冬至河	0.0130	0.1994	0.2925	0.0869	0.4082	Ⅴ
井沟	0.0233	0.0139	0.2637	0.4211	0.2780	Ⅳ
沙沿沟	0.0965	0.0000	0.0498	0.3223	0.5314	Ⅴ
折死沟	0.0148	0.0270	0.0901	0.0370	0.8311	Ⅴ

当 F^- 不参与评价时，清水河上游、中河、西河、冬至河的水质级别为Ⅲ类，清水河中游、清水河下游、中卫市第五排水沟、双井子沟、苋麻河、井沟、沙沿沟的水质级别为Ⅳ类，折死沟的水质较差，主要以Ⅴ类水为主。当 F^- 参与评价时，清水河上游、西河的水质稍好，为Ⅲ类水，中河、井沟的水质级别为Ⅳ类，清水河中游、清水河下游、中卫市第五排水沟、双井子沟、苋麻河、冬至河、沙沿沟和折死沟的水质状况不容乐观，以Ⅴ类水为主。综合分析，当 F^- 参与水质评价时，清水河中游、清水河下游、中卫市第五排水沟、双井子沟、苋麻河、中河、冬至河、沙沿沟的水质逐渐变差，清水河中游、清水河下游、中卫市第五排水沟、双井子沟、苋麻河、沙沿沟的水质由Ⅳ类变为Ⅴ类，中河的水质由Ⅲ类变为Ⅳ类，冬至河的水质由Ⅲ类变为Ⅴ类。

根据每个监测项目的5级评价标准确定5个级别的隶属函数，分别计算清水河流域2018年7月12个小流域水环境因子按TN、NH_3-N、TP、BOD_5、COD_{Cr}、F^- 排序的隶属度矩阵见式（2.27）～式（2.38）。

$$R_{清水河上游}=\begin{array}{c} \begin{matrix} \mathrm{I} & \mathrm{II} & \mathrm{III} & \mathrm{IV} & \mathrm{V} \end{matrix} \\ \begin{bmatrix} 0 & 0 & 0.261 & 0.739 & 0 \\ 0 & 0.047 & 0.953 & 0 & 0 \\ 0.413 & 0.587 & 0 & 0 & 0 \\ 0 & 0.285 & 0.715 & 0 & 0 \\ 0 & 0 & 0 & 0.142 & 0.859 \\ 0 & 0 & 0 & 0 & 1 \end{bmatrix} \end{array} \begin{array}{l} \\ TN \\ NH_3-N \\ TP \\ BOD_5 \\ COD_{Cr} \\ F^- \end{array} \tag{2.27}$$

$$R_{清水河中游}=\begin{array}{c} \begin{matrix} \mathrm{I} & \mathrm{II} & \mathrm{III} & \mathrm{IV} & \mathrm{V} \end{matrix} \\ \begin{bmatrix} 0 & 0 & 0 & 0.56 & 0.44 \\ 0 & 0 & 0.827 & 0.173 & 0 \\ 0.449 & 0.551 & 0 & 0 & 0 \\ 0 & 0 & 0 & 0.621 & 0.379 \\ 1 & 0 & 0 & 0 & 0 \\ 0 & 0 & 0.002 & 0.998 & 0 \end{bmatrix} \end{array} \begin{array}{l} \\ TN \\ NH_3-N \\ TP \\ BOD_5 \\ COD_{Cr} \\ F^- \end{array} \tag{2.28}$$

$$R_{清水河下游}=\begin{array}{c} \begin{matrix} \mathrm{I} & \mathrm{II} & \mathrm{III} & \mathrm{IV} & \mathrm{V} \end{matrix} \\ \begin{bmatrix} 0 & 0 & 0 & 0.472 & 0.528 \\ 0 & 0 & 0.513 & 0.487 & 0 \\ 0.021 & 0.979 & 0 & 0 & 0 \\ 0 & 0 & 0.012 & 0.988 & 0 \\ 0 & 0.643 & 0.357 & 0 & 0 \\ 0 & 0 & 0.364 & 0.636 & 0 \end{bmatrix} \end{array} \begin{array}{l} \\ TN \\ NH_3-N \\ TP \\ BOD_5 \\ COD_{Cr} \\ F^- \end{array} \tag{2.29}$$

$$R_{中卫市第五排水沟}=\begin{array}{c} \begin{matrix} \mathrm{I} & \mathrm{II} & \mathrm{III} & \mathrm{IV} & \mathrm{V} \end{matrix} \\ \begin{bmatrix} 0 & 0 & 0 & 0.668 & 0.332 \\ 0 & 0 & 0.682 & 0.318 & 0 \\ 0.125 & 0.875 & 0 & 0 & 0 \\ 0 & 0 & 0 & 0.901 & 0.099 \\ 0 & 0.873 & 0.127 & 0 & 0 \\ 0 & 0 & 0.86 & 0.14 & 0 \end{bmatrix} \end{array} \begin{array}{l} \\ TN \\ NH_3-N \\ TP \\ BOD_5 \\ COD_{Cr} \\ F^- \end{array} \tag{2.30}$$

$$R_{双井沟}=\begin{array}{c} \begin{matrix} \mathrm{I} & \mathrm{II} & \mathrm{III} & \mathrm{IV} & \mathrm{V} \end{matrix} \\ \begin{bmatrix} 0 & 0 & 0 & 0.467 & 0.533 \\ 0 & 0 & 0.438 & 0.562 & 0 \\ 1 & 0 & 0 & 0 & 0 \\ 0 & 0 & 0 & 0.3 & 0.7 \\ 0 & 0.445 & 0.555 & 0 & 0 \\ 0 & 0 & 0 & 0 & 1 \end{bmatrix} \end{array} \begin{array}{l} \\ TN \\ NH_3-N \\ TP \\ BOD_5 \\ COD_{Cr} \\ F^- \end{array} \tag{2.31}$$

$$R_{苋麻河}=\begin{array}{c} \begin{array}{ccccc} \text{Ⅰ} & \text{Ⅱ} & \text{Ⅲ} & \text{Ⅳ} & \text{Ⅴ} \end{array} \\ \begin{bmatrix} 0 & 0 & 0 & 0.52 & 0.48 \\ 0 & 0 & 0.602 & 0.398 & 0 \\ 0.532 & 0.468 & 0 & 0 & 0 \\ 0 & 0 & 0 & 0.933 & 0.067 \\ 1 & 0 & 0 & 0 & 0 \\ 0 & 0 & 0.62 & 0.38 & 0 \end{bmatrix} \end{array} \begin{array}{l} TN \\ NH_3-N \\ TP \\ BOD_5 \\ COD_{Cr} \\ F^- \end{array} \tag{2.32}$$

$$R_{中河}=\begin{array}{c} \begin{array}{ccccc} \text{Ⅰ} & \text{Ⅱ} & \text{Ⅲ} & \text{Ⅳ} & \text{Ⅴ} \end{array} \\ \begin{bmatrix} 0 & 0 & 0.29 & 0.71 & 0 \\ 0 & 0.534 & 0.466 & 0 & 0 \\ 0 & 0.98 & 0.02 & 0 & 0 \\ 0 & 0 & 0 & 0.885 & 0.115 \\ 0 & 0.873 & 0.127 & 0 & 0 \\ 0 & 0 & 0.238 & 0.762 & 0 \end{bmatrix} \end{array} \begin{array}{l} TN \\ NH_3-N \\ TP \\ BOD_5 \\ COD_{Cr} \\ F^- \end{array} \tag{2.33}$$

$$R_{西河}=\begin{array}{c} \begin{array}{ccccc} \text{Ⅰ} & \text{Ⅱ} & \text{Ⅲ} & \text{Ⅳ} & \text{Ⅴ} \end{array} \\ \begin{bmatrix} 0 & 0 & 0 & 0.68 & 0.32 \\ 0 & 0.96 & 0.04 & 0 & 0 \\ 0 & 0.64 & 0.36 & 0 & 0 \\ 0 & 0 & 0 & 0.348 & 0.653 \\ 1 & 0 & 0 & 0 & 0 \\ 1 & 0 & 0 & 0 & 0 \end{bmatrix} \end{array} \begin{array}{l} TN \\ NH_3-N \\ TP \\ BOD_5 \\ COD_{Cr} \\ F^- \end{array} \tag{2.34}$$

$$R_{冬至河}=\begin{array}{c} \begin{array}{ccccc} \text{Ⅰ} & \text{Ⅱ} & \text{Ⅲ} & \text{Ⅳ} & \text{Ⅴ} \end{array} \\ \begin{bmatrix} 0 & 0 & 0.02 & 0.98 & 0 \\ 0 & 0.158 & 0.842 & 0 & 0 \\ 0.675 & 0.325 & 0 & 0 & 0 \\ 0 & 0 & 0 & 0.961 & 0.039 \\ 0 & 0.286 & 0.714 & 0 & 0 \\ 0 & 0 & 0 & 0 & 1 \end{bmatrix} \end{array} \begin{array}{l} TN \\ NH_3-N \\ TP \\ BOD_5 \\ COD_{Cr} \\ F^- \end{array} \tag{2.35}$$

$$R_{井沟}=\begin{array}{c} \begin{array}{ccccc} \text{Ⅰ} & \text{Ⅱ} & \text{Ⅲ} & \text{Ⅳ} & \text{Ⅴ} \end{array} \\ \begin{bmatrix} 0 & 0 & 0 & 0.118 & 0.882 \\ 0 & 0 & 0.277 & 0.723 & 0 \\ 0.95 & 0.05 & 0 & 0 & 0 \\ 0 & 0 & 0 & 0.06 & 0.94 \\ 0 & 0 & 0 & 0.569 & 0.431 \\ 0 & 0 & 0.16 & 0.84 & 0 \end{bmatrix} \end{array} \begin{array}{l} TN \\ NH_3-N \\ TP \\ BOD_5 \\ COD_{Cr} \\ F^- \end{array} \tag{2.36}$$

$$R_{沙沿沟}=\begin{array}{c} \begin{array}{ccccc} \text{I} & \text{II} & \text{III} & \text{IV} & \text{V} \end{array} \\ \begin{bmatrix} 0 & 0 & 0 & 0 & 1 \\ 0 & 0 & 0.185 & 0.815 & 0 \\ 0 & 0.62 & 0.38 & 0 & 0 \\ 0 & 0 & 0 & 0.68 & 0.32 \\ 0 & 0 & 0.753 & 0.247 & 0 \\ 0 & 0 & 0.44 & 0.56 & 0 \end{bmatrix} \end{array} \begin{array}{l} \\ TN \\ NH_3-N \\ TP \\ BOD_5 \\ COD_{Cr} \\ F^- \end{array} \tag{2.37}$$

$$R_{折死沟}=\begin{array}{c} \begin{array}{ccccc} \text{I} & \text{II} & \text{III} & \text{IV} & \text{V} \end{array} \\ \begin{bmatrix} 0 & 0 & 0 & 0 & 1 \\ 0 & 0 & 0.099 & 0.901 & 0 \\ 0.788 & 0.212 & 0 & 0 & 0 \\ 0 & 0 & 0 & 0.368 & 0.633 \\ 0 & 0 & 0 & 0 & 1 \\ 0 & 0 & 0 & 0 & 1 \end{bmatrix} \end{array} \begin{array}{l} \\ TN \\ NH_3-N \\ TP \\ BOD_5 \\ COD_{Cr} \\ F^- \end{array} \tag{2.38}$$

依据“超倍数法”确定的清水河流域2018年7月有无F^-各水环境因子的权重向量集见表2.25和表2.26。

表2.25　清水河流域2018年7月各样点水质因子的权重值（无F^-）

小流域	TN	NH_3-N	TP	BOD_5	COD_{Cr}
清水河上游	0.2510	0.1808	0.0626	0.1991	0.3065
清水河中游	0.3303	0.2107	0.0627	0.2886	0.1077
清水河下游	0.3241	0.2307	0.0921	0.2196	0.1336
中卫市第五排水沟	0.3172	0.2228	0.0875	0.2435	0.1290
双井子沟	0.2560	0.1875	0.0122	0.2551	0.2893
苋麻河	0.3256	0.2266	0.0548	0.2347	0.1570
中河	0.2956	0.1614	0.1133	0.2819	0.1478
西河	0.3332	0.1054	0.1387	0.3457	0.0770
冬至河	0.3177	0.1983	0.0499	0.2625	0.1715
井沟	0.2823	0.1999	0.0179	0.2838	0.2162
沙沿沟	0.3099	0.2154	0.1066	0.2206	0.1475
折死沟	0.2850	0.2024	0.0260	0.2358	0.2509

表2.26　清水河流域2018年7月各样点水质因子的权重值（有F^-）

小流域	TN	NH_3-N	TP	BOD_5	COD_{Cr}	F^-
清水河上游	0.2004	0.1443	0.0500	0.1589	0.2447	0.2017
清水河中游	0.2661	0.1697	0.0505	0.2325	0.0868	0.1943
清水河下游	0.2679	0.1906	0.0761	0.1815	0.1104	0.1734
中卫市第五排水沟	0.2696	0.1894	0.0743	0.2070	0.1097	0.1501

续表

小流域	TN	NH_3-N	TP	BOD_5	COD_{Cr}	F^-
双井子沟	0.1901	0.1392	0.0090	0.1894	0.2148	0.2574
苋麻河	0.2730	0.1899	0.0459	0.1967	0.1327	0.1618
中河	0.2344	0.1280	0.0898	0.2235	0.1172	0.2071
西河	0.3018	0.0955	0.1257	0.3131	0.0697	0.0942
冬至河	0.2321	0.1449	0.0365	0.1918	0.1253	0.2695
井沟	0.2394	0.1695	0.0152	0.2407	0.1834	0.1518
沙沿沟	0.2653	0.1844	0.0913	0.1889	0.1263	0.1439
折死沟	0.2396	0.1702	0.0219	0.1983	0.2110	0.1591

清水河流域 2018 年 7 月各小流域的隶属度与水质隶属级别见表 2.27 和表 2.28。

表 2.27　　清水河流域 2018 年 7 月模糊综合评价向量及评价结果（无 F^-）

小流域	Ⅰ	Ⅱ	Ⅲ	Ⅳ	Ⅴ	水质级别
清水河上游	0.0259	0.1020	0.3802	0.2290	0.2633	Ⅲ
清水河中游	0.1359	0.0346	0.1742	0.4007	0.2547	Ⅳ
清水河下游	0.0019	0.1761	0.1687	0.4823	0.1711	Ⅳ
中卫市第五排水沟	0.0109	0.1892	0.1683	0.5022	0.1294	Ⅳ
双井子沟	0.0122	0.1287	0.2427	0.3015	0.3150	Ⅴ
苋麻河	0.1862	0.0256	0.1364	0.4785	0.1720	Ⅳ
中河	0.0000	0.3263	0.4594	0.1820	0.0324	Ⅲ
西河	0.0770	0.1900	0.0542	0.3469	0.3324	Ⅳ
冬至河	0.0337	0.0966	0.2958	0.5636	0.0102	Ⅳ
井沟	0.0170	0.0009	0.0554	0.3179	0.6089	Ⅴ
沙沿沟	0.0000	0.0661	0.1915	0.3620	0.3805	Ⅴ
折死沟	0.0205	0.0055	0.0200	0.2691	0.6851	Ⅴ

表 2.28　　清水河流域 2018 年 7 月模糊综合评价向量及评价结果（有 F^-）

小流域	Ⅰ	Ⅱ	Ⅲ	Ⅳ	Ⅴ	水质级别
清水河上游	0.0206	0.0814	0.3035	0.4119	0.1829	Ⅳ
清水河中游	0.1095	0.0278	0.1408	0.5167	0.2052	Ⅳ
清水河下游	0.0016	0.1455	0.2025	0.5089	0.1414	Ⅳ
中卫市第五排水沟	0.0093	0.1608	0.2721	0.4478	0.1100	Ⅳ
双井子沟	0.0090	0.0956	0.1802	0.2239	0.4914	Ⅴ
苋麻河	0.1571	0.0215	0.2147	0.4626	0.1442	Ⅳ
中河	0.0000	0.2587	0.1936	0.5220	0.0257	Ⅳ
西河	0.1639	0.1721	0.0491	0.3142	0.3011	Ⅳ

续表

小流域	Ⅰ	Ⅱ	Ⅲ	Ⅳ	Ⅴ	水质级别
冬至河	0.0246	0.0706	0.2161	0.4118	0.2770	Ⅳ
井沟	0.0144	0.0008	0.0712	0.3971	0.5165	Ⅴ
沙沿沟	0.0000	0.0566	0.2272	0.3905	0.3905	Ⅴ
折死沟	0.0172	0.0046	0.0168	0.2263	0.7352	Ⅴ

当 F^- 不参与水质评价时，清水河上游和中河的水质稍好，为Ⅲ类水，双井子沟、井沟、沙沿沟和折死沟的水质较差，为Ⅴ类水，其余各样点流域的水质为Ⅳ类水。当 F^- 参与水质评价时，清水河上游、清水河中游、清水河下游、中卫市第五排水沟、苋麻河、中河、西河、冬至河的水质级别为Ⅳ类，双井子沟、井沟、沙沿沟、折死沟的水质较差，以Ⅴ类水为主。综合分析，当 F^- 参与评价时，清水河上游和中河的水质逐渐变差，水质逐渐由Ⅲ类水变为Ⅳ类水。

根据每个监测项目的 5 级评价标准确定 5 个级别的隶属函数，分别计算清水河流域 2018 年 11 月 12 个小流域水环境因子按 TN、NH_3-N、TP、BOD_5、COD_{Cr}、F^- 排序的隶属度矩阵见式（2.39）～式（2.50）。

$$R_{清水河上游}=\begin{array}{c}\begin{array}{ccccc}\text{Ⅰ} & \text{Ⅱ} & \text{Ⅲ} & \text{Ⅳ} & \text{Ⅴ}\end{array}\\ \begin{bmatrix}0 & 0 & 0.128 & 0.872 & 0\\ 0 & 0.223 & 0.777 & 0 & 0\\ 0.65 & 0.35 & 0 & 0 & 0\\ 0 & 0 & 0 & 0.88 & 0.12\\ 0 & 0.778 & 0.222 & 0 & 0\\ 0 & 0 & 0 & 0 & 1\end{bmatrix}\end{array}\begin{array}{l}TN\\ NH_3-N\\ TP\\ BOD_5\\ COD_{Cr}\\ F^-\end{array} \tag{2.39}$$

$$R_{清水河中游}=\begin{array}{c}\begin{array}{ccccc}\text{Ⅰ} & \text{Ⅱ} & \text{Ⅲ} & \text{Ⅳ} & \text{Ⅴ}\end{array}\\ \begin{bmatrix}0 & 0 & 0 & 0.412 & 0.588\\ 0 & 0 & 0.657 & 0.343 & 0\\ 0 & 0.94 & 0.06 & 0 & 0\\ 0 & 0 & 0 & 0.34 & 0.66\\ 1 & 0 & 0 & 0 & 0\\ 0 & 0 & 0 & 0 & 1\end{bmatrix}\end{array}\begin{array}{l}TN\\ NH_3-N\\ TP\\ BOD_5\\ COD_{Cr}\\ F^-\end{array} \tag{2.40}$$

$$R_{清水河下游}=\begin{array}{c}\begin{array}{ccccc}\text{Ⅰ} & \text{Ⅱ} & \text{Ⅲ} & \text{Ⅳ} & \text{Ⅴ}\end{array}\\ \begin{bmatrix}0 & 0 & 0 & 0.522 & 0.478\\ 0 & 0 & 0.839 & 0.161 & 0\\ 0.525 & 0.475 & 0 & 0 & 0\\ 0 & 0 & 0 & 0.629 & 0.371\\ 1 & 0 & 0 & 0 & 0\\ 0 & 0 & 0 & 0 & 1\end{bmatrix}\end{array}\begin{array}{l}TN\\ NH_3-N\\ TP\\ BOD_5\\ COD_{Cr}\\ F^-\end{array} \tag{2.41}$$

$$R_{中卫市第五排水沟}=\begin{bmatrix} 0 & 0 & 0 & 0.471 & 0.529 \\ 0 & 0.264 & 0.736 & 0 & 0 \\ 0.544 & 0.456 & 0 & 0 & 0 \\ 0 & 0 & 0 & 0.581 & 0.419 \\ 1 & 0 & 0 & 0 & 0 \\ 0 & 0 & 0 & 0 & 1 \end{bmatrix}\begin{matrix} TN \\ NH_3-N \\ TP \\ BOD_5 \\ COD_{Cr} \\ F^- \end{matrix} \quad (列: Ⅰ, Ⅱ, Ⅲ, Ⅳ, Ⅴ) \tag{2.42}$$

$$R_{双井沟}=\begin{bmatrix} 0 & 0 & 0 & 0.304 & 0.696 \\ 0 & 0 & 0.502 & 0.498 & 0 \\ 0.575 & 0.425 & 0 & 0 & 0 \\ 0 & 0 & 0 & 0.197 & 0.803 \\ 0 & 0.322 & 0.678 & 0 & 0 \\ 0 & 0 & 0 & 0 & 1 \end{bmatrix}\begin{matrix} TN \\ NH_3-N \\ TP \\ BOD_5 \\ COD_{Cr} \\ F^- \end{matrix} \quad (列: Ⅰ, Ⅱ, Ⅲ, Ⅳ, Ⅴ) \tag{2.43}$$

$$R_{苋麻河}=\begin{bmatrix} 0 & 0 & 0 & 0.69 & 0.31 \\ 0.286 & 0.714 & 0 & 0 & 0 \\ 0.563 & 0.438 & 0 & 0 & 0 \\ 0 & 0 & 0 & 0.585 & 0.415 \\ 1 & 0 & 0 & 0 & 0 \\ 0 & 0 & 0 & 0 & 1 \end{bmatrix}\begin{matrix} TN \\ NH_3-N \\ TP \\ BOD_5 \\ COD_{Cr} \\ F^- \end{matrix} \quad (列: Ⅰ, Ⅱ, Ⅲ, Ⅳ, Ⅴ) \tag{2.44}$$

$$R_{中河}=\begin{bmatrix} 0 & 0 & 0.073 & 0.927 & 0 \\ 0 & 0.409 & 0.591 & 0 & 0 \\ 0.513 & 0.488 & 0 & 0 & 0 \\ 0 & 0 & 0 & 0.532 & 0.468 \\ 1 & 0 & 0 & 0 & 0 \\ 0 & 0 & 0 & 0 & 1 \end{bmatrix}\begin{matrix} TN \\ NH_3-N \\ TP \\ BOD_5 \\ COD_{Cr} \\ F^- \end{matrix} \quad (列: Ⅰ, Ⅱ, Ⅲ, Ⅳ, Ⅴ) \tag{2.45}$$

$$R_{西河}=\begin{bmatrix} 0 & 0 & 0 & 0.728 & 0.272 \\ 0 & 0.63 & 0.37 & 0 & 0 \\ 0.463 & 0.537 & 0 & 0 & 0 \\ 0 & 0 & 0 & 0.701 & 0.299 \\ 1 & 0 & 0 & 0 & 0 \\ 1 & 0 & 0 & 0 & 0 \end{bmatrix}\begin{matrix} TN \\ NH_3-N \\ TP \\ BOD_5 \\ COD_{Cr} \\ F^- \end{matrix} \quad (列: Ⅰ, Ⅱ, Ⅲ, Ⅳ, Ⅴ) \tag{2.46}$$

$$R_{冬至河}=\begin{bmatrix} 0 & 0 & 0 & 0.693 & 0.307 \\ 0 & 0.31 & 0.69 & 0 & 0 \\ 0.538 & 0.463 & 0 & 0 & 0 \\ 0 & 0 & 0 & 0.56 & 0.44 \\ 1 & 0 & 0 & 0 & 0 \\ 0 & 0 & 0 & 0 & 1 \end{bmatrix}\begin{matrix} TN \\ NH_3-N \\ TP \\ BOD_5 \\ COD_{Cr} \\ F^- \end{matrix} \tag{2.47}$$

（列依次为 Ⅰ、Ⅱ、Ⅲ、Ⅳ、Ⅴ）

$$R_{井沟}=\begin{bmatrix} 0 & 0 & 0 & 0 & 1 \\ 0 & 0 & 0 & 0.948 & 0.052 \\ 0.35 & 0.65 & 0 & 0 & 0 \\ 0 & 0 & 0 & 0.333 & 0.667 \\ 0 & 0 & 0.436 & 0.564 & 0 \\ 0 & 0 & 0.68 & 0.32 & 0 \end{bmatrix}\begin{matrix} TN \\ NH_3-N \\ TP \\ BOD_5 \\ COD_{Cr} \\ F^- \end{matrix} \tag{2.48}$$

$$R_{沙沿沟}=\begin{bmatrix} 0 & 0 & 0 & 0 & 1 \\ 0 & 0 & 0.698 & 0.302 & 0 \\ 0.638 & 0.363 & 0 & 0 & 0 \\ 0 & 0 & 0.325 & 0.675 & 0 \\ 1 & 0 & 0 & 0 & 0 \\ 0 & 0 & 0 & 0 & 1 \end{bmatrix}\begin{matrix} TN \\ NH_3-N \\ TP \\ BOD_5 \\ COD_{Cr} \\ F^- \end{matrix} \tag{2.49}$$

$$R_{折死沟}=\begin{bmatrix} 0 & 0 & 0 & 0 & 1 \\ 0 & 0 & 0.345 & 0.655 & 1 \\ 0.263 & 0.738 & 0 & 0 & 0 \\ 0 & 0 & 0 & 0.285 & 0.715 \\ 0 & 0 & 0 & 0.215 & 0.785 \\ 0 & 0 & 0 & 0 & 1 \end{bmatrix}\begin{matrix} TN \\ NH_3-N \\ TP \\ BOD_5 \\ COD_{Cr} \\ F^- \end{matrix} \tag{2.50}$$

依据“超倍数法”确定的清水河流域2018年11月有无 F^- 各水环境因子的权重向量集见表2.29和表2.30。

表2.29　清水河流域2018年11月各样点水质因子的权重值（无 F^-）

小流域	TN	NH_3-N	TP	BOD_5	COD_{Cr}
清水河上游	0.3141	0.1962	0.0535	0.2834	0.1527
清水河中游	0.3053	0.2013	0.0920	0.2941	0.1073
清水河下游	0.3387	0.2125	0.0575	0.2915	0.0998
中卫市第五排水沟	0.3556	0.1766	0.0580	0.3093	0.1005

续表

小流域	TN	NH_3-N	TP	BOD_5	COD_{Cr}
双井子沟	0.3068	0.2094	0.0457	0.3059	0.1323
苋麻河	0.3892	0.0950	0.0659	0.3603	0.0897
中河	0.3170	0.1739	0.0652	0.3411	0.1028
西河	0.3805	0.1609	0.0747	0.3349	0.0488
冬至河	0.3372	0.1740	0.0593	0.3165	0.1131
井沟	0.3012	0.2266	0.0540	0.2549	0.1634
沙沿沟	0.4064	0.2299	0.0494	0.2117	0.1026
折死沟	0.2841	0.1861	0.0559	0.2461	0.2278

表2.30　　清水河流域2018年11月各样点水质因子的权重值（有F^-）

小流域	TN	NH_3-N	TP	BOD_5	COD_{Cr}	F^-
清水河上游	0.2381	0.1488	0.0406	0.2149	0.1158	0.2419
清水河中游	0.2260	0.1490	0.0681	0.2177	0.0794	0.2597
清水河下游	0.2586	0.1623	0.0439	0.2226	0.0762	0.2363
中卫市第五排水沟	0.2695	0.1339	0.0440	0.2344	0.0762	0.2420
双井子沟	0.2152	0.1468	0.0321	0.2145	0.0928	0.2987
苋麻河	0.2675	0.0653	0.0453	0.2477	0.0617	0.3124
中河	0.2305	0.1265	0.0474	0.2480	0.0747	0.2729
西河	0.3267	0.1382	0.0642	0.2876	0.0419	0.1415
冬至河	0.2176	0.1123	0.0382	0.2042	0.0730	0.3547
井沟	0.2624	0.1974	0.0470	0.2220	0.1423	0.1288
沙沿沟	0.2955	0.1671	0.0359	0.1539	0.0746	0.2730
折死沟	0.2308	0.1512	0.0454	0.1999	0.1850	0.1877

清水河流域2018年11月各小流域的隶属度与水质隶属级别见表2.31和表2.32。

表2.31　　清水河流域2018年11月模糊综合评价向量及评价结果（无F^-）

小流域	Ⅰ	Ⅱ	Ⅲ	Ⅳ	Ⅴ	水质级别
清水河上游	0.0348	0.1813	0.2265	0.5233	0.0340	Ⅳ
清水河中游	0.1073	0.0864	0.1378	0.2948	0.3736	Ⅴ
清水河下游	0.1300	0.0273	0.1783	0.4046	0.2701	Ⅳ
中卫市第五排水沟	0.1321	0.0731	0.1300	0.3472	0.3177	Ⅳ
双井子沟	0.0263	0.0620	0.1948	0.2578	0.4592	Ⅴ
苋麻河	0.1540	0.0967	0.0000	0.4793	0.2702	Ⅳ
中河	0.1362	0.1029	0.4753	0.1259	0.1596	Ⅲ
西河	0.0834	0.1415	0.0595	0.5118	0.2036	Ⅳ
冬至河	0.1450	0.0814	0.1201	0.4109	0.2428	Ⅳ

续表

小流域	Ⅰ	Ⅱ	Ⅲ	Ⅳ	Ⅴ	水质级别
井沟	0.0189	0.0351	0.0712	0.3918	0.4830	Ⅴ
沙沿沟	0.1342	0.0179	0.2293	0.2123	0.4064	Ⅴ
折死沟	0.0147	0.0413	0.0642	0.2410	0.6389	Ⅴ

表 2.32　清水河流域 2018 年 11 月模糊综合评价向量及评价结果（有 F^-）

小流域	Ⅰ	Ⅱ	Ⅲ	Ⅳ	Ⅴ	水质级别
清水河上游	0.0264	0.1374	0.1718	0.3968	0.2677	Ⅳ
清水河中游	0.2597	0.0640	0.1020	0.2183	0.5363	Ⅴ
清水河下游	0.0993	0.0209	0.1361	0.3089	0.4425	Ⅴ
中卫市第五排水沟	0.1002	0.0554	0.0985	0.2632	0.4828	Ⅴ
双井子沟	0.1237	0.0435	0.1366	0.1808	0.6207	Ⅴ
苋麻河	0.1059	0.0665	0.0000	0.3295	0.4982	Ⅴ
中河	0.0990	0.0748	0.0916	0.3889	0.3456	Ⅳ
西河	0.2131	0.1215	0.0511	0.4395	0.1749	Ⅳ
冬至河	0.0935	0.0525	0.0775	0.2652	0.5114	Ⅴ
井沟	0.0165	0.0306	0.0620	0.3826	0.4208	Ⅴ
沙沿沟	0.0975	0.0130	0.1667	0.1544	0.5685	Ⅴ
折死沟	0.0119	0.0335	0.0522	0.1958	0.7067	Ⅴ

当 F^- 参与水质评价时，清水河上游、清水河下游、中卫市第五排水沟、苋麻河、西河、冬至河的水质级别为Ⅳ类，清水河中游、双井子沟、井沟、沙沿沟、折死沟的水质较差，为Ⅴ类水，中河的水质稍好，为Ⅲ类水。当 F^- 不参与水质评价时，清水河上游、中河和西河的水质以Ⅳ类水为主，其余各样点流域的水质不容乐观，以Ⅴ类为主。综合分析，当 F^- 参与评价时，清水河下游、中卫市第五排水沟、苋麻河、中河、冬至河的水质逐渐变差，清水河下游、中卫市第五排水沟、苋麻河、冬至河的水质由Ⅳ类水变为Ⅴ类水，中河的水质由Ⅲ类水变为Ⅳ类水。

综合污染指数法用一个指数 P 来表示整体的水环境状况，通过比较污染指数的大小来判断各个流域内水体的受污染程度。综合污染指数法不能对水体的水质级别进行判别，不能与其他评价方法的结果做直接比较。使用灰色关联法和模糊综合评价法对清水河流域的水质进行评价，结果发现：应用灰色关联法和模糊综合法评价结果有一定的差别，灰色关联法在计算关联度时采用等权的处理方法，使得一些指标分得的权重很小，弱化了超标单因子对水质的影响，使得评价结果不尽合理。

运用灰色关联法和模糊综合评价法对清水河流域的评价结果有差异，区别主要在于：当 F^- 不参与评价时，在清水河中游、清水河下游、中卫市第五排水沟、冬至河，灰关联法为Ⅲ类，模糊综合评价法为Ⅳ类。在苋麻河、西河，灰色关联法为Ⅱ类，模糊综合评价法为Ⅳ类。在中河，灰色关联法为Ⅱ类，模糊综合评价法为Ⅲ类。在沙沿沟，灰色关联法为Ⅳ类，模糊综合评价法为Ⅴ类。当 F^- 参与评价时，在清水河中游、清水河下游、中卫市第五排水沟、双井子沟、苋麻河、冬至河、井沟、沙沿沟，灰关联法为Ⅳ类，模糊综合评价法为Ⅴ类。在中河和西河，灰色关联法为Ⅱ类，模糊综合评价为Ⅳ类。对于清水河下游、双井子沟、井沟、沙沿沟、折死沟，两种评价方法的结果都是以Ⅳ类、Ⅴ类水为主，水质状况不容乐观，需采取一定措施及时治理。结合两种方法的优缺点以及清水河流域的实际水体情况，本研究认为模糊综合评价法的评价结果更切合实际。

当F^-不参与评价时，根据模糊综合评价法的评价结果可以得出：双井子沟、井沟、沙沿沟、折死沟的水质较差，全年以Ⅳ类、Ⅴ类水为主，中河水质稍好，全年以Ⅲ类水为主，清水河上游、西河、苋麻河、井沟、沙沿沟在2018年4月的水质好于2018年7月和11月。

双井子沟、井沟、沙沿沟和折死沟位于清水河下游段，可能由于周围工农业生产及生活污水的综合排放和化肥的不合理使用，使得清水河下游段水质污染严重。另外，双井子沟、折死沟是清水河的主要产沙区，气候干燥，植被稀少，水土流失现象较为常见，加上沿岸村民缺乏水环境的保护意识，乱扔乱倒垃圾等也是导致下游段水质污染的主要原因，因此被评为Ⅴ类。冬至河水质被评为Ⅳ类水，可能是因为承接周围灌溉以及沈家河水库流来的超标水，以及附近工农业生活污水废水的排放，使得水质逐渐恶化。清水河支流的水质好于干流，清水河的水量输入主要为双井子沟、折死沟等支流以及同心县城综合污水等污染源，沿岸村庄及城市的排污量最终都排入到了清水河的干流上。清水河整体的污染程度为7月＞4月＞11月。2018年7月浮游植物生物量上升，水质较差；2018年11月浮游植物生物量下降，水质逐渐好转。整体而言，清水河流域降雨时空分布不均匀也可能是下游段水质较差的原因，清水河上游至下游降雨和水面蒸发趋势刚好相反，支流总体径流量呈递减趋势，使得盐类在土壤中的溶解速度加快，导致水体的盐度增高。清水河流域南高北低，处于地势高的上游段，由于长期被雨水的冲刷，加上其地形较陡，地下水交替积极，溶于水中的盐分少，矿化度也很小，因而水质较好，而中下游区域，形成苦咸水，又有较大支流汇入，水质较差。

当F^-参与评价时，清水河流域整体的水质状况变差，整体的污染程度为11月＞4月＞7月。清水河流域年平均蒸发量大于降雨量，2018年4月和11月水流速度缓慢，有利于F^-的沉积，7月降雨相对较多，对水体中的F^-浓度有一定的稀释作用。张圃轩、汤洁等认为地理特性、水文特征或水体中的钙镁离子浓度等理化条件的改变，也会对F^-浓度变化和沉积有一定影响。氟化物被归为毒理学指标，在我国西北干旱内陆流域，氟中毒性疾病分布范围广，危害程度较大，宁夏南部地区（同心县、海原县等部分地区）地下高氟水分布广泛，尤其是清水河下游段。总体而言，根据王冬、姜体胜等人对氟化物污染成因的研究结果，结合清水河流域自身的特点，认为大气中的氟和清水河中下游段的特殊地形通过降雨淋洗的作用使得氟离子随水流汇入清水河，加速了水体的污染程度。

因此，应采取有效的措施，控制和减少清水河流域中的氟化物含量，加强居民对水资源的保护意识，加强工农业废水的处理力度，逐渐改善清水河的水环境质量，为沿岸居民提供一个健康的生活环境。

2.3.3　小结

（1）2018年4月的水环境因子可分为5个主成分，累计方差贡献率为87.39%，7月的水环境因子可分为 4 个主成分，累计方差贡献率为 86.01%，11 月的水环境因子可分为五个主成分，累计方差贡献率为 86.66%。2018 年 4 月对水质影响比较大的水环境因子有 TN、COD_{Cr}、F^-、COD_{Mn}、NH_3-N、NO_3-N，7 月为 NH_3-N、TN、COD_{Cr}、Chl-a、COD_{Mn}、F^-，11 月为 TN、DO、F^-、COD_{Mn}、COD_{Cr}、EC。综合分析，TN、NH_3-N、F^-、COD_{Cr}、COD_{Mn} 在一年大部分时间都是清水河流域水质的主要影响因子。

（2）2018 年 4 月清水河流域 12 个小流域的污染排序为折死沟>井沟>双井子沟>沙沿沟>清水河下游>中卫市第五排水沟>清水河中游>苋麻河>清水河上游>西河>中河>冬至河；7 月 12 个小流域的污染排序为折死沟>井沟>双井子沟>沙沿沟>清水河下游>苋麻河>清水河中游>冬至河>中卫市第五排水沟>清水河上游>中河>西河；11 月 12 个小流域的污染排序为折死沟>双井子沟>井沟>清水河下游>沙沿沟>清水河中游>中卫市第五排水沟>苋麻河>清水河上游>冬至河>中河>西河。综合分析，双井子沟、井沟、沙沿沟、折死沟、清水河下游污染最为严重，可能是由于其地处清水河中下游段，沿岸村民的生活污水还有农业所需的化肥和农药都排入河流中，加上清水河中下游段有较大的支流汇入，使得水质污染严重。

（3）应用综合污染指数法对清水河流域的水质进行评价，当 F^- 不参与水质评价时，清水河整体的污染程度为 7 月>4 月>11 月，当 F^- 参与水质评价时，清水河整体的污染程度为 4 月<7 月<11 月；应用灰色关联法对清水河流域的水质进行评价，当 F^- 参与水质评价时，清水河流域的水质逐渐变差，4 月清水河干上游的水质级别为Ⅲ类，中河、西河、冬至河的水质稍好，水质级别为Ⅱ类，折死沟的水质较差，水质级别以Ⅴ类为主，其余小流域的水质级别为Ⅳ类；7 月清水河上游、清水河中游、苋麻河的水质级别为Ⅲ类，中卫市第五排水沟、中河、西河的水质级别为Ⅱ类，清水河下游、冬至河、沙沿沟的水质级别为Ⅳ类，双井子沟、井沟、折死沟的水质较差，水质级别为Ⅴ类；11 月中河的水质级别为Ⅲ类，西河的水质级别为Ⅱ类，折死沟的水质较差，水质级别以Ⅴ类为主，其余各小流域的水质级别为Ⅳ类。应用模糊综合评价法对清水河的水质进行评价，当 F^- 参与水质评价时，清水河流域的水质逐渐变差，4 月清水河上游和西河的水质级别为Ⅲ类，中河和井沟的水质级别为Ⅳ类，其余各小流域的水质级别为Ⅴ类；7 月双井子沟、井沟、沙沿沟、折死沟的水质较差，主要以Ⅴ类水为主，其余各小流域的水质级别为Ⅳ类；11 月清水河上游、中河和西河的水质以Ⅳ类为主，其余各小流域的水质较差，水质级别以Ⅴ类为主。

2.4　基于灰色 GM（1，1）模型的清水河水环境变化趋势预测

2.4.1　材料和方法

2.4.1.1　数据来源

本书所用的数据来自清水河流域 32 个采样点 2018 年 4 月、7 月、11 月和 2019 年 4 月、7 月、11 月份采样检测值数据，基于主成分分析和因子分析的结果，选取了 TN、NH_3-N、TP、BOD_5、COD_{Cr}、F^- 作为预测指标，以 2018 年 4 月、7 月、11 月和 2019

年4月的数据为原始数据，2019年7月、11月的数据为验证数据，预测2020年4月、7月、11月的数据。

2.4.1.2 灰色GM（1，1）模型

灰色GM(1,1) 预测理论是以原始监测数据为基础进行建模分析，从而对系统的未来状态和行为进行定量的预测。灰色GM(1,1) 模型是灰色预测理论中最为常用的模型之一，其建模方法和步骤如下。

（1）对原始数据序列进行一次累加，即 $X^{(0)}(t)=\{X^{(0)}(1),X^{(0)}(2),\cdots,X^{(0)}(n)\}$ 做一次累加，生成一具有明显趋势的时间序列 $X^{(1)}(t)(t=1,2,\cdots,n)$；

（2）建立微分方程：

$$\frac{\mathrm{d}x^{(1)}}{\mathrm{d}t}+ax^{(1)}=u \tag{2.51}$$

式中 a、u 为待辨识参数，最小二乘法可以用来估计 a 和 u 的值，记参数列 $\hat{a}=[a,u]^T$，利用最小二乘法求得

$$\hat{a}=(B^TB)^{-1}B^TY_N \tag{2.52}$$

式中：$\boldsymbol{B}$ 为累加生成矩阵；Y_N 为数据向量。

$$\boldsymbol{B}=\begin{Bmatrix} -\frac{1}{2}[x^{(1)}(2)+x^{(1)}(1)] & \cdots & 1 \\ -\frac{1}{2}[x^{(1)}(3)+x^{(1)}(2)] & \cdots & 1 \\ & \vdots & \\ -\frac{1}{2}[x^{(1)}(3)+x^{(1)}(2)] & \cdots & 1 \end{Bmatrix} \tag{2.53}$$

$$Y_N=[X^{(1)}(2),X^{(1)}(3),\cdots,X^{(1)}(n)] \tag{2.54}$$

（3）求解微分方程，得到时间响应式为

$$X^{(1)}(t+1)=\left(X^{(0)}(1)-\frac{u}{a}\right)e^{-at}+\frac{u}{a} \tag{2.55}$$

（4）求 $X^{(1)}$ 的模拟值 $\hat{X}^{(1)}(t)$，累减还原求得 $X^{(0)}$ 的模拟值 $\hat{X}^{(0)}(t)$，即

$$\hat{X}^{(0)}(t)=\hat{X}^{(1)}(t+1)-\hat{X}^{(1)}(t) \tag{2.56}$$

（5）误差检验。设灰色GM（1，1）模型的残差系列为

$$\varepsilon^{(0)}=[\varepsilon^{(0)}(2),\varepsilon^{(0)}(3),\cdots,\varepsilon^{(0)}(n)] \tag{2.57}$$

$$\varepsilon^{(0)}(t)=x^{(0)}(t)-\hat{x}^{(0)}(t) \quad (t=2,3,\cdots,n) \tag{2.58}$$

相对误差为

$$q=\frac{\varepsilon^{(0)}(t)}{x^{(0)}(t)}\times 100\% \tag{2.59}$$

2.4.2 结果与讨论

2.4.2.1 TN的预测结果与分析

使用DPS数据处理系统，利用灰色GM（1，1）模型对水质参数中的TN进行预测

的结果见表 2.33，其变化趋势如图 2.23 所示，验证结果如图 2.24 所示。在 2019—2020 年，清水河流域 TN 含量的均值将呈递减趋势。清水河上游、清水河中游、清水河下游、中卫市第五排水沟、苋麻河、中河、西河、冬至河、折死沟的 TN 含量将呈递减趋势，但各个小流域有其各自的特点，清水河上游、中河、西河、冬至河的整体变化趋势相同，且 TN 含量递减的速度相对于其他小流域较快，西河的 TN 含量相对较低。清水河中游、清水河下游、苋麻河的 TN 含量基本一致，整体变化趋势相同，中卫市第五排水沟在 2019 年 7 月的 TN 含量基本与清水沟下游一致，2019 年 11 月开始有明显差异，中卫市第五排水沟的 TN 含量高于清水河中游、清水河下游和苋麻河，9 个小流域中 TN 含量最高的是折死沟。

表 2.33　TN 预测值

小流域	实测（2019 年 7 月）	预测（2019 年 7 月）	残差	相对误差/%	实测（2019 年 11 月）	预测（2019 年 11 月）	残差	相对误差/%	2020 年		
									4 月	7 月	11 月
清水河上游	1.121	1.011	0.110	9.8	0.925	0.895	0.030	3.2	0.791	0.697	0.613
清水河中游	1.517	1.629	0.112	7.4	1.357	1.588	0.231	17.0	1.548	1.509	1.471
清水河下游	1.772	1.638	0.134	7.6	1.803	1.600	0.203	11.3	1.554	1.514	1.475
中卫市第五排水沟	1.773	1.662	0.111	6.3	1.536	1.648	0.112	7.3	1.635	1.621	1.608
苋麻河	1.691	1.608	0.083	4.9	1.478	1.571	0.093	6.3	1.535	1.500	1.466
中河	0.933	0.763	0.170	18.2	0.575	0.598	0.023	4.0	0.461	0.345	0.249
西河	0.912	0.655	0.257	28.2	0.465	0.470	0.005	1.2	0.337	0.241	0.173
冬至河	0.727	0.828	0.101	13.9	0.652	0.661	0.009	1.5	0.528	0.421	0.336
折死沟	2.053	1.989	0.064	3.1	2.079	1.965	0.114	5.5	1.940	1.916	1.892
均值	1.389	1.265	0.124	8.9	1.208	1.141	0.067	5.5	1.028	0.926	0.832

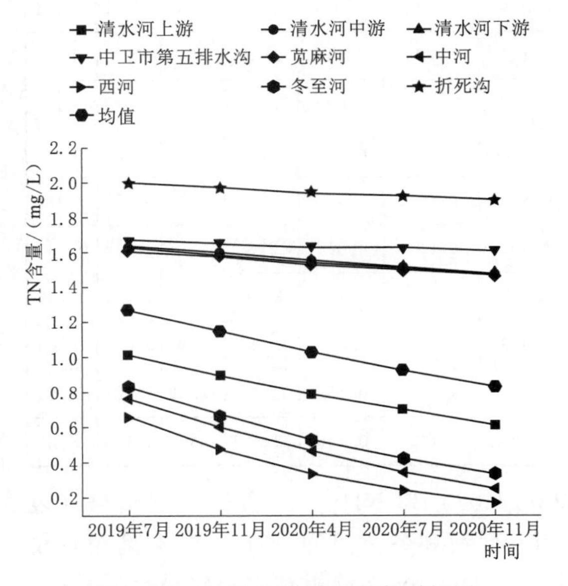

图 2.23　TN 预测值变化趋势时间图

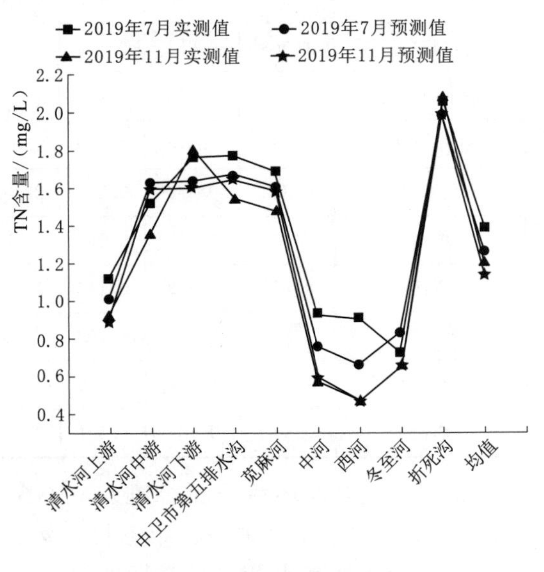

图 2.24　TN 验证结果分析图

根据《地表水环境质量标准》(GB 3838—2002) 和 TN 含量预测结果 (表 2.33),中河、西河、冬至河的 TN 含量较小,其含量在地表水环境质量标准中的Ⅱ～Ⅲ类水标准,折死沟的 TN 含量较大,其含量在地表水Ⅳ～Ⅴ类水标准内,清水河上游、清水河中游、清水河下游、中卫市第五排水沟、苋麻河的 TN 含量在Ⅲ～Ⅴ类水含量标准内。综上所述,清水河 9 个小流域中 8 个小流域的 TN 含量呈递减趋势,但递减的速度比较缓慢,在水质综合评价中,TN 的含量变化对水质综合评价结果的优劣起着决定性的作用。因此一定要保证对 TN 浓度的控制。

2.4.2.2 NH_3 - N 的预测结果与分析

利用 GM (1, 1) 模型对水质参数中的 NH_3 - N 进行预测的结果见表 2.34,其变化趋势如图 2.25 所示,验证结果如图 2.26 所示。在 2019—2020 年中,清水河流域 NH_3 - N 含量的均值将呈递减趋势。苋麻河、西河的 NH_3 - N 含量将呈递增趋势,苋麻河的 NH_3 - N 含量递增的速度最快,苋麻河和西河的 NH_3 - N 含量在 2019 年 7 月基本一致,2019 年 11 月开始出现差异。清水河上游、清水河中游、清水河下游、中卫市第五排水沟、中河、冬至河、折死沟的 NH_3 - N 含量将呈递减趋势,但各个小流域有其各自的特点,清水河上游和中卫市第五排水沟的 NH_3 - N 含量整体变化趋势相同,中卫市第五排水沟的 NH_3 - N 含量最低,中河和冬至河的 NH_3 - N 含量基本一致,且整体的变化趋势相同。清水河中游、清水河下游、折死沟的 NH_3 - N 含量整体变化趋势相同,折死沟的 NH_3 - N 含量相对较高。

表 2.34　　NH_3 - N 预测值

小流域	实测(2019年7月)	预测(2019年7月)	残差	相对误差/%	实测(2019年11月)	预测(2019年11月)	残差	相对误差/%	2020年		
									4月	7月	11月
清水河上游	0.721	0.580	0.141	19.6	0.536	0.480	0.056	10.4	0.397	0.327	0.268
清水河中游	1.053	0.951	0.102	9.7	1.140	0.896	0.244	21.4	0.844	0.794	0.747
清水河下游	1.093	0.914	0.179	16.4	0.922	0.830	0.092	10.0	0.755	0.687	0.627
中卫市第五排水沟	0.665	0.376	0.289	43.5	0.478	0.257	0.221	46.2	0.176	0.121	0.083
苋麻河	0.822	0.638	0.184	22.4	0.885	0.689	0.196	22.1	0.761	0.855	0.941
中河	0.697	0.658	0.039	5.6	0.609	0.626	0.017	2.8	0.595	0.565	0.537
西河	0.775	0.632	0.143	18.5	0.533	0.654	0.121	22.6	0.677	0.701	0.726
冬至河	0.843	0.651	0.192	22.8	0.653	0.628	0.025	3.8	0.583	0.555	0.503
折死沟	1.393	1.317	0.076	5.5	1.385	1.284	0.101	7.3	1.252	1.221	1.191
均值	0.896	0.705	0.191	21.3	0.793	0.623	0.170	21.5	0.55	0.486	0.43

根据《地表水环境质量标准》(GB 3838—2002) 和 NH_3 - N 含量预测结果(表 2.34),清水河上游、中卫市第五排水沟、中河、西河和冬至河的 NH_3 - N 含量相对较低,其含量在地表水Ⅱ～Ⅲ类标准内,折死沟的 NH_3 - N 含量相对于其他小流域较高,其含量在地表水Ⅳ～Ⅴ类标准内,清水河中游、清水河下游、苋麻河的 NH_3 - N 含量在

Ⅲ～Ⅳ类水含量标准内。在清水河 9 个小流域中，7 个小流域的 NH_3-N 含量呈递减趋势，但递减的速度缓慢。氨氮是水质评价的重要指标，在氮循环过程中意义重大，因此，控制氨氮含量对控制氮素污染至关重要。

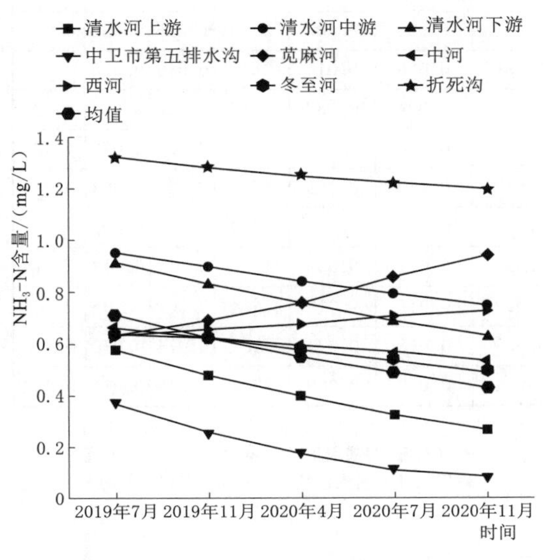

图 2.25 NH_3-N 预测值变化趋势图

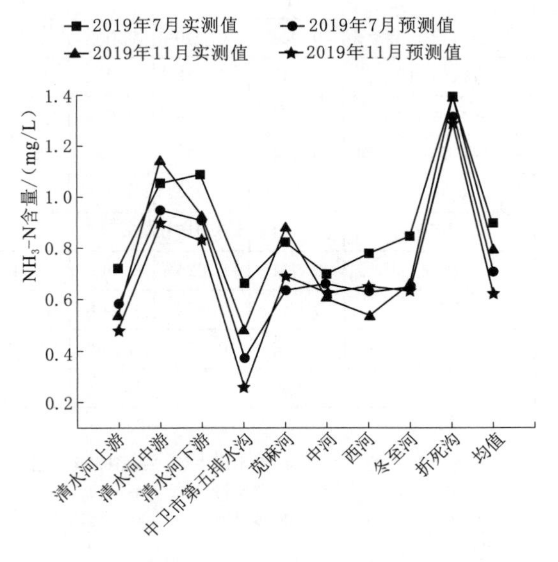

图 2.26 NH_3-N 验证结果分析图

2.4.2.3 TP 的预测结果与分析

利用 GM（1，1）模型对水质参数中的 TP 进行预测的结果见表 2.35，其变化趋势图如图 2.27 所示，验证结果如图 2.28 所示。在 2019—2020 年中，清水河流域 TP 含量的均值将呈递减趋势。清水河上游、清水河中游、清水河下游、中卫市第五排水沟、苋麻河、中河、西河、冬至河的 TP 含量将呈递减趋势，但各个小流域有其各自的特点，清水河上游、中卫市第五排水沟的 TP 含量基本一致，整体变化趋势相同，清水河中游的 TP 含量在 2019 年 7 月与清水河上游和中卫市第五排水沟的 TP 含量基本一致，2019 年 11 月开始出现明显差异，清水河中游的 TP 含量递减的速度最快。双井子沟的 TP 含量递减的速度缓慢，清水河下游、苋麻河、中河的 TP 含量基本一致，整体变化趋势相同，2019 年 7—11 月，TP 含量递减的速度较快，之后递减速度逐渐变缓。冬至河的 TP 含量递减的速度较快，到 2020 年 11 月，其 TP 含量与清水河中游、清水河下游、苋麻河、中河的 TP 含量基本一致。折死沟的 TP 含量呈递增趋势，折死沟的 TP 含量是 9 个小流域中最高的。

根据《地表水环境质量标准》（GB 3838—2002）和 TP 含量预测结果（表 2.35），清水河流域的 TP 含量值都在Ⅰ～Ⅱ类水含量标准之内，含量未超标。

2.4.2.4 BOD_5 的预测结果与分析

利用 GM（1，1）模型对水质参数中的 BOD_5 进行预测的结果见表 2.36，其变化趋势图如图 2.29 所示，验证结果如图 2.30 所示。在 2019—2020 年中，清水河流域 BOD_5 的含量将呈递减趋势。清水河流域 9 个小流域的 BOD_5 含量都呈递减趋势，但各个小流域有

表 2.35　　TP 预 测 值

小流域	实测（2019 年 7 月）	预测（2019 年 7 月）	残差	相对残差/%	实测（2019 年 11 月）	预测（2019 年 11 月）	残差	相对残差/%	2020 年		
									4 月	7 月	11 月
清水河上游	0.042	0.040	0.002	4.8	0.023	0.020	0.007	29.9	0.026	0.024	0.022
清水河中游	0.047	0.043	0.011	23.4	0.039	0.035	0.014	35.9	0.016	0.008	0.001
清水河下游	0.051	0.046	0.005	9.8	0.044	0.034	0.030	68.2	0.026	0.023	0.022
中卫市第五排水沟	0.042	0.035	0.007	16.7	0.031	0.028	0.003	9.7	0.024	0.022	0.023
苋麻河	0.022	0.016	0.006	27.3	0.019	0.010	0.009	47.4	0.006	0.004	0.003
中河	0.014	0.015	0.001	7.0	0.014	0.008	0.006	42.9	0.004	0.002	0.001
西河	0.031	0.025	0.006	19.4	0.019	0.017	0.002	10.5	0.014	0.013	0.014
冬至河	0.030	0.022	0.008	26.5	0.028	0.015	0.013	46.4	0.009	0.005	0.001
折死沟	0.065	0.063	0.002	3.1	0.059	0.068	0.024	40.7	0.074	0.079	0.085
均值	0.038	0.027	0.011	29.4	0.031	0.022	0.009	28.4	0.019	0.013	0.009

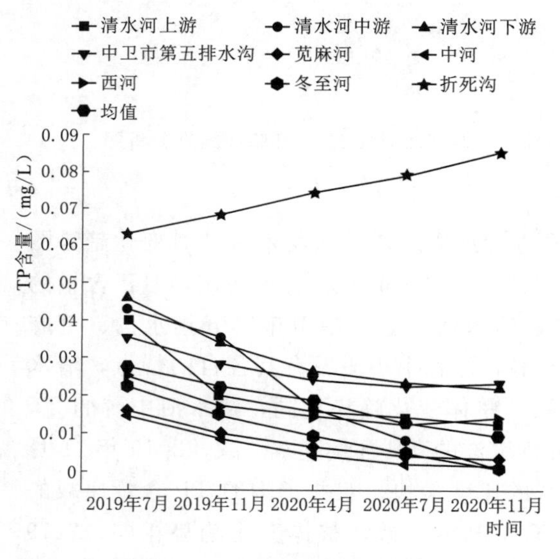

图 2.27　TP 预测值变化趋势图

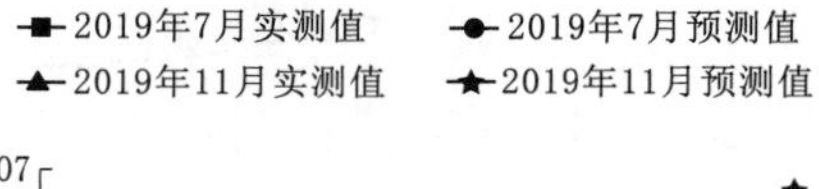

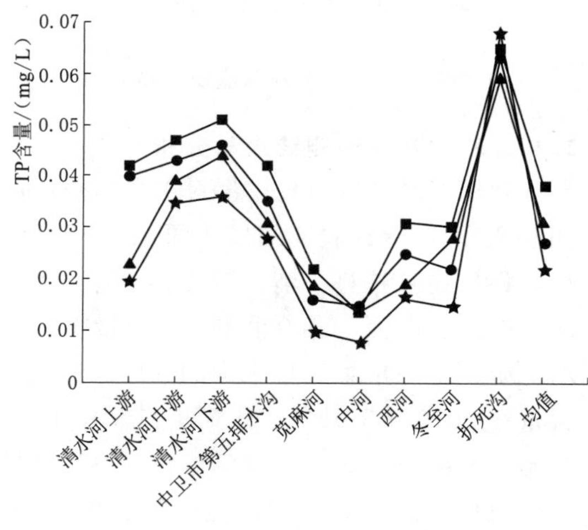

图 2.28　TP 验证结果分析图

其各自的特点。清水河中游和折死沟的 BOD_5 含量基本一致，且整体变化趋势相同，递减的速度较快，冬至河和清水河中游在 2019 年 7 月的 BOD_5 含量基本一致，2019 年 11 开始有明显差异，清水河上游和西河的 BOD_5 含量相对其他小流域较小，清水河下游、中卫市第五排水沟和苋麻河的整体变化趋势相同，其 BOD_5 含量相对于其他小流域较高。

根据《地表水环境质量标准》（GB 3838—2002）和 BOD_5 含量预测结果（表 2.36），清水河流域的年平均 BOD_5 含量在Ⅲ～Ⅳ类水标准之内。清水河上游、清水河中游、西河、冬至河、折死沟的 BOD_5 含量在Ⅱ～Ⅳ类水标准内，清水河下游、中卫市第五排水沟、苋麻河和中河的 BOD_5 含量在Ⅲ～Ⅴ类水标准内。耗氧量是水环境质量评价的主要指标，因此，要加强对 BOD_5 含量的控制。

表 2.36 BOD_5 预测值

小流域	实测（2019 年 7 月）	预测（2019 年 7 月）	残差	相对误差 /%	实测（2019 年 11 月）	预测（2019 年 11 月）	残差	相对误差 /%	2020 年		
									4 月	7 月	11 月
清水河上游	3.774	3.839	0.065	1.7	3.870	3.568	0.302	7.8	2.764	2.319	1.924
清水河中游	4.886	4.908	0.022	0.5	4.470	4.065	0.405	9.1	3.335	2.702	2.152
清水河下游	5.515	6.105	0.590	10.7	5.527	5.970	0.443	8.0	5.838	5.708	5.581
中卫市第五排水沟	6.288	6.540	0.252	4.0	5.780	6.437	0.657	11.4	6.336	6.236	6.138
苋麻河	6.127	6.406	0.279	4.6	6.480	6.288	0.192	3.0	6.172	6.057	5.994
中河	6.223	5.977	0.246	4.0	6.210	5.652	0.558	9.0	5.342	5.047	4.765
西河	4.390	4.198	0.192	4.4	3.920	3.261	0.659	16.8	2.518	1.928	1.460
冬至河	4.745	4.972	0.227	4.8	4.195	4.432	0.237	5.6	3.940	3.489	3.078
折死沟	5.520	5.080	0.440	8.0	4.150	4.121	0.029	0.7	3.310	2.623	2.040
均值	5.274	5.281	0.007	0.1	4.956	4.710	0.246	5.0	4.191	3.720	3.292

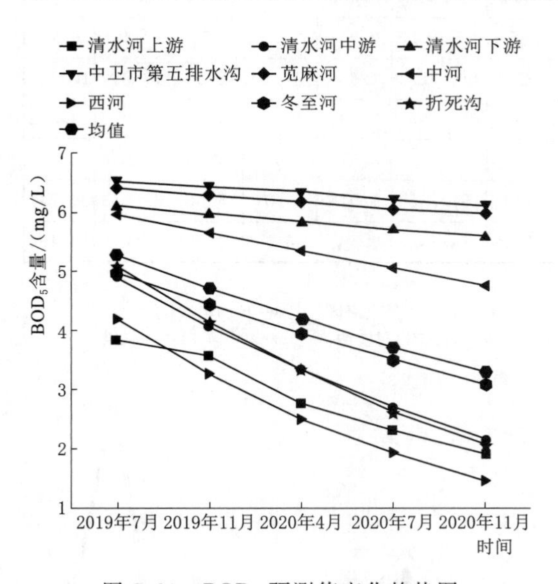

图 2.29 BOD_5 预测值变化趋势图

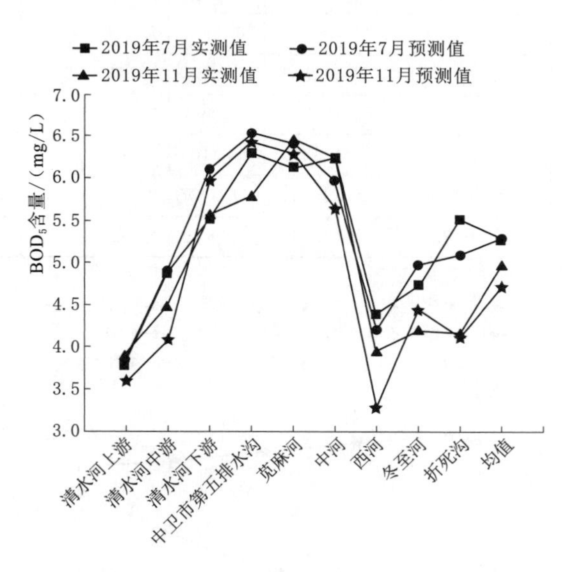

图 2.30 BOD_5 验证结果分析图

2.4.2.5 COD_{Cr} 的预测结果与分析

利用 GM（1，1）模型对水质参数中的 COD_{Cr} 进行预测的结果见表 2.37，其变化趋势图如图 2.31 所示，验证结果如图 2.32 所示。在 2019—2020 年中，清水河流域 COD_{Cr} 含量的均值将呈递减趋势。清水河上游、清水河中游、清水河下游、苋麻河的 COD_{Cr} 含量将呈递增趋势，中卫市第五排水沟、中河、西河、冬至河、折死沟的 COD_{Cr} 含量将呈递减趋势，清水河上游和苋麻河的 COD_{Cr} 含量在 2019 年 7 月—2020 年 4 月递增速度较缓，在 2020 年 4 月之后，递增速度加快，冬至河的 COD_{Cr} 含量最低，折死沟的 COD_{Cr} 含量最高，中卫市第五排水沟、中河、西河的 COD_{Cr} 含量的整体变化趋势相同，递减速度较缓，且中河和中卫市第五排水沟的 COD_{Cr} 含量基本一致，清水河中游的 COD_{Cr} 含量相对于其他小流域较高，递增速度最快。

根据《地表水环境质量标准》（GB 3838—2002）和 COD_{Cr} 含量预测结果（表 2.37），清水河流域的年平均 COD_{Cr} 含量在Ⅱ～Ⅲ类水标准之内，清水河中游、清水河下游、折死沟的 COD_{Cr} 含量在Ⅲ～Ⅴ类水标准之内，应加强对这些小流域的 COD_{Cr} 含量的控制。清水河上游、中卫市第五排水沟、苋麻河、中河、西河、冬至河的 COD_{Cr} 含量在Ⅱ～Ⅲ类水标准之内。

表 2.37　COD_{Cr} 预测值

小流域	实测（2019 年 7 月）	预测（2019 年 7 月）	残差	相对误差/%	实测（2019 年 11 月）	预测（2019 年 11 月）	残差	相对误差/%	2020 年		
									4 月	7 月	11 月
清水河上游	17.897	17.218	0.679	3.8	15.095	16.221	1.126	7.5	17.197	20.117	25.071
清水河中游	18.117	19.079	0.962	5.3	19.663	21.752	2.089	10.6	24.802	28.281	32.249
清水河下游	16.240	16.041	0.199	1.2	14.671	16.409	1.738	11.8	16.784	17.168	17.562
中卫市第五排水沟	10.976	12.025	1.049	9.6	11.304	11.349	0.045	0.4	10.748	10.219	9.760
苋麻河	13.112	7.688	5.424	41.4	8.885	7.942	0.943	10.6	9.523	12.408	16.703
中河	13.523	12.325	1.198	8.9	9.934	11.783	1.849	18.6	11.293	10.855	10.465
西河	18.505	15.697	2.808	15.2	12.458	15.095	2.637	21.2	14.532	14.004	13.512
冬至河	13.370	9.310	4.060	30.4	11.715	7.842	3.873	33.1	6.868	6.316	6.133
折死沟	36.050	38.087	2.037	5.7	39.193	37.215	1.978	5.0	36.367	35.543	34.741
均值	17.866	15.844	2.022	11.3	15.324	14.741	0.583	3.8	13.822	13.076	12.494

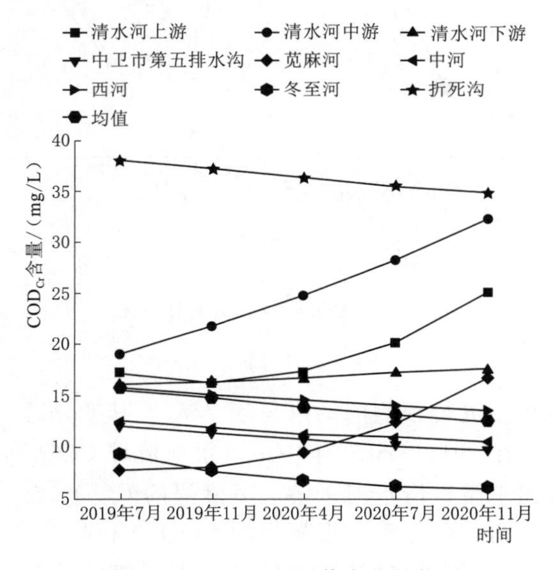

图 2.31　COD_{Cr} 预测值变化趋势图

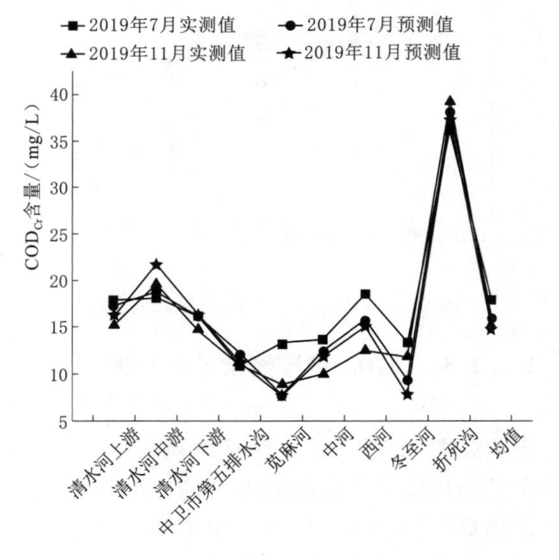

图 2.32　COD_{Cr} 验证结果分析图

2.4.2.6　F^- 的预测结果与分析

利用 GM（1，1）模型对水质参数中的 F^- 进行预测的结果见表 2.38，其变化趋势图如 2.33 所示，验证结果如图 2.34 所示。在 2019—2020 年中，清水河流域 F^- 含量将呈递增趋势。清水河上游、清水河中游、清水河下游、中卫市第五排水沟、中河、冬至河、折死沟的 F^- 含量将呈递增趋势，但各个小流域有其各自的特点。清水河中游和中河的 F^- 含量基本相同，其整体的变化趋势一致，在 2020 年 7—11 月，递增速度最快。清水河下游和中卫市第五排水沟的 F^- 含量整体的变化趋势相同，清水河下游的 F^- 含量高于中卫市第五排水沟，在 2020 年 7—11 月，递增速度最快。清水河上游的 F^- 含量相对于其他小流域较低，递增速度较缓。在 9 个小流域中，折死沟的 F^- 含量最高，递增速度最快，其次是冬至河，冬至河的 F^- 含量在 2019 年 4 月—2020 年 7 月递增速度较缓，2020 年 7 月之后递增速度加快。西河和苋麻河的 F^- 含量将呈递减趋势，在 9 个小流域中，西河的 F^- 含量最低，且其递减速度较缓。苋麻河的 F^- 含量在 2019 年 7 月—2020 年 7 月的递减速度较快，2020 年 7 月之后递减速度变缓。

表 2.38　　F^- 预测值

小流域	实测（2019 年 7 月）	预测（2019 年 7 月）	残差	相对误差 /%	实测（2019 年 11 月）	预测（2019 年 11 月）	残差	相对误差 /%	2020 年		
									4 月	7 月	11 月
清水河上游	1.493	1.532	0.039	2.6	1.685	1.568	0.117	6.9	1.571	1.58	1.597
清水河中游	1.510	1.528	0.018	1.2	1.857	1.759	0.098	5.3	1.849	1.934	2.059
清水河下游	1.466	1.558	0.092	6.3	1.960	1.791	0.169	8.6	1.842	1.922	2.246
中卫市第五排水沟	1.140	1.331	0.191	16.8	1.600	1.525	0.075	4.7	1.687	1.774	2.032
苋麻河	1.525	1.796	0.271	17.8	1.786	1.733	0.053	3.0	1.721	1.603	1.595
中河	1.370	1.242	0.128	9.3	1.381	1.393	0.012	0.8	1.569	1.677	2.117
西河	1.074	1.150	0.076	7.1	1.213	1.101	0.112	9.2	1.093	1.066	1.040
冬至河	1.805	1.905	0.100	5.5	1.995	2.133	0.138	6.9	2.258	2.314	2.522
折死沟	1.810	1.925	0.115	6.4	1.980	2.194	0.214	10.8	2.291	2.503	2.734
均值	1.467	1.519	0.052	3.5	1.717	1.671	0.046	2.7	1.853	1.913	2.115

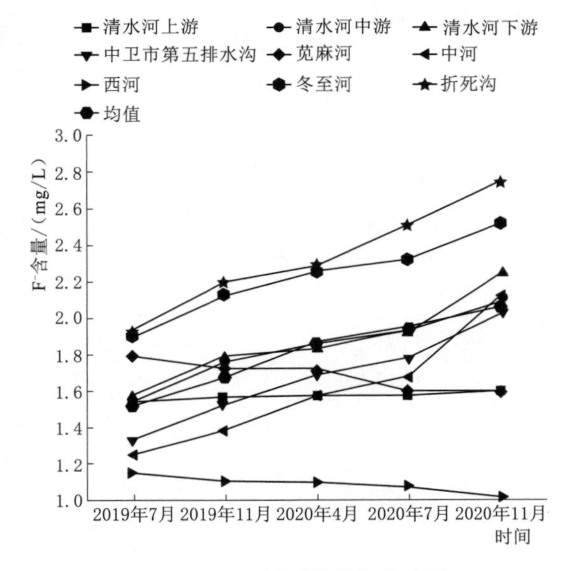

图 2.33　F^- 预测值变化趋势图

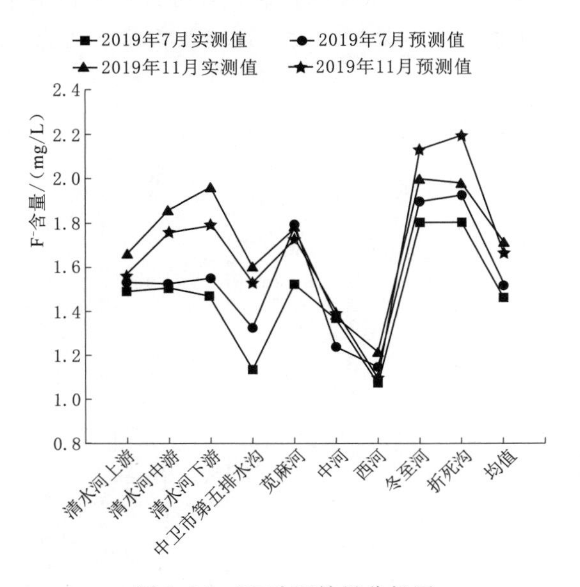

图 2.34　F^- 验证结果分析图

根据《地表水环境质量标准》(GB 3838—2002)和F^-含量预测结果(表2.38),清水河流域的年平均F^-含量达到Ⅲ～劣Ⅴ类水,清水河上游、苋麻河、西河的F^-含量在Ⅲ～Ⅴ类水标准之内,其他小流域的F^-含量都超过了地表水Ⅴ类标准。综上所述,清水河流域9个小流域中6个小流域的F^-含量都呈上升趋势,且其含量比较高,F^-含量是清水河流域水质综合评价的重要指标,对其水体的质量有着决定性作用,因此要想保持清水河水质的良好环境,保障清水河流域沿岸村民的饮水健康,一定要保证对F^-浓度的控制。

2.4.3 小结

运用GM(1,1)模型对清水河流域的TN、NH_3-N、TP、BOD_5、COD_{Cr}、F^-水环境因子在2019年7月、2019年11月,2020年4月、2020年7月、2020年11月的变化趋势进行了预测,并应用2019年7月、2019年11月的水环境因子数据进行了验证。在2019年7月—2020年11月,TN在全流域的含量将减小,但减小的幅度很小,折死沟的TN含量较高,在地表水Ⅳ～Ⅴ类水标准内,中河、西河、冬至河的TN含量较小,在地表水Ⅱ～Ⅲ类水标准内。NH_3-N在全流域的含量将减小,含量变化在Ⅱ～Ⅳ类水标准之内。TP在全流域的含量将减小,含量变化都在Ⅰ～Ⅱ类水标准之内,含量未超标。BOD_5在全流域含量将减小,清水河上游、清水河中游、西河、冬至河、折死沟的BOD_5含量在Ⅱ～Ⅳ类水标准内,清水河下游、中卫市第五排水沟、苋麻河和中河的BOD_5含量相对较高,在Ⅳ～Ⅴ类水标准内。COD_{Cr}在全流域的含量将减小,清水河中游、折死沟COD_{Cr}含量变化在Ⅳ～Ⅴ类水标准内,其他小流域的变化在Ⅱ～Ⅳ类水标准内。F^-在全流域的含量将增大,清水河上游、苋麻河、西河的F^-含量在Ⅲ～Ⅴ水标准之内,其他小流域的F^-含量超过了地表水Ⅴ类标准。在未来的水质治理应该重点放在TN、NH_3-N、BOD_5和F^-浓度的控制,加强沿岸村民对水资源的环境保护意识,加强对城镇生活污水、工业废水的处理力度,逐渐改善清水河流域的水质状况。

第3章　清水河水环境功能分区

3.1　引言

3.1.1　研究背景

流域作为一个独立的自然单元，具备广泛认同和明确定义的边界，通常流域间生态及环境因子特征具备明显差异性。因此，国内学者通常以流域为资源管理的基本单元进行水环境系统管理和研究。我国水体污染形势严峻，水资源与水生生态系统在不同程度上都受到损害，河流区域性富营养化、水体污染问题突出。然而，长期以来我国的水体污染防治及管理以水资源功能为指导目标进行，割裂了水资源、水环境的相关关系的同时也忽略了陆地生态系统对水环境状态的影响。当前，国家对重点水污染排放物实施总量控制制度。研究和识别流域内各区域环境功能，是将水资源进行系统化管理、全面构建流域水环境质量保护与恢复体系的基础。

分区管理在自然科学的应用起源于资源分配，其目标在于优化资源供给与管理，达到自然资源可持续开发利用系统的整体协调运转。随着经济的发展及人口密集度的加大，我国河流开发利用程度逐年上升，当入河污染物排放量过大，河流污染物负荷超载时，流域水环境状态及水生生态将遭受一系列破坏。自2008年以来，中国生态环境部已就分区管理及治理进行了专题研究，分区是为反映水资源自身条件的地区差别，精准识别问题。水环境功能分区是基于污染响应研究而提出的一种分区方法，在此之下，国内学者及水资源主管部门逐步提出了行政区内的水环境功能分区方案，相关成果集中在分区指标、水质模型及水环境功能区的初步搭建研究。

水环境功能分区是现阶段水资源分区管理与污染防治最可行的方法，但分区指标和体系仍不够完善。流域水环境功能分区是对水体和污染物在结构、功能上的规定与区分，有利于实现规划管理目标与满足污染控制要求。水环境功能区是根据水域使用功能、水环境污染状况、水环境承载力、社会经济发展需要以及污染物排放总量的控制要求，划定的具有特定功能的水环境。清水河流域水环境功能分区研究，旨在保护和改善清水河流域水环境状态，防治水环境污染进一步恶化，促进清水河流域水资源的可持续利用，进而保障流域内生态环境及区域经济社会健康发展。

3.1.2　国内外研究进展

3.1.2.1　国外研究进展

水环境功能分区研究几乎同步于水资源功能研究，水资源功能系指水体具备的可满足人类生存及社会发展需要的属性。综合自然条件及人类需求并对区域进行划分的研究最早出现于1904年，Herbertson根据气候及地表状况对全球陆地进行了区域划分。Derwent Whittlesey在对自然环境因子分析的基础上，对地球主要农业区进行了分区。水资源的分区管理起源于水质控制、水资源分配和污染防治。1948年，美国出台《联邦水污染控制法》用于指导综合性的水污染控制，并在其之后不断加强水污染防控，1965年出台《水质法案》，并在1967年规范了州际水域划分水质标准。20世纪60年代后，日本、美国及欧盟逐步提出“总量控制”及“环境容量”，计算每一个排放者在不超过特定水质目标的情况下能排放的最大污染物量，水资源的分区及环境功能识别作为水质目标管理的基础，成为水环境目标管理、水体环境容量及负载能力研究的必要准备。20世纪70年代后，美国科研人员开始基于生态环境等理念提出水资源管理及分区方案，自此，分区管理思想在水环境资源上的应用开始逐步发展起来。

美国自1972年开始实行水污染物排放许可证制度，水环境质量保障的技术手段主要为考核点源排放的污水水质是否达标。但由于在对污水中污染物浓度上限进行控制后，河流水质仍达不到标准，于是水环境质量保障转变为控制基于河流水质达标条件下的污染物总量，即基于河流水质达标下的负荷能力确定可入湖物质来控制污染。确立河流、湖泊负荷能力后，具备排污许可的机构以水质达标为目标确定排放标准，即将满足污染控制条件下对应的污染排放量分配到污染源。联邦政府通过《水质评价方法指南》对各地区的水质评价工作进行指导，并设定水生生命支持、饮用水支持、渔业用水等10种水环境功能类型。基于上述水体环境功能的分类，各地区的水质通过量化水体的物理化学等特征，将对应水体的污染状况分为完全可以承受、完全可以承受但受到威胁等。与美国存在差异，世界银行给出的水环境功能用途主要有公共供水、工业供水、工业水活动、农业供水等8类。

水资源管理的最终目的是为实现水资源可持续利用，我国由于水资源管理过程中水质管理与水量管理的主要责任部门分别为环保部门与水利部门，导致我国是水资源管理上唯一明确区分水功能区与水环境功能区的国家。

3.1.2.2　国内水功能区划研究

水功能区划主要服务目标为经济效益、人类生存及娱乐需求，对水体本身环境状态的考虑较少，因此，对于水功能区划的研究成果多集中于2010年前。20世纪70年代，由于需要平衡流域上下游利益及落实管理责任，同时水质的保护也逐渐引起社会各界及管理部门的重视，我国各地区先后成立了统一的水资源（管理）委员会，国内学者开始了全国范围内的水资源初步评价、农业水利区划等相关研究工作，其研究主要以水资源利用为对象，并以区划形式对水资源进行干预并施加影响，确定自然干扰较小或经济效益及成本较为合理的水资源具体开发方向。随后我国逐渐健全了长江、黄河等主要河流的流域机构及流域性的综合规划，水资源利用规划、立法科研和资源调配等工作归于水电部，全国范围内的水资源管理散乱局面得以结束并形成统一管理格局。1988年《中华人民共和国水法》得以通过，在法律层面规定了水资源由国务院水行政部门负责并协调相关部门进行水资源管理工作。

1999—2000年我国开展了全国范围内的水功能区划，王超等认为水功能分区目的是协调地区及地区内用水部门用水关系，其主要将水功能分为开发利用区、生态环境恢复区及保护区等5类，并将全国划分为4607个功能区；袁弘任等根据长江流域水资源条件、环境状况及社会属性等将长江流域划分为 648 个一级功能区、593 个二级功能区，并突出了水资源是以流域为单元的整体特征。随着《水功能区划分标准》（GB/T 50594—2010）发布，水功能区划技术及指标体系成熟。

3.1.2.3 国内水环境功能分区研究

20 世纪 70 年代末，国内开始有学者进行基于特定功能保护的环境功能区研究，前期主要研究方向为识别野生动物保护区。随后，研究内容逐步拓展至水环境功能分区研究，周晓刚在充分调查流域人类需求、污染源状况及水环境状态基础上依据一定划分原则对堵河流域水环境功能区划分进行分析探讨，将堵河流域划分为 22 个功能区段。胡开明等在江苏地表水功能区化的基础上通过计算污染物纵向扩散距离对太湖水环境功能区进行调整。林启才分析了渭河水体特征及水体功能演变规律，认为渭河水体功能发生明显的衰退或丧失，仅有灌溉功能明显增强。顾自强从控制单元划分角度，基于水资源分区、水功能区划及行政分区，结合水质监测结果进行了梁子湖流域水环境功能区划优化。夏春农在对比抚顺市水功能与水环境功能区后认为水环境功能区侧重对不同地区水域水质目标的确定。阳平坚等将生活饮用水水源地、自然保护区及河口区视为优先功能区，根据地区水源保护条例等进行功能区范围的识别与确定；将农业用水区、工业用水区、渔业等剩余水环境功能类型区视为一般功能区，权衡人类需求与水生生态需求对浑河流域水环境功能区进行识别与分区。

2002 年《地表水环境质量标准》（GB 3838—2002）的出台完善了水环境功能对应水质标准限值及水环境功能分类；而后《地表水环境功能区类别代码（试行）》（HJ 522—2009）明确了水环境功能区定义及内涵，规定不同的水环境功能区实行不同的水质标准，自然保护区执行Ⅰ～Ⅱ类标准，饮用水保护区及渔业用水区执行Ⅱ～Ⅲ类标准，工业用水区执行Ⅳ类标准，农业用水区执行Ⅴ类标准；与水功能区差异集中在部分功能区水质控制目标上，水环境功能区中自然保护区为Ⅰ、Ⅱ类水、饮用水保护区优先、过渡区依据相邻功能区目标进行确定；同时，水功能区主要为了协调和解决地区、部门间的用水关系，水环境功能区主要是为了保证功能区内水生生态不遭受破坏、水环境状态可持续满足经济社会的需要。

虽然地表水环境功能分区在我国地表水资源差异化管理、精准识别水污染问题及水环境治理和保护中发挥重要作用，但相关指导性文件仍未出台。水环境功能分区指标选择、水环境功能区定性定量分析方法等相关研究并不完善，现有水环境功能分区仍需依靠知识和经验进行系统分析确定。

3.1.2.4 当前主要问题及研究方向

水环境功能分区目前已取得一定成果，但在研究实践中仍存在许多问题，还没有形成完整的体系，存在的问题主要有：①对水环境功能的认识不足，水环境功能区与水功能区别模糊，实践过程中常把两者混淆；②割裂陆地环境系统与水环境系统的关系，通常只统计和分析直接影响水环境状态的相关因素，例如入河排污口等；③识别流域环境功能现状是进行水环境功能分区的核心，但目前水环境功能分区研究中识别水环境功能的主要方法为水系取水口取水目的调查，可能导致水环境功能现状调查不全面，同时对于取水口较少的中小型河流，易忽略区域水环境状态的主要影响因素；④水环境功能区划分原则不统一，同一流域不同划分原则下分区差异大。

依据水环境功能区定义及当前研究中存在的问题，进行水环境功能分区的必要工作包括 5 个方面：①流域水域、陆域现状及规划功能分析；②污染源调查与分析；③水环境污染状况调查与评价；④水环境承受能力评估；⑤水环境功能区划分原则的确定。

3.1.2.5 水环境功能分区研究方法

水环境功能分区过程中，流域水域及陆地资源类型及使用功能分类主要基于野外调查与遥感数据进行分类，基于遥感数据的分类数学方法主要有马氏距离、波谱角、BP 人工神经网络及支持向量机法，其中 BP 神经网络法、支持向量机法具备较好的非线性映射能力。水环境污染现状评价方法主要分为单因子评价法、污染指数法及综合水质评价法 3 种评价类型，其中单因子评价法结果保守但难以体现区域差异性，污染指数法可判断区域综合水质与水质目标间相对大小关系，综合水质评价法主要有灰色系统评价法、BP 人工神经网络法和水质标识指数法等。水环境承载力评估中应用的主要方法有指数分析法、系统动力学法、向量模法等，其中，系统动力学法可实现水环境相关指标的模拟分析；向量模法是一种综合评价方法，通过建立评价指标体系并通过将参评指标无量纲化以完成水环境承载力的量化，是确定相对优劣的一种典型评价方法；指数分析法结果受水质模型的影响较大，常见的指数分析法按照污染物扩散及降解模型可分为零维、一维、二维 3 种。水环境功能类型的识别主要有类比经验法、踏勘调查法及系统分析法，其中系统分析法将把流域或区域作为一个系统和整体，按照水环境功能区划的类别进行整体分析，在平衡人类需求及水环境现状的基础上进行水环境分区。水环境功能区边界识别方法主要有数值模拟法、地形边界法、缓冲区法及系统分析等，其中数值模拟计算法基于河流水体中污染物的污染物浓度衰减规律进行，地形边界法是以小流域思想将水环境功能区水源分水岭作为保护区边界；缓冲区法原理为土壤渗透作用可拦截地表径流携带的污染物。

3.1.3 研究目标、内容与技术路线

3.1.3.1 研究目标

通过流域现状功能及规划功能分析、污染源调查、水环境因子监测、社会经济及水资源变化状况分析，确定清水河流域内水资源功能分布及水环境功能需求、水环境因子状态及流域水环境承载力变化趋势，在此基础上依据特定划分原则逐步进行水环境功能分区研究，揭示清水河水环境功能特征并划分水污染控制单元，制定水环境管理方案。

3.1.3.2 研究内容

本研究立足于清水河流域的水环境和经济发展现状，运用 BP 人工神经网络、单因子水质评价、系统动力学、向量模法及踏勘调查等方法，通过研究流域土地及水域使用功能的空间分布特点、水环境因子状态、水环境承载力现状及变化趋势、区域发展规划，对清水河流域进行现状水环境功能特征分析，在此基础上依据水环境功能分区原则，以水环境状态可持续满足水域现状使用功能和有关的规划功能为目标划分清水河水环境功能区，以期为清水河的水环境保护与治理及区域开发提供理论依据。

主要研究内容包括下列几个方面。

（1） 系统搜集清水河流域遥感影像及水域使用资料，识别清水河流域土地及水域使用

类型。通过对清水河流域水库、自然保护区进行保护范围及保护目标分析，同时搜集清水河流域开发及利用规划相关资料进一步识别流域现有使用功能和确定区域的规划功能。

(2) 系统调查分析清水河水环境因子时空特征、污染物总量及污染源空间分布特征，并运用单因子评价法识别水质变化及水质等级的控制因子，运用水质标识指数法对清水河综合水质状态进行评估，在此基础上分析水环境状态及污染源时空特征。

(3) 基于清水河环境因子状态，采用零维水质模型对清水河进行不同水环境目标下的水环境容量评估，评估现有状态下各河段环境容量。同时通过对清水河流域社会经济、水资源总量及利用状况、污染物排放总量指标进行调查，采用系统动力学法对水环境承载力相关指标进行分析计算，并利用向量模法对清水河流域水环境承载力现状及变化趋势进行量化评价，研究现有流域使用功能及发展模式下清水河水环境承载水平变化趋势，从而进一步为特定区域水环境功能及水质管理目标的确定提供依据。

(4) 基于流域现状及开发规划、水环境因子状态与污染源调查、水环境承载力分析结果，依据水环境功能分区原则，以水环境状态可持续满足水域现状使用功能和有关的规划功能为目标划分清水河水环境功能区，结合现有行政区划现状，划分水污染控制单元，制定水环境达标方案。

3.1.3.3 技术路线

水环境功能分区研究技术路线图如图 3.1 所示。

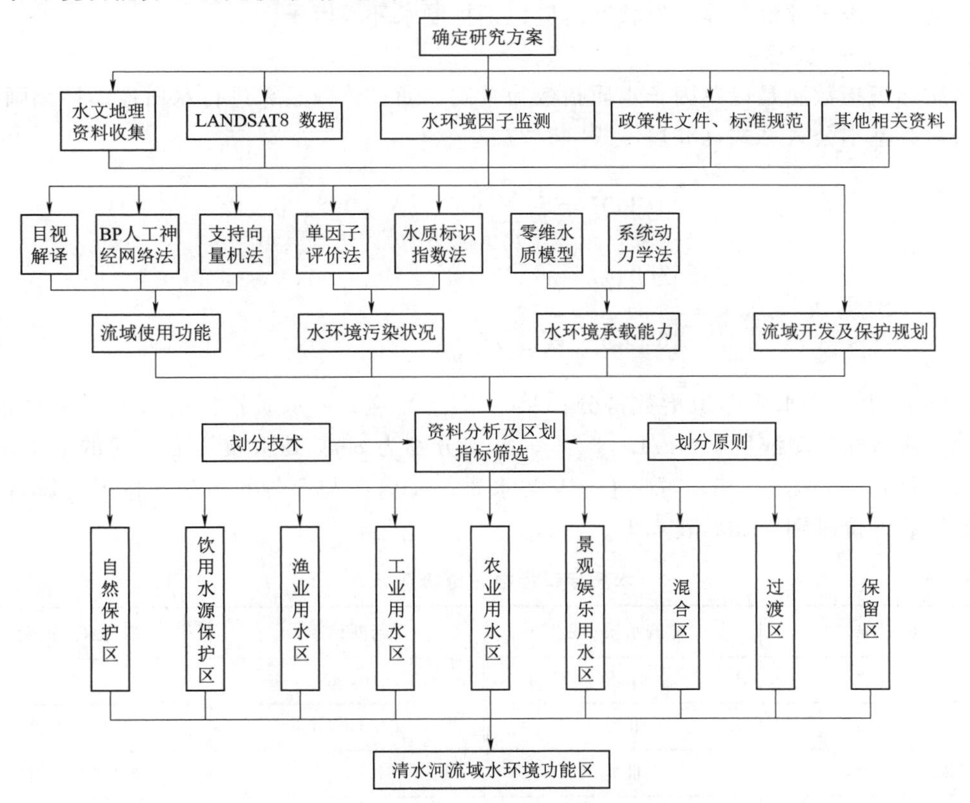

图 3.1 水环境功能分区研究技术路线

3.2 清水河水环境污染现状及污染源调查研究

3.2.1 清水河污染现状研究

3.2.1.1 材料与方法

(1) 样点的布设与采样时间。采样时间见2.2.1.1节,采样点位布设如图2.2所示。

(2) 水质指标的选择与测定。水质指标检测方法见表2.1,选取COD_{Mn}、COD_{Cr}、BOD_5、NH_3-N、TP、TN为清水河水质污染评价指标。

3.2.1.2 研究方法

由于水质指标的选取情况、水质模型的选择及区域水质标准的差异皆会对水质评价结果产生影响。我国水环境质量公报中水环境状态结果为单因子评价结果,同时,为探明清水河综合水质状态,本研究在以单因子评价法评价水质状态的基础上,以水质标识指数法对清水河综合水质状态进行评估。

1. 单因子评价法

单因子评价法根据水质参评指标中导致水质评价等级最差的单项来确定水体综合水质等级,单项水质因子对应水质等级以《地表水环境质量标准》(GB 3838—2002)为评判标准;运用单因子评价水体水质状态时应识别控制水环境因子。

2. 水质标识指数法

水质标识指数法是以单因子水质指数为基础,通过代数运算进行水质连续性刻画的评价方法,其基本公式见式(3.1)、式(3.2)。

$$WQI=\frac{1}{m}\sum_{i=1}^{m}(X_{i,1}.X_{i,2}) \tag{3.1}$$

$$X_{i,1}.X_{i,2}=\begin{cases}k+(\rho_i-\rho_{i,k^-})/(\rho_{i,k^+}-\rho_{i,k^-}), & \rho_i\leqslant\rho_{i,5^+}\\ 6+(\rho_i-\rho_{i,5^+})/\rho_{i,k^+}, & \rho_i>\rho_{i,5^+}\end{cases} \tag{3.2}$$

式中:WQI为综合水质标识指数得分;$X_{i,1}.X_{i,2}$为第i项水质指标的单因子水质指数;ρ_i为第i项指标实测浓度,mg/L;ρ_{i,k^+}、ρ_{i,k^-}分别为ρ_i所处水质标准区间的上下限值,mg/L;k=1,2,3,4,5,对应Ⅰ~Ⅴ类水质;m为参与评价的污染物指标的数目。水质标识指数评价级别标准见表3.1。

表3.1 水质标识指数评价级别标准

判断标准	综合水质类别	判断标准	综合水质类别
[1.0, 2.0]	Ⅰ类	(5.0, 6.0]	Ⅴ类
(2.0, 3.0]	Ⅱ类	(6.0, 7.0]	劣Ⅴ类,不黑臭
(3.0, 4.0]	Ⅲ类	(7.0, ∞)	劣Ⅴ类,黑臭
(4.0, 5.0]	Ⅳ类		

3.2.1.3　结果与分析

1. 单因子评价结果

水环境质量单因子评价结果见表3.2。

表3.2　清水河水环境质量单因子评价结果

地　点	水质类别	水质控制因子	地　点	水质类别	水质控制因子
清水河开城	Ⅲ类	TN、NH_3-N、BOD_5	清水河入黄点	Ⅲ类	TN
清水河东郊	Ⅴ类	BOD_5、TN、TP、COD_{Cr}	第五排水沟（1）	Ⅴ类	TN及BOD_5
沈家河水库	Ⅴ类	TN、COD_{Cr}	双井子沟	Ⅴ类	TN及BOD_5
清水河头营	Ⅴ类	TN、BOD_5、COD_{Cr}	苋麻河（2）	Ⅴ类	TN及BOD_5
清水河杨郎	Ⅴ类	TN、BOD_5	中河（1）	Ⅴ类	TN及BOD_5
清水河三营	Ⅴ类	TN、BOD_5	中河（2）	Ⅴ类	BOD_5
清水河黑城	Ⅴ类	TN、BOD_5	寺口子水库	Ⅴ类	BOD_5
清水河七营	Ⅴ类	TN、BOD_5	猫儿沟水库	Ⅴ类	BOD_5
清水河双井子沟交汇	Ⅴ类	TN、BOD_5	冬至河（1）	Ⅳ类	BOD_5
清水河羊路	Ⅴ类	TN、BOD_5	冬至河水库1	Ⅴ类	BOD_5
清水河李旺	Ⅴ类	TN、BOD_5	冬至河水库2	Ⅴ类	BOD_5
清水河王团	Ⅴ类	TN	井沟	Ⅴ类	BOD_5
清水河同心	Ⅴ类	TN、BOD_5	沙沿沟（2）	Ⅴ类	TN及BOD_5
清水河丁家塘	劣Ⅴ类	TN	中河（3）	劣Ⅴ类	TN
清水河河西	Ⅴ类	TN	折死沟（3）	劣Ⅴ类	TN
清水河长山头	Ⅴ类	TN、BOD_5	清水河与第五排水沟交点（下）	劣Ⅴ类	TN

清水河32个监测断面中，2个监测断面水环境质量为Ⅲ类，分别为清水河开城与清水河入黄口；只有冬至河（1）1个监测断面水环境质量为Ⅳ类；25个监测断面为Ⅴ类，占总监测断面的78%；另有4个监测断面水环境质量为劣Ⅴ类。以水质控制因子进行分析，清水河19%的监测断面水质控制因子为TN，43%的监测断面水质控制因子为TN与BOD_5，21%的监测断面水质控制因子为BOD_5，另有1个监测断面为TN与COD_{Cr}，1个监测断面为TN、NH_3-N、BOD_5，1个监测断面为TN、BOD_5、COD_{Cr}，1个监测断面为BOD_5、TN、TP、COD_{Cr}。

2. 单因子标识指数结果

由图3.2可知，以干流水质单因子标识指数状态分析，清水河各水质指标对应的水体水质等级差异明显。整体上TN对应的水质等级最低，COD_{Cr}对应水质等级最高，按照水质指标可达到的水质等级优劣排序为COD_{Cr}、COD_{Mn}、TP、NH_3-N、BOD_5、TN。COD_{Cr}对应的水质状态整体上虽较好，处于Ⅰ～Ⅲ类之间，但在清水河东郊、沈家河水库监测断面水质状态明显变差，该段河流经过固原市城区，两岸存在大量工业企业，因此有机污染物来源可能为城市生活污水排放或工业污水排放；其他水质指标可达到的水质等级在空间上差异不明显。水质监测指标单因子水质标识指数值范围为1.0～6.0，其中大部分区域TN处于5.0～6.0，NH_3-N处于4.0～5.0，TP处于2.5～3.5，COD_{Cr}处于2.0～3.0，COD_{Mn}处于2.0～3.0。水环境污染控制应着重解决清水河TN在很多区域含量皆较高的问题，同时也应避免河流过城市区段水质恶化的状况，控制或杜绝河流城市段入河污染。

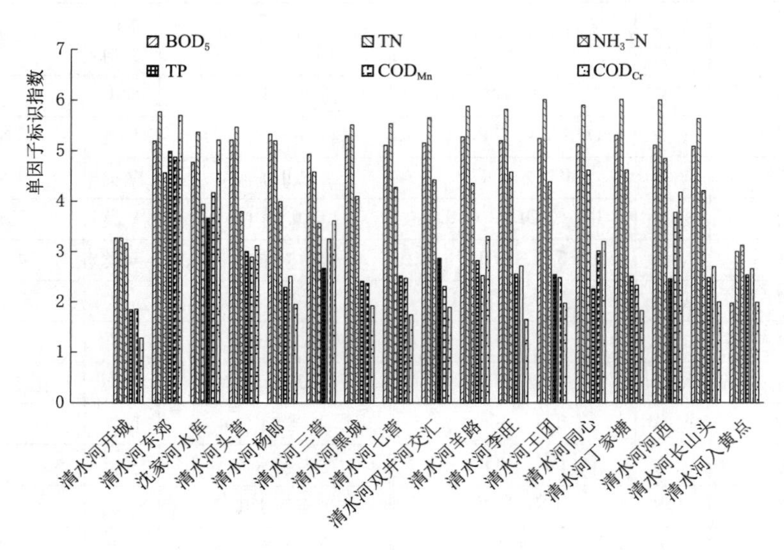

图3.2　水质单因子标识指数

3. 综合*WQI*结果

清水河流域年平均综合水质指数状态评估结果（表3.3）显示，清水河32个监测断面中，26个监测断面为Ⅲ类，占总监测断面的81%；3个监测断面综合水质类别为Ⅱ类；3个监测断面综合水质类别为Ⅳ类，综合水质类别较好。综合水质最好情况出现在清水河开城与清水河入黄点监测断面，对应综合水质指数为2.3，综合水质最差出现在清水河东郊监测断面，对应水质指数为4.6。

表3.3　　清水河流域年平均综合水质指数状态评估结果

地　点	水质指数	地　点	水质指数
清水河开城	2.3	清水河王团	3.4
清水河东郊	4.6	清水河同心	3.6
沈家河水库	4.0	清水河丁家塘	3.4
清水河头营	3.5	清水河河西	3.9
清水河杨郎	3.5	清水河长山头	3.3
清水河三营	3.6	清水河入黄点	2.3
清水河黑城	3.3	第五排水沟（1）	3.1
清水河七营	3.3	双井子沟	3.9
清水河双井河交汇	3.3	苋麻河（2）	3.4
清水河羊路	3.6	中河（1）	3.1
清水河李旺	3.4	中河（2）	2.9

续表

地　点	水质指数	地　点	水质指数
寺口子水库	3.7	井沟	3.7
猫儿沟水库	3.1	沙沿沟（2）	3.3
冬至河（1）	3.0	中河（3）	3.4
冬至河水库 1	3.3	折死沟（3）	4.3
冬至河水库 2	3.5	清水河与第五排水沟交点（下）	3.7

以干流进行清水河综合 *WQI* 时空特征分析（图 3.3），清水河综合水质较好，大部分监测断面综合水质指数处于 3.0～4.0 区间；2018 年 4 月水质整体相对最好，7 月水质相对最差，上游水环境状态从源头开始逐渐恶化，中游综合水质状态变化幅度较小，下游综合水质逐渐改善，监测月份入黄河综合水质皆为Ⅱ类。

3.2.2 污染源调查与分析

3.2.2.1 数据来源与统计指标

点源污染源着重统计流域内重点排污单位分布状况，数据来源于吴忠市企业自行监测信息公开平台、固原市企业自行监测信息公开平台以及中卫市企业自行监测信息公开平台。其他数据来源于宁夏统计局宁夏数据平台，污染物排放统计指标为 COD_{Cr} 与 NH_3-N。

3.2.2.2 数据的处理及计算

清水河流域宁夏境内涉及固原市、吴忠市及中卫市 3 个地市，各市排污企业见表 3.4，为探明流域内重点排污单位详细分布及排污信息，本研究以企业自行公布的坐标为排污坐标，结合 GIS 软件筛选流域内排污单位（图 3.4）。

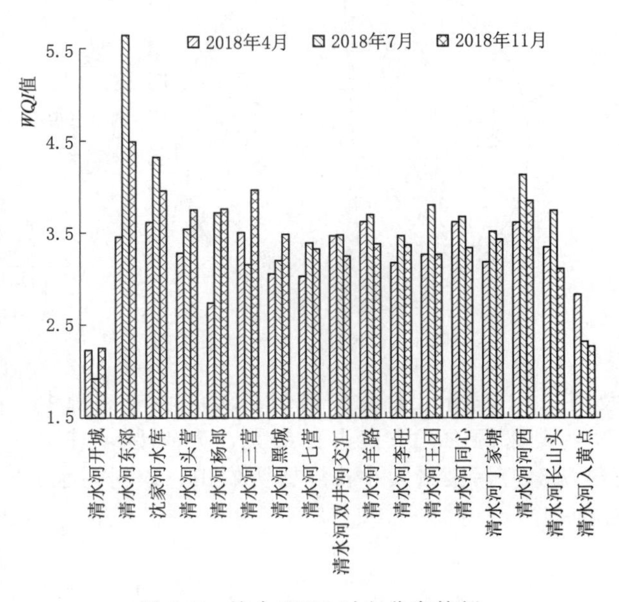

图 3.3 综合 *WQI* 时空分布特征

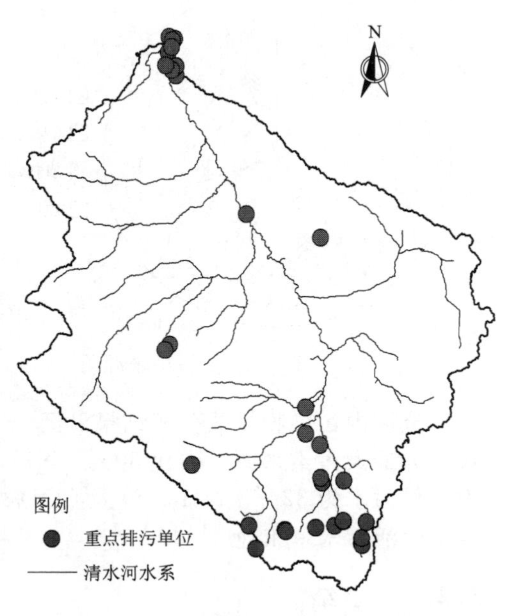

图 3.4 流域内重点排污单位分布图

表3.4 流域涉及地市排污企业统计

地区	重点排污单位数量/个	流域内排污单位数量/个
固原市	44	16
吴忠市	49	2
中卫市	42	13
总计	135	31

清水河流域内污染企业主要分布在干流两岸，其中主要分布于上游及下游两岸，中游及子流域上污染企业分布较少，子流域污染企业分布情况上看，西河流域上有2家重点排污单位，中河流域内存在3家重点排污单位。

3.2.2.3 污染源排放情况

由于部分统计数据以行政为统计单元，为统一计算及分析，将行政区内资源量以单位面积进行统计，然后进行流域资源分析计算，统计年度为2017年。

清水河流域2017年城市常住人口数为550456人，乡村人口数为757841人，第二产业产值为152.08亿元，农业总用地为1077121.5hm^2，工业废水处理量为816t，工业废水排放量为659万t，工业COD_{Cr}排放量为1736.7t，工业NH_3-N排放量为63.5t，城市生活污水COD_{Cr}排放量为6424t，城市生活污水NH_3-N排放为772.7t。农村人均污染物排放系数参考已有研究，COD_{Cr}排放量取值30g/(人·d)，NH_3-N排放量取值5g/(人·d)，农田COD_{Cr}排污系数取值10kg/(hm^2·a)，NH_3-N排污系数取值为10kg/(hm^2·a)，则农村污水COD_{Cr}排放总量为8298.359t，NH_3-N排放总量1383.060t；农田COD_{Cr}排放总量为10771.215t，NH_3-N排放总量为2154.243t。

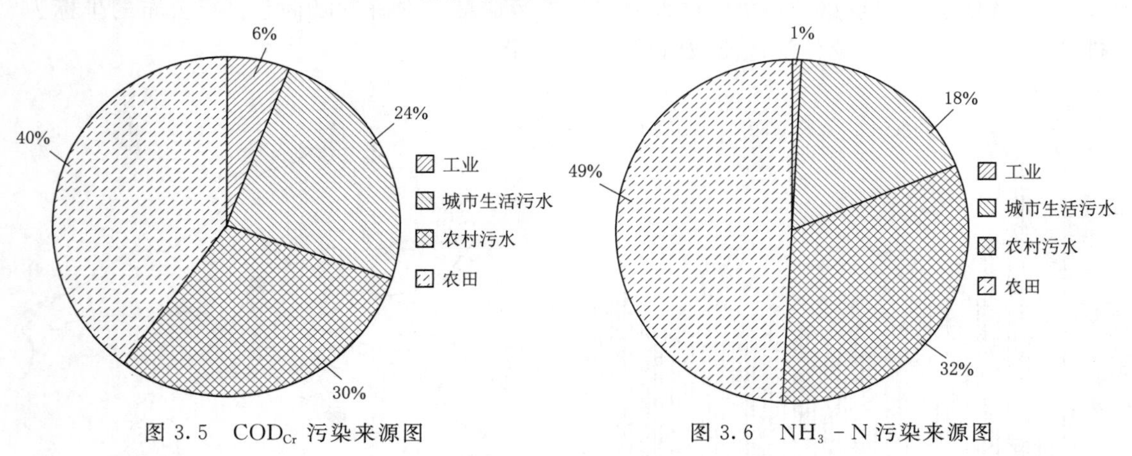

图3.5 COD_{Cr}污染来源图　　图3.6 NH_3-N污染来源图

流域内污染物排放分析结果（图3.5及图3.6）显示，清水河流域COD_{Cr}污染来源中农田为最大污染来源，占比30%；NH_3-N污染来源中，农田占比最大，为49%，其次为农村污水为32%。NH_3-N及COD_{Cr}污染源对应污染量大小排序皆为农田、农村污水、城市生活污水、工业。

3.2.3 小结

清水河水质主要控制因子为TN与BOD_5，水环境质量状态较差，78%水质监测断面水环境状态单因子评价结果为Ⅴ类，12.5%的监测断面为劣Ⅴ类，但清水河年平均综合水质状态较好，监测断面中综合水质状态为Ⅲ类的占总监测断面的81%。2018年4月水质整体相对最好，7月水质相对最差，干流上游水环境状态从源头开始逐渐恶化，中游综合水质状态变化幅度较小，下游综合水质逐渐改善。

清水河流域内污染企业主要分布在干流两岸，其中主要分布于上游及下游两岸，中游及子流域上污染企业分布较少，西河流域上有2家重点排污单位，中河流域内存在3家重点排污单位。流域内工业COD_{Cr}排放量为1736.7t，工业NH_3-N排放量为63.5t，城市生活污水COD_{Cr}排放量为6424t，城市生活污水NH_3-N排放量为772.7t。农村污水COD_{Cr}排放总量为8298.4t，NH_3-N排放总量为1383.1t；农田COD_{Cr}排放总量为10771.2t，NH_3-N排放总量为2154.2t。

结合《地表水环境功能区类别代码（试行）》（HJ 522—2009）中关于水环境功能及与之对应的水质标准要求，流域水质状态整体可达到农业用水区水环境质量要求，少量监测断面可达到饮用水水源保护区（二级）水环境质量要求，以清水河水环境现状分析，32个监测断面水环境现状能达到的所有水环境功能类型主要有5种，分别为饮用水源保护区、农业用水区、工业用水区、混合区、过渡区及保留区。

3.3　清水河水环境承载力研究

环境承载力是指环境系统与人类系统物质交换及相互作用过程中，环境系统能维持自身稳态及相互作用的能力状态下的人类活动的阈值，水环境承载力作为环境承载力的重要组成部分，其基本概念现阶段仍存在多种概念和定义。汪恕诚认为水环境承载力是从污染物排放角度度量水资源所能支撑经济发展的程度，并将其定义为水体能够被继续使用并仍保持良好生态系统（状态）时所能够容纳污染物的最大能力；郭怀成等提出水环境是一个与社会经济等密切相关的复杂系统，水环境承载力是指水环境所能承受的人类活动作用的阈值；李清龙等指出水环境承载力是水环境系统与外界物质输出输入、能量交换、信息反馈的能力和自我调节能力的表现，是人类活动不引起水环境系统结构和功能发生质的变化的限度。目前研究对水环境承载力虽无统一定义，但可分为两个方面：其一为水体物质交换过程中，水体能够被继续使用并仍保持良好生态系统（状态）时所能够容纳污水及污染物的最大能力，即特定水环境目标下的水体纳污能力，可称之为水环境容量或纳污能力；其二为水环境系统在人类行为及水资源总量等因素产生变化时的承载能力响应，可称之为水环境承载力水平。

3.3.1　清水河水环境容量

水环境容量评估是进行区域排污影响评估、上下游水资源利用关系协调及治理任务分配的基础。其大小受污染物种类、设计水文条件、水环境目标、水体自净能力等影响。

3.3.1.1　河流纳污容量计算模型

《水域纳污能力计算规程》（GB/T 25173—2010）按污染物扩散及降解模型将纳污容量计算模型可分为3种模型，其中零维模型适用于多年平均流量$Q\leqslant 15m^3/s$的河段；一维模型假定污染物在河流横断面均匀混合，适合多年平均流量 $Q<150m^3/s$ 的河段纳污能力计算；二维模型常应用于多年平均流量 $Q\geqslant150m^3/s$ 的河段。

清水河属小型河流，且水环境状态现状差，大部分地区水环境状态恶于Ⅳ类，因此在计算河水承受污染能力时，选择了零维河流水质模型，河流零维模型将一个河流计算单元看作是一个充分混合的反应槽，污水排入后迅速受到充分搅拌并在河道内完全均匀分布。若水流为稳态，则河道污染物浓度见式（3.3）。

$$C=(C_PQ_P+C_0Q)/(Q_P+Q) \tag{3.3}$$

式中：C 为污染物浓度，mg/L；C_P 为排放污水的污染物浓度，mg/L；C_0 为初始断面的污染物浓度，mg/L；Q_P 为排放污水的流量，mg/L；Q 为初始断面的入流流量，mg/L。

对应的河流纳污能力见式（3.4）。

$$M=(C_S-C_0)(Q+Q_P) \tag{3.4}$$

式中：M 为水域纳污能力，g/s；C_S 为水质目标浓度，mg/L；C_0 为初始断面的污染物浓度，mg/L；Q 为河流入流流量，mg/L；Q_P 为排放污水的流量，mg/L。

3.3.1.2 计算单元划分

根据清水河河流汇流情况，流域内点源污染源分布特征，将清水河流域划分为12个单元，如图3.7所示。其中将清水河从干流下游至上游依次分为Ⅰ-1～Ⅰ-6共6个河段并进行水环境容量研究，由于清水河流量小，同时支流上基本无重点排污单位，因此不考虑其支流纳污能力。

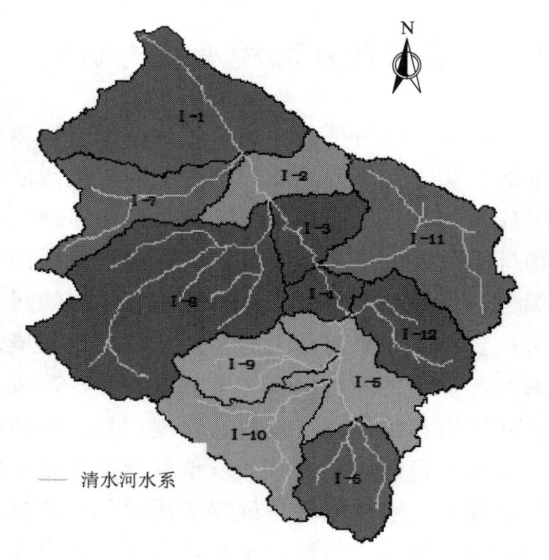

图3.7 清水河纳污能力计算单元

3.3.1.3 模型参数的率定

1. 设计流量的选择

根据《水域纳污能力计算规程》（GB/T 25173—2010），设计水文条件分为4类：①河流水域纳污能力计算，应采用90%保证率最枯月平均流域或近10年最枯月平均流量作为设计流量；②季节性河流宜选取不为零的最小月平均流量；③流向不定的水网地区宜采用90%保证率流速为零时的低水位相应水量作为设计水量；④有水利工程控制的河段，可采用最小下泄流量。

清水河干流现有固原、韩府湾、王团和泉眼山共4个水文站，其中王团设站时间为2012年10月，水文资料为短序列资料。其他3个站近十年最枯月平均流量分别为固原 $0.07m^3/s$，韩府湾 $0.173m^3/s$，泉眼山 $1.940m^3/s$。支流流量按照支流流域平均流量，根据支流对应最近水文站对应支流流域平均流量与月最枯流量关系进行折算，其中冬至河支流上冬至河水库近几年水库蓄水量很小，基本上无水量下泄，长沙河常年断流，因此不考虑冬至河与长沙河。则清水河金鸡儿沟至泉眼山（Ⅰ-1），西河至金鸡儿沟（Ⅰ-2），折死沟至西河（Ⅰ-3），双井子沟至折死沟（Ⅰ-4），三营至双井子沟（Ⅰ-5），二十里铺至三营（Ⅰ-6）共6个计算单元对应设计流量分别为：1.940m^3/s、1.688m^3/s、0.722m^3/s、0.173m^3/s、0.139m^3/s、0.07m^3/s。

2. 水质指标选择、背景浓度与水质控制目标确定

现有水环境质量监测及污染物排放考核指标主要为COD_{Cr}与NH_3-N，同时依据单因子评价结果，清水河流域水质控制因子为TN、NH_3-N、BOD_5、TP、COD_{Cr}；选取TN、NH_3-N、BOD_5、TP、COD_{Cr}；监测断面水质指标背景浓度取2018年4月、2018年7月、2018年11月监测值平均值，河段纳污能力计算对应水环境因子背景值取河段范围内监测断面平均值作为背景值。根据清水河流域水域、土地利用功能现状及规划功能，其涉及功能为农业用水区、工业用水区及饮用水源保护区等，结合清水河水环境状态，水质目标设置为Ⅱ～Ⅴ类（表3.5）。

表3.5　清水河纳污能力背景浓度与水质目标

计算河段	BOD_5 /(mg/L)	TN /(mg/L)	NH_3-N /(mg/L)	TP /(mg/L)	COD_{Cr} /(mg/L)	水质目标
二十里铺至三营	5.968	1.507	0.874	0.258	20.670	Ⅱ～Ⅴ类
三营至双井子沟	7.072	1.682	1.066	0.063	14.410	Ⅱ～Ⅴ类
双井子沟至折死沟	6.840	1.889	1.226	0.080	13.254	Ⅱ～Ⅴ类
折死沟至西河	6.976	1.999	1.193	0.064	14.606	Ⅱ～Ⅴ类
西河至金鸡儿沟	6.862	1.975	1.308	0.051	14.175	Ⅱ～Ⅴ类
金鸡儿沟至泉眼山	5.230	1.436	0.926	0.060	17.211	Ⅱ～Ⅴ类

3.3.1.4　纳污能力结果

不同水质目标下清水河纳污能力（表3.6）分析结果显示，清水河对不同污染物的纳污能力存在明显差异，以不同污染物对应的水质指标进行分析，在Ⅴ类水质目标下，有机污染指标中，清水河对COD_{Cr}对应污染物的纳污能力明显大于BOD_5纳污能力，上游Ⅰ-6段纳污能力相差约4倍，下游Ⅰ-1段相差约4.5倍；营养物质污染指标中，清水河对NH_3-N纳污容量大，对TN及TP较小；计算河段中Ⅰ-6、Ⅰ-5与Ⅰ-4河段TN与TP纳污能力相差较小，Ⅰ-2与Ⅰ-3段对TP纳污能力大于TN。以不同水质目标下纳污能力进行分析，Ⅴ类水质目标下水环境未出现超载状况；Ⅳ类水质目标下BOD_5及TN出现超载河段，但以全流域进行分析，BOD_5及TN在金鸡儿沟至泉眼山段还存在部分纳污能力；Ⅲ类水质目标下营养物质污染指标及BOD_5皆在多个河段出现超载状况，其中营养物质污染物已在全流域造成超载；Ⅱ类水质目标下仅TP及COD_{Cr}在部门河段存在剩余纳污能力。

由于基于水体现有污染物浓度的水体纳污能力计算已经考虑了河流现有污染荷载，因此该纳污能力结论即为水体还能再承载的污染物量；清水河大部分河段在Ⅳ类水质目标下就已发生污染物超载状况，其中BOD_5对应污染物在三营至双井子沟段超载4.7t/a，水环境形势较为严峻，对入河污染量进行控制的同时进行水体现有污染负载消减已迫在眉睫，由于本研究采用零维模型进行清水河纳污能力评估，评价结果偏保守且没有考虑河段间污染浓度变化可能造成的临近河段纳污能力变化，因此保障该纳污能力计算模式下河流纳污能力可保障河流整体水环境状态达标。

表3.6 **不同水质目标下清水河纳污能力** 单位：t/a

水质参数	计算河段	Ⅴ类	Ⅳ类	Ⅲ类	Ⅱ类
BOD_5	二十里铺至三营	8.902	0.070	−4.344	−6.551
	三营至双井子沟	12.835	−4.700	−6.782	−8.989
	双井子沟至折死沟	17.238	−1.860	−6.270	−8.478
	折死沟至西河	73.622	−4.280	−6.570	−8.777
	西河至金鸡儿沟	167.044	−1.900	−6.318	−8.525
	金鸡儿沟至泉眼山	291.848	3.380	−2.715	−4.922
TN	二十里铺至三营	1.088	−0.020	−1.120	−2.223
	三营至双井子沟	1.395	−0.800	−1.505	−2.609
	双井子沟至折死沟	0.606	−0.860	−1.962	−3.066
	折死沟至西河	0.024	−2.190	−2.205	−3.309
	西河至金鸡儿沟	1.357	−1.050	−2.151	−3.255
	金鸡儿沟至泉眼山	34.485	0.280	−0.963	−2.067
NH_3-N	二十里铺至三营	2.485	1.380	0.277	−1.599
	三营至双井子沟	4.093	1.900	−0.146	−2.023
	双井子沟至折死沟	4.223	0.600	−0.499	−2.375
	折死沟至西河	19.647	1.350	−0.426	−2.302
	西河至金鸡儿沟	36.864	0.420	−0.679	−2.555
	金鸡儿沟至泉眼山	65.728	2.520	0.164	−1.712
TP	二十里铺至三营	0.314	0.090	−0.128	−0.348
	三营至双井子沟	1.477	1.040	0.302	0.082
	双井子沟至折死沟	1.748	0.490	0.266	0.045
	折死沟至西河	8.180	1.030	0.300	0.079
	西河至金鸡儿沟	18.605	0.550	0.330	0.109
	金鸡儿沟至泉眼山	20.822	1.050	0.310	0.089
COD_{Cr}	二十里铺至三营	42.672	20.600	−1.479	−12.516
	三营至双井子沟	112.175	68.340	12.341	1.303
	双井子沟至折死沟	145.917	36.970	14.891	3.854
	折死沟至西河	618.237	67.480	11.907	0.870
	西河至金鸡儿沟	1374.736	34.930	12.859	1.821
	金鸡儿沟至泉眼山	1394.227	56.060	6.157	−4.881

清水河对同一污染物的纳污能力在空间上存在较大差异，以Ⅴ类水质目标下纳污能力分析，分析结果如图3.8和图3.9所示，清水河对BOD_5、COD_{Cr}、NH_3-N纳污能力在空间上呈规律变化趋势，整体上河流对同一污染物的纳污能力随着计算断面向下游移动而增加，主要原因为下游设计流量较上游大，其中清水河对NH_3-N纳污能力增加最明显，纳污能力呈逐步增加，下游Ⅰ-1河段纳污能力约为上游Ⅰ-6的10倍；清水河对TN、

TP 纳污能力空间变化规律不明显，对 TN 纳污能力在Ⅰ-6、Ⅰ-5、Ⅰ-4、Ⅰ-3 与Ⅰ-2 段变化不大，但在Ⅰ-1 段突增，主要原因为清水河干流上 TN 浓度逐渐增加，设计流量增加幅度与 TN 浓度增加幅度接近；对 TP 纳污能力先由Ⅰ-6～Ⅰ-2 段逐渐增加，而后在Ⅰ-2～Ⅰ-1 段达到相对稳定。

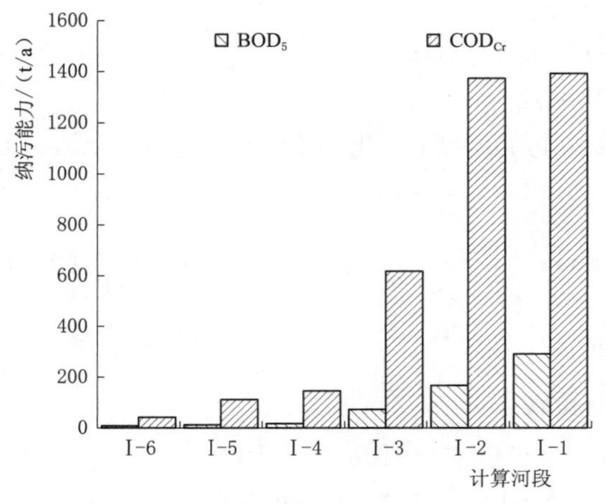

图 3.8 清水河Ⅴ类目标下纳污能力

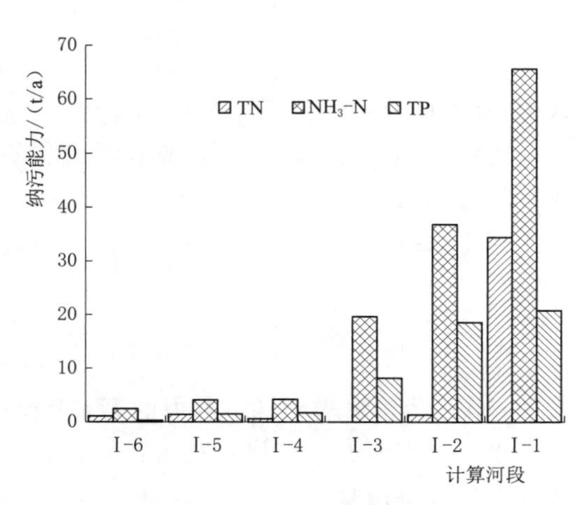

图 3.9 清水河Ⅴ类目标下营养物质纳污能力

3.3.2 水环境承载力水平研究

水环境承载力水平研究是进行区域水环境压力分析、制定长期水环境管理策略的基础。其为水环境目标的制定、水环境承载能力相对大小比较提供了理论依据及决策工具；水环境承载力评估及其变化趋势预测的核心在于“社会经济—环境压力”反馈指标的构建，该过程涉及社会、经济相关指标变化模拟及水环境承载水平量化评估两个问题。

3.3.2.1 数据来源及预处理

数据来源于宁夏水文公报及宁夏数据平台，由于部分数据以行政区域为单元进行统计，为进行流域资源计算，以行政区域内单位面积上的资源量作为过渡，计算流域资源量。

3.3.2.2 研究方法

水环境承载力水平评估方法的选择需考虑水环境承载力指标的选择状况、水环境承载力指标的数据量大小以及模型精度。向量模法由于可用于同一地区不同时段承载力优劣比较，其结果为无量纲结果且其评估过程不受参评指标量纲影响，可充分利用现有社会、经济及环境等相关指标。系统动力学法可将水环境承载力水平相关指标变化过程进行模拟演绎，并且其只需少量序列的数据即可进行搭建，因此本研究应用系统动力学法对指标变化进行模拟，同时基于系统动力学法得出的指标以向量模法对水环境承载力水平进行量化。

1. 向量模法

向量模法假设规划期内共有 m 个不同方案或指标，设为 $E_j(j=1, 2, \cdots, m)$，每个方案又包括 n 个具体参数值组成，即有式（3.5）。

$$E_j=(E_{1j}, E_{2j}, \cdots, E_{nj}) \tag{3.5}$$

归一化得式（3.6）～式（3.8）。

$$E_j=(E_{1j},E_{2j},\hat{},E_{nj}) \tag{3.6}$$

$$E_{i,j}=(E_{1,j},E_{2,j},\hat{},E_{n,j}) \tag{3.7}$$

$$\overline{E}_{i,j}=\frac{E_{i,j}}{\sum_{j=1}^{m}E_{i,j}} \tag{3.8}$$

式中：$i=1，2，\cdots，n；j=1，2，\cdots，m$。

这样，第j个水环境承载力评价值的大小可以用归一化后的向量模来表示，即式（3.9）和式（3.10）。

$$|E_j|=\left[\sum_{i=1}^{n}E(ij)^2\right]^{1/2} \tag{3.9}$$

$$|E_j|=\left[\sum_{i=1}^{n}(E_{ij}W_{ij})^2\right]^{1/2} \tag{3.10}$$

式中：W_{ij} 为第j水环境承载力的第i个指标的权重。

本研究视所有水环境承载力指标权重相同；参考已有水环境承载力指标的研究情况，选取人均水资源量、水资源供需比、单位 NH_3-N 排放工业产值、单位 COD_{Cr} 排放工业产值、单位 COD_{Cr} 排放用水量、单位 NH_3-N 排放用水量作为清水河水环境承载力指标（表3.7）。

表3.7 清水河水环境承载力指标

编号	指 标	计算方法及单位
$R1$	人均水资源量	水资源总量/总人口（m^3/人）
$R2$	水资源供需比	供水总量/需水总量
$R3$	单位 NH_3-N 排放工业产值	工业总产值/工业 NH_3-N 排放量（万元/t）
$R3$	单位 COD_{Cr} 排放工业产值	工业总产值/工业 COD_{Cr} 排放量（万元/t）
$R4$	单位 COD_{Cr} 排放用水量	用水总量/COD_{Cr} 排放总量（m^3/t）
$R5$	单位 NH_3-N 排放用水量	用水总量/NH_3-N 排放总量（m^3/t）

2. *系统动力学法*

（1）模型边界的确定。系统动力学法通过多个微观系统（子系统）构建和模拟水环境承载力系统。合理的边界可简化系统搭建难度、控制演绎水环境承载力系统所需要的数据量，本研究确定流域边界为清水河水环境承载力系统边界。系统模拟以2014年为基准年，时间间隔为1年，模拟的时间边界为2014—2026年。

（2）系统反馈结构分析及模型搭建。水资源总量取决于地表、地下水资源量及污水回用状况。水资源需求量取决于工业、农业及生活用水需求及用水效率，工业用水需求与工业产值相关，生活用水与人口数量相关，农业用水需求与农田用地总量及单位面积用水量成正比。各用水项目又影响 NH_3-N 及 COD_{Cr} 的排放量，需求总量与水资源总量共同决定了供需差额大小。根据以上分析，本研究搭建8个状态方程，8个速率方程及大量辅助方程，共涉及50个变量和参数。其中主要状态方程见式（3.11）～式（3.16）。

$$L.TP_K = TP._{KJ} + (DT) \times VRTP \tag{3.11}$$

$$L.TUP_K = TUP_{KJ} + (DT) \times VRUP \tag{3.12}$$

$$L.TIOV_K = TIOV_{KJ} + (DT) \times VIOV \tag{3.13}$$

$$L.AVA_K = AVA_{KJ} + (DT) \times VAVA \tag{3.14}$$

$$L.GWR_K = GWR_{KJ} + (DT) \times VGWR \tag{3.15}$$

$$L.SWR_K = SWR_{KJ} + (DT) \times VSWR \tag{3.16}$$

式中：J 作为下标表示刚过去那一刻；KJ 作为下标表示现在；DT 表示时间步长；其他符号见表 3.8。

表 3.8　系统动力学状态方程参数及对应含义

参数	含　义	参数	含　义
TP	总人口 (total population)	ALA	农业用地总量 (agricultural land area)
VRTP	人口变化率 (variable rate of Total population)	VALA	农业用地变化率 (variable rate of agricultural land area)
TUP	城市总人口 (total urban population)	GWR	地下水资源量 (volume of groundwater resource)
VRUP	城市人口变化率 (variable rate of urban population)	VGWR	地下水资源变化率 (variable of groundwater resource)
TIOV	工业总产值 (total industrial output value)	SWR	地表水资源量 (volume of surface water resource)
VIOV	工业产值变化率 (variable rate of industrial output value)	VSWR	地表水资源变化率 (variable of surface water amount)

(3) 系统动力学流程图。在确定系统结构和各状态方程后，以 2014 年为基准年数据，应用软件 VENSIM，反复进行总体调试、修改以控制模拟精度，构建了清水河流域水环境承载力系统动力学模型，如图 3.10 所示。

(4) 模型静态分析。模型静态分析过程主要是检查已搭建的系统动力学模型的原因树或结果树，检查系统搭建过程中各变量间是否出现的不合理关系，确保系统模型尽可能与实际状况保持一致。本次选取清水河水环境承载能力指标中的需水总量与供水总量 2 个主要变量进行原因树分析，结果如图 3.11 所示。清水河水环境承载力水平系统动力学模型中需水总量与供水总量原因树在外观上与实际系统相似，表明其符合一致性要求。

(5) 水环境承载能力参数。清水河流域水环境承载力模型以 2014 年作为水平初始年，其初始参数见表 3.9。

表 3.9　水环境承载力系统动力学初始参数

参数名称及单位	参数值	参数名称及单位	参数值
城市总人口/人	447702	人口变化率/‰	5.5
城市人口变化率/%	6.6	城市人均生活用水/(m^3/人)	7.1
总人口/人	1280318	农村人均生活用水/(m^3/人)	16

续表

参数名称及单位	参数值	参数名称及单位	参数值
工业总产值/万元	1229200	农业公顷用水量/(m^3/hm^2)	35
工业产值变化率/%	8.0	农村生活 COD_{Cr} 排放系数/(kg/人)	30
工业万元用水量/(m^3/万元)	2.2	农田 COD_{Cr} 排污系数/(kg/hm^2)	10
地下水资源量/亿 m^3	0.85	城市生活用水 COD_{Cr} 排放系数/(kg/m^3)	2
地下水资源变化率/%	0.1	农村生活 NH_3-N 排放系数/(kg/人)	1.83
地下水利用系数/%	52	农田 NH_3-N 排放系数/(kg/hm^2)	2
地表水资源量/亿 m^3	1.675	城市生活用水 NH_3-N 排放系数/(kg/m^3)	2
地表水资源变化系数/%	0.01	工业 NH_3-N 排放量/t	1074.75
地表水资源利用系数/%	16	工业 NH_3-N 排放变化率/%	−20
农业用地总量/hm^2	1078153	工业 COD_{Cr} 排放量/t	23280.54
农业用地变化率/%	−0.02	工业 COD_{Cr} 排放变化率/%	−30

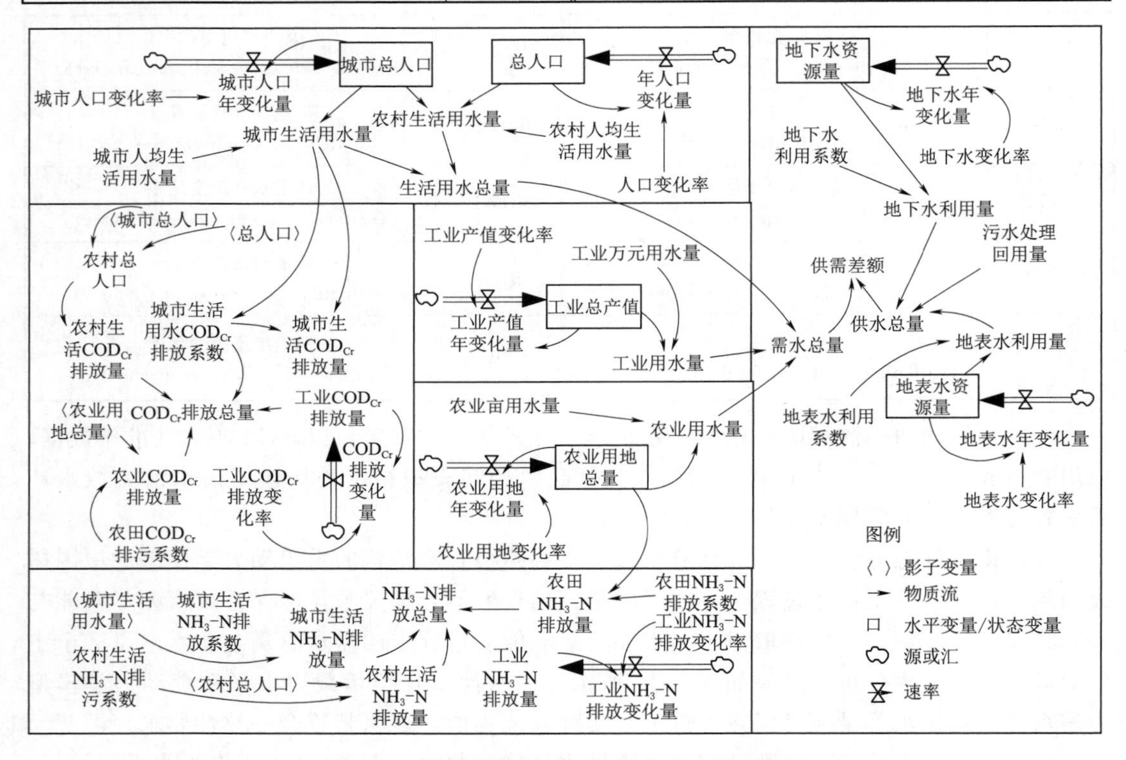

图 3.10　清水河流域水环境承载力存量流量图

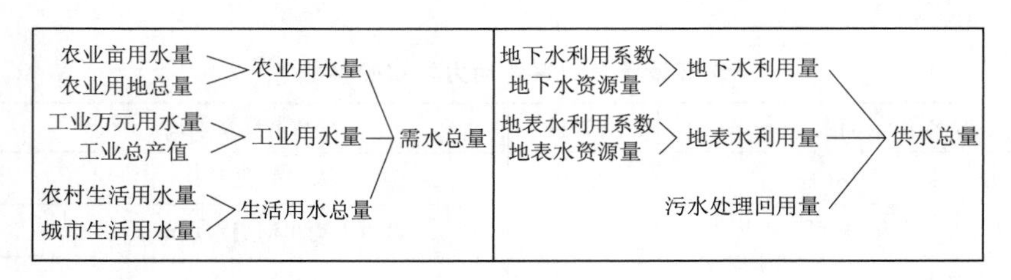

图 3.11　原因树分析

3.3.2.3 结果

选取户籍总人口、城市户籍人口、城镇生活用水量等变量，将其模拟值与历史数据进行比较，部分结果见表 3.10。从主要参数模拟值检验结果可以看出，总人口数与城市人口数模拟中，总人口数模拟结果相对误差最大出现在 2016 年，相对误差为 0.4%，城市人口模拟结果相对误差最大出现在 2015 年，相对误差为 0.4%。城市生活需水与农村生活需水模拟中，城市生活需水量模拟结果相对误差最大出现在 2017 年，相对误差为 5.1%，相对误差呈增大趋势；农村生活需水量模拟结果相对误差最大出现在 2017 年，相对误差为 0.8%。城市生活 COD_{Cr} 排放量与地下水资源量模拟中，城市生活 COD_{Cr} 排放量模拟结果相对误差最大出现在 2014 年，相对误差为 −168.5%；地下水资源量模拟结果相对误差最大出现在 2016 年，相对误差为 −4.9%。地表水资源量与工业总产值变化情况模拟中，地表水资源量模拟结果相对误差最大出现在 2015 年，相对误差为 −7.5%；工业总产值模拟结果相对误差最大出现在 2016 年，相对误差为 −3.9%；对比莫淑红等研究水环境环承载力对于模拟精度的控制，本研究中除城市生活 COD_{Cr} 排放量模拟在 2014 年相对误差偏大外，其他主要参数模拟效果较好；城市生活 COD_{Cr} 排放量模拟值在 2014 年偏差较大的主要原因是城市生活 COD_{Cr} 实际排放量在 2015 年突增，2015 年排放量约为 2014 年的 3.46 倍，其后污染物排放量呈缓慢变化，因此，系统动力学模型中城市生活 COD_{Cr} 排放相关参数的调试以控制 2015 年及之后年度模拟精度为目标进行。

表 3.10 主要参数模拟值检验

指标	年份	模拟值	实际值	相对误差/%	指标	年份	模拟值	实际值	相对误差/%
总人口/万人	2014	1.28	1.28	0	城市人口数/人	2014	447702	447702	0
	2015	1.289	1.287	−0.2		2015	477250	478975	0.4
	2016	1.298	1.303	0.4		2016	508748	510413	0.3
	2017	1.307	1.308	0.1		2017	542326	550456	1.5
城市生活用水量/亿 m^3	2014	0.031	0.03	−3.3	农村生活用水量/亿 m^3	2014	0.141	0.133	−6
	2015	0.033	0.032	−3.1		2015	0.137	0.138	0.7
	2016	0.036	0.04	10		2016	0.133	0.134	0.7
	2017	0.038	0.051	25.5		2017	0.129	0.13	0.8
城市生活 COD_{Cr} 排放量/t	2014	6267	2334.21	−168.5	地下水资源量/亿 m^3	2014	0.9	0.91	1.1
	2015	6681	8070.69	17.2		2015	0.898	0.882	−1.8
	2016	7122	8512.93	16.3		2016	0.896	0.854	−4.9
	2017	7592	6424.56	−18.2		2017	0.895	0.857	−4.4
地表水资源量/亿 m^3	2014	1.675	1.675	0	工业总产值/亿元	2014	122.2	122.209	0
	2015	1.641	1.526	−7.5		2015	133.2	128.92	−3.3
	2016	1.608	1.573	−2.2		2016	145.1	139.706	−3.9
	2017	1.576	1.588	0.8		2017	158.2	161.816	2.2

清水河水环境承载能力水平变化趋势如图3.12所示，水环境承载力指标向量模值变化趋势如图3.13所示。清水河水环境承载能力在2014—2023年间逐年呈下降趋势，在近5年内清水河流域水环境承载力将处于较低水平，水环境压力仍较大。流域内单位NH_3-N排放用水量、人均水资源量及供需比归一化向量模值皆存在减少趋势，表明流域将出现污水处理能力赶不上工业排水需要的状况，水资源增长量也跟不上人口增长带来的用水需求，水资源供需比值仍将减小。提高水环境承载力需从提高污水处理能力、生活用水效率等方面着手，同时应增加污水处理回用量、适当提高地表及地下水利用率以满足用水需求。

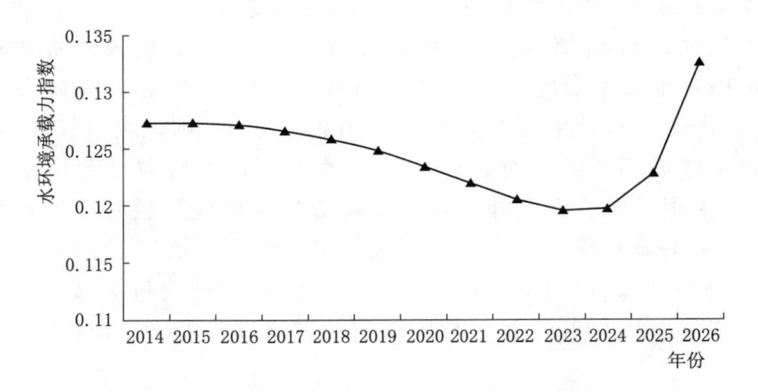

图3.12　水环境承载能力水平变化趋势

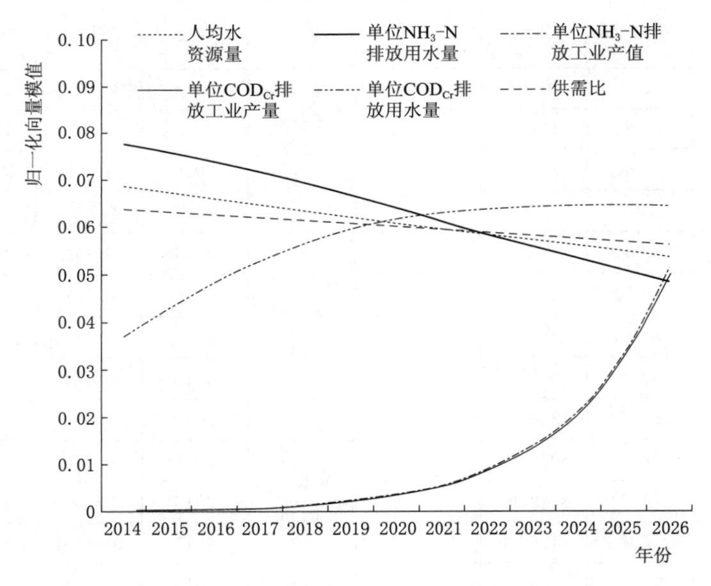

图3.13　水环境承载力指标向量模值变化趋势

3.3.3　小结

清水河对不同污染物的纳污能力存在差异，对COD_{Cr}对应污染物的纳污能力明显大于BOD_5纳污能力；对NH_3-N纳污容量大，对TN及TP较小；Ⅴ类水质目标下水环境未出现超载状况；但Ⅳ类水质目标下BOD_5及TN出现超载状况，Ⅲ类水质目标下营养物质污染指标及BOD_5皆出现超载状况，其中营养物质已在全流域超载。清水河对同一污染物的纳污能力在空间存也存在较大差异，Ⅴ类水质目标下清水河对BOD_5、COD_{Cr}、NH_3-N纳污能力在空间上呈规律变化趋势，整体上河流对同一污染物的纳污能力随着计算断面向下游移动而增加。

清水河大部分河段在Ⅳ类水质目标下就已发生污染物超载状况，整体上河流TN超载风险大，上游河段有机污染也较严重，水环境形势较为严峻；对入河污染量进行控制的同时，进行水体现有污染负载消减已在眉睫。

流域内社会经济发展所带来的水环境压力大，水环境承载能力水平在2014—2023年间逐年呈下降趋势，水环境状态存在进一步恶化的风险，需从提高污水处理能力、提高生活用水效率、增加污水处理回用量等多方面着手应对该风险。

3.4 清水河水环境功能分区及污染防治对策

水环境功能分区是水环境保护的基础性工作，是对水域和污染物在结构、功能上的规定与区分，以利于实现规划管理目标与控制要求；是实现水环境综合开发、合理利用、积极保护、科学管理的前提。

3.4.1 水环境功能区定义与编码

3.4.1.1 水环境功能区定义

根据水域使用功能、水环境污染状况、水环境承受能力（环境容量）、社会经济发展需要以及污染物排放总量控制的要求，划定的具有特定功能的水环境。

3.4.1.2 功能区类别代码与编码原则

地表水环境功能区类别采用以面分类法为主、线分类法为补充的混合分类法进行分类，见表3.11。根据《地表水环境功能区类别代码（试行）》（HJ 522—2009）规定，功能区分区只设一级类目；类别代码采用两位阿拉伯数字表示，即01～99。编码结果应唯一、合理、可扩充、简单、稳定且规范。

表3.11 水环境功能区类别代码

地表水环境功能区名称	功能区代码	说明
自然保护区	10	对有代表性的自然生态系统、珍稀濒危野生动植物物种的天然集中分布区、有特殊意义的自然遗迹等保护对象所在的陆地水体，依法划出一定面积予以特殊保护和管理的区域
饮用水水源保护区	20	国家为防治饮用水水源地污染、保证水源地环境质量而划定，并要求加以特殊保护的一定面积的水域和陆域
渔业用水区	30	鱼、虾、蟹、贝类的产卵场、索饵场、越冬场、洄游通道和养殖鱼、虾、蟹、贝类、藻类等水生动植物的水域
工业用水区	40	各工矿企业生产用水的集中取水点所在水域的指定范围，执行地表水环境质量Ⅳ类标准

续表

地表水环境功能区名称	功能区代码	说　　明
农业用水区	50	灌溉农田、森林、草地的农用集中提水站所在水域的指定范围，执行地表水环境质量Ⅴ类标准
景观娱乐用水区	60	具有保护水生生态的基本条件、供人们观赏娱乐、人体非直接接触的水域天然浴场、游泳区等直接与人体接触的景观娱乐用水区执行地表水环境质量Ⅱ类标准，国家重点风景游览区及与人体非直接接触的景观娱乐水体执行地表水环境质量Ⅳ类标准。一般景观用水区执行地表水环境质量Ⅴ类标准
混合区	70	污水与清水逐渐混合、逐步稀释、逐步达到水环境功能区水质要求的水域，混合区不执行地表水质量标准，是位于排放口与水环境功能区之间的劣Ⅴ类水域
过渡区	80	水质功能相差较大（两个或两个以上水质类别）的水环境功能区之间划定的、使相邻水域管理目标顺畅衔接的过渡水质类别区域执行相邻水环境功能区对应高低水质类别之间的中间类别水质标准
保留区	90	目前尚未开发或开发利用程度不高，为今后开发利用预留的水域保留区内的水质应维持现状不受破坏

3.4.1.3　清水河流域水环境功能区编码方案

水环境功能区编码需考虑可扩充性，参考余向勇等研究，水环境功能区编码可按照“行政分区代码＋河流名称代码＋水环境功能区顺序码”进行，具体见表 3.12；由于在相同行政区及河流区域内仍可能存在多个同一类型水环境功能区，因此本研究在水环境功能区编码系统上，增加一位补充码用于应对该情况，用 1～9 进行区别，清水河水环境功能区编码方案如图 3.14 所示。

表 3.12　　水环境功能区编码系统

项目	行政区划代码	河流名称代码	水环境功能区顺序码
位数	6 位	河流 6 位，湖泊 4 位	2 位
来源	《中华人民共和国行政区化代码》（GB 2260—1995）	全国 1∶250000 地形数据库河流名称代码	《地表水环境功能区类别代码》（HJ 522—2019）
简要说明	对功能区所属的行政区采用同一代码进行	主要河流湖泊采用标准代码	对于同一水体，同一区域内存在的多个功能区，用 01～99 区别

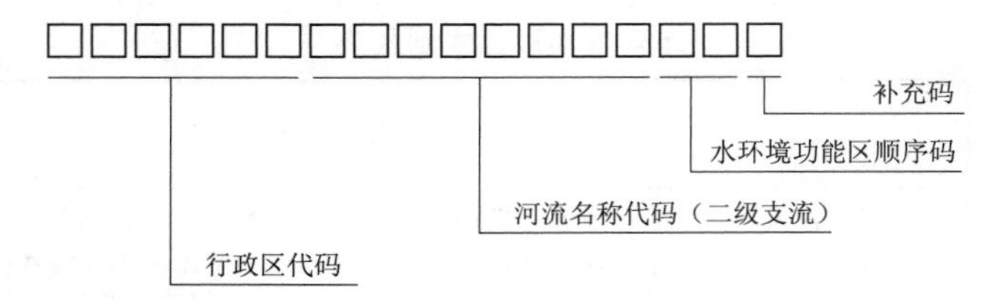

图 3.14　清水河水环境功能区编码方案

3.4.2　水环境功能分区分原则

（1）可持续性原则。水环境功能分区，应以水资源整体开发规划为指导，以区域水环境承载能力为基础，确保水资源水体的自净能力及可持续利用，有节制地进行水资源的开发利用；即应保证水环境状态不恶于当前实际水环境功能对应的水质要求、水体自净能力不遭受破坏。

（2）使用目标相似性原则。由于水资源不同的使用用途对应着不同的水质要求，同时，保证水资源水环境状态满足水域环境功能是水环境管理的主要目标。因此，水域使用目标相似性也是划分水环境功能区的重要原则。

（3）污染现状相似性原则。由于人类活动方式和程度对水体造成的影响不同，因此水体污染因子不同，改善水体污染的途径也不同，所以水体污染现状、污染来源相似是水环境功能分区的另一重要依据。

（4）自然条件相似性原则。自然条件的不同，水资源的利用方式和程度也会有差异，而自然条件又是制约水资源使用方式和目标的基础要素，为此，自然要素在水域中的差异性在水环境功能分区中应有呈现。

3.4.3　水环境功能分区程序

水环境功能分区应当采用尽可能定量化的方法以减少主观判断。不过，在分区过程中，尤其是分区边界确定时，采用计算机辅助分析等定量化技术还难以得到令人满意的结果。因此，本研究在遵循水环境功能分区原则上，依据流域陆域、水域功能现状及规划，利用类比经验法与系统分析法分单元进行确定。

3.4.3.1　水环境功能分区技术流程

（1）汇集流域内土地利用与河岸带土地利用调查分析结果、水质调查断面水环境状态信息、水域功能现状及流域开发规划。

（2）调查清水河流域内分布相关工业、农业及生活类污染源。

（3）水质现状评价与污染物输入响应分析。根据水质监测断面水质指标状态，分析清水河流域水质级别、水质控制因子、河段纳污能力及环境容量余量、超标污染物来源及超标原因。

（4）水环境功能分区。水环境功能区的功能类型识别与划分可分为如下两个类型：

1）水环境状态较好，水质达到区域内水体功能对应的用水水质需求，无超标指标；可按照区域水质等级划分与水质等级相对应的水环境功能区类别，并确定该区域内的水质控制等级（当前水质等级），并对该区域内污染源污染排放进行管理。

2）水环境状态较差，不可满足区域内水体功能对应的用水水质需求或水质保护要求，则需要对超标指标、超标区域进行分析，并制定相应水质达标方案，水环境功能类型仍主要以水域现状及规划功能确定。

（5）协调水环境功能区与水环境管理现状。水环境功能分区是协调流域开发与水资源保护，依据区域内生态建设与保护规划全面分析水资源开发利用需求，以流域为划分单元，合理地在相应区域划定具备特定功能且在满足水资源保护条件下，能够将水资源发挥最大效益的最佳保护区域；确定区域内的水环境主导功能及水质高要求功能，进而确定水资源可持续满足社会经济发展需求并且水环境免遭破坏的水环境保护目标。行政区划决定地区环境部门负责管理区域，因此水环境功能分区应为两个层次：水环境功能分区与水环境功能管理控制单元划分。水环境功能区为具备相似水环境功能与污染源、规划用途及水环境状态相似的区域所占的范围。水环境功能管理控制单元应在水环境功能区基础上充分考虑行政区划、水资源与水环境管理部门的相互协调与责任划分现状。

3.4.3.2 水环境功能分区基本单元

水环境功能分区目的在于对水资源进行分区管理，控制和改善水环境状态，流域作为一个独立的自然单元，其适宜作为水环境质量及排污控制基本单元，清水河纳污能力计算单元（图 3.7）已充分考虑清水河流域水系汇流及污染源分布状况，因此以清水河纳污能力计算单元为水环境功能分区基本单元。

3.4.3.3 水环境功能分区

清水河流域水环境功能分析如图 3.15 所示，水环境功能类型中，无论是农业用水区、工业用水区以及饮用水水源地保护区等，实质上皆是为满足人类特定需求而对水资源进行用途及保护级别划分，人类对于水资源的需求可通过水资源利用现状、流域土地利用类型及流域开发利用规划进行体现。当区域土地利用类型为耕地时，其农业用水来源通常为就近水域，农田排污也为该区域水环境污染重要组成部分；因此，区域内天然水域利用类型应属于农业用水区。当区域处于水域处于现有自然保护区时，其水环境类型应属于自然保护区，水环境保护级别也应与之对应。当区域现状或者被规划为饮用水供水水源地、饮用水供水水库时，其水环境功能类型为饮用水水源保护区；虽然流域部分区域功能类型明确，但流域内更多区域存在多种利用类型并存，水环境功能识别困难，因此本研究按水环境功能基本单元进行分析。

清水河流域耕地面积大，且主要集中分布在河流两岸（图 1.12）；同时流域水环境监测断面中，91%监测断面水环境状态单因子评价结果劣于Ⅳ类（图 3.16），结合水环境承载力 2014—2023 年逐年下降，水环境压力增加的状况，将清水河整个流域先初步划分为

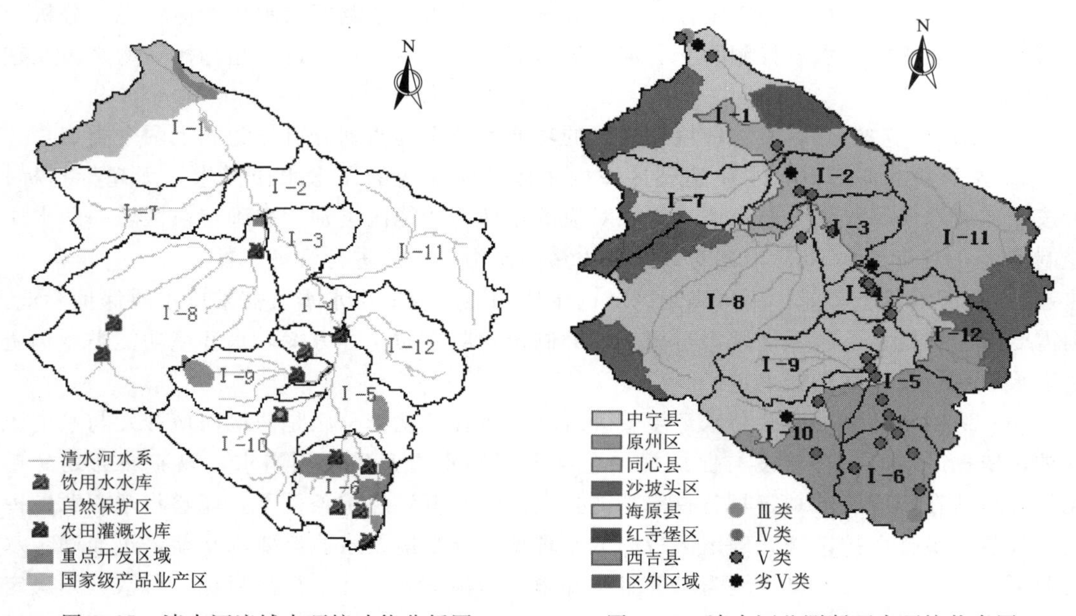

图 3.15 清水河流域水环境功能分析图

图 3.16 清水河监测断面水环境状态图

农业用水区，并且在划分过程中尽量不提高水环境保护级别，但保证水环境保护等级不低于现有水质等级；将水环境功能类型、边界范围明确的地区且保护级别高的自然保护区、饮用水水源保护区视为优先功能区，其范围以现有边界进行确定；其余地区以水环境功能分区基本划分单元进行逐步分析。

Ⅰ-8单元内水库利用类型中仅存在3个农灌水库，无地表水集中供水地，南华山国家自然保护区部分区域位于该单元内，但该单元在自然保护区内未形成地表水水流；同时该单元内水环境监测断面单因子评价结果为Ⅴ类，因此将该单元划分为农业用水区。

Ⅰ-6、Ⅰ-5单元内分别存在一个饮用水供水水库，依据清水河水库位置及水库功能类型，按照《饮用水水源地保护区划分技术规范》（HJ 338—2017）对饮水水源地进行划分，由于清水河地表水饮用水源地除南坪水库外集中在干流源头处，南坪水库位于支流源头，因此，将饮用水库集水分区分为饮用水保护区，单元内其余部分保持农业用水区不变。

经GIS将清水河叠加显示，Ⅰ-7、Ⅰ-11单元及Ⅰ-12单元非全部区域位于宁夏境内，现有水环境管理单元主要以行政分区为主，因此，将该3个单元划分为过渡区。Ⅰ-8单元西河源头处碱泉口水库存在不同管理单元的衔接，因此，将碱泉口水库化为水库过渡区；Ⅰ-8单元剩余部分，仍保持原有划分。

水环境功能区水质目标依据《地表水环境功能区类别代码（试行）》（HJ 522—2009）与《地表水环境质量标准》（GB 3838—2002），农业用水区应执行地表水Ⅴ类水环境质量标准，过渡区执行地表水水环境级别应依据前后功能区水质保护级别确定，自然保护区执行Ⅰ～Ⅱ类水质标准，饮用水水源保护区执行Ⅰ～Ⅲ类标准。清水河流域主体功能分区（图1.17）及生态保护与建设重点规划（图1.18）显示，清水河流域大部分区域除水环境功能外，同时也为重要的生态保护区；现有水环境功能分区研究成果中将区域水环境目标设为Ⅴ类的状况罕见，除此外，清水河入黄口断面对应黄河上游中卫下河沿断面、对应下游黄河金沙湾国控断面水质考核目标皆为Ⅱ类。因此，在保持清水河水环境功能不变的基础上，结合以上分析，将农业用水区水质保护目标设置为Ⅳ类、饮用水水源地水环境功能区水质目标设置为Ⅲ类，自然保护区水环境保护目标设置为Ⅱ类，过渡区水环境保护目标设置为Ⅴ类。清水河水环境功能分区结果如图3.17所示。

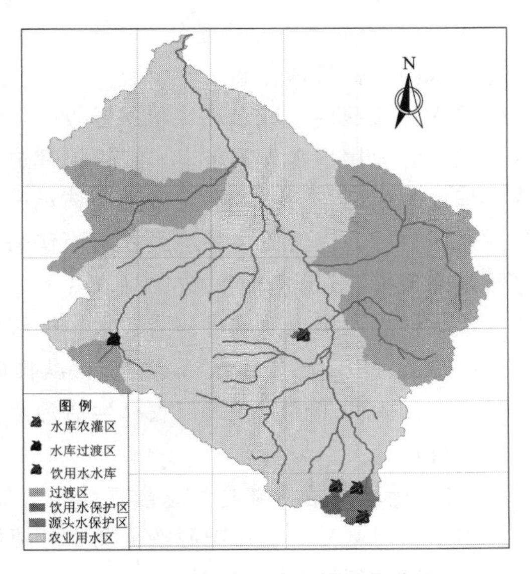

图3.17　清水河水环境功能分区

由于现有清水河流域水环境状态考核及污染排放管理以行政区进行，因此在水环境功能分区基础上，根据行政区划现状及流域现有县、区国水环境监测控制点布置现状，将清水河划分为17个水环境管理及污染控制河段。

根据水环境功能区编码原则，对清水河功能区进行编码汇总，一般水环境功能区见表3.13；优先水环境功能区见表3.14。

表3.13 宁夏清水河一般水环境功能区分区表

水环境功能区编码	水环境功能区名称	水系	起始断面	终止断面	水质目标
640000ADA4300650	农业用水区	干流	二十里铺	入黄口	Ⅳ类
640000ADA4340680	过渡区	金鸡儿沟	支流源头	入清水河口	Ⅴ类
640000ADA4330680	过渡区	西河	支流源头	碱泉水库	—
640000ADA4330650	农业用水区	西河	支流源头	入清水河口	Ⅳ类
640000ADA4360650	农业用水区	苋麻河	支流源头	入清水河口	Ⅳ类
640000ADA4310650	农业用水区	中河	支流源头	入清水河口	Ⅳ类
640000ADA4350650	农业用水区	冬至河	支流源头	入清水河口	Ⅳ类
640000ADA4320680	过渡区	折死沟	支流源头	入清水河口	Ⅴ类
640000ADA4370680	过渡区	双井子沟	支流源头	入清水河口	Ⅴ类

表3.14 宁夏清水河优先水环境功能分区表

水环境功能区编码	水环境功能区名称	水系（湖、库）	范围	水质目标
640000ADA4300610	自然保护区	干流	源头至二十里铺	Ⅱ类
640000ADA4300620	饮用水水源保护区	贺家湾水库	水库上游集水区	Ⅲ类
640000ADA4300620	饮用水水源保护区	中庄水库	水库上游集水区	Ⅲ类
640000ADA4300620	饮用水水源保护区	海子峡水库	水库上游集水区	Ⅲ类
640000ADA4300620	饮用水水源保护区	南坪水库	水库上游集水区	Ⅲ类

3.4.4 清水河污染防治对策

3.4.4.1 水环境功能区达标管理方案

根据清水河水环境质量单因子评价结果（表3.2）、清水河监测断面水环境质量图（图3.15）与水环境功能分区（图3.17）进行水质达标状况分析，对污染超载功能区制定清水河达标管理方案。

清水河流域内全域水环境状态皆较差，大部分区域水环境皆已超载，水环境状况仅可勉强满足农业用水水质需求，水环境治理迫在眉睫，由于本研究在部分功能区设置了多个水环境监测断面，为减少污染减排评估难度，同时尽可能保证功能区所有河段断面水质可达到水质目标，以河段水环境最差断面代表功能区水环境状态，选用式（3.3）计算功能区污染超载量，达标减排污方案见表3.15。

清水河农业用水区减排压力较大，干流农业用水区需减少BOD_5荷载73.84t/a，减少TN荷载30.90t/a；其他水环境功能区减排压力虽然较小，但由于其多位于支流，而支流多无工业、人群居住分散，但农村生活污水、农田灌溉退水等又为其污染主要来源，使得污染减排难度大。

3.4.4.2 污染防治措施与生态修复

本章从清水河流域污染源特征及水环境管理及水资源利用现状上，针对清水河存在的问题提出清水河污染防治对策。

表 3.15　清水河水环境功能区达标减排方案

水环境功能区	水质目标	水质代表点位	污染减排量/(t/a)		
			BOD_5	TN	COD_{Cr}
640000ADA4300650	Ⅳ类	DO2	73.84	30.90	—
640000ADA4360650	Ⅳ类	XM1	1.57	0.28	—
640000ADA4310650	Ⅳ类	XH4	1.68	1.55	—
640000ADA4350650	Ⅳ类	DZ2	0.57	—	—
640000ADA4320680	Ⅴ类	ZS1	—	2.20	13.07

(1) 控制农业及城市面源污染，减少点源污染。清水河流域面源污染占比大，其中大部分为农田排污，流域内现有主要粮食作物为玉米和薯类，由于农田沟道排水富含氮、磷、有机物等营养物质，加上现阶段农村居民生活用水、未处理部分垃圾和一些小型作坊式企业排放的污水随农田排水一起进入河道，影响清水河水质。清水河流域内主要畜禽种类为牛、猪和羊，由于粪污的淋溶性较强，畜禽粪便处理不当或不经处理随意堆放或直接还田，会导致大量氮、磷和病菌随农田灌溉退水进入水体或渗入地下，引起水体 NH_3-N 量增加，造成富营养化；建议加快畜禽养殖业集约化发展，同时减少农田排污导致的水体富营养化，妥善处理农村生活排污。

(2) 明确环境管理及治理主体，协调进行上下游水环境管理与治理。清水河属于县界、省界河流，河流长且流域面积大，大大增加了确权划界的难度。清水河流经原州区、海原县等 5 个县（区），在此形势下，河道管理范围不明确，将大大削弱相关部门的执法力度，过度、无序开发的状况将被激化，可能会加剧不稳定的河道演变趋势，恶化水环境状态；研究虽尽可能将水环境功能区根据行政区划进行水环境管理及排污控制河段划分，明确治理责任，但由于上游水资源的利用状况将直接影响下游水环境状态，因此建议设置单独的流域管理机构，统一协调管理。

(3) 加强清水河流经城市河段的水环境管理。清水河流经多个城区，其中开城水环境监测断面的下游水环境监测断面水环境状态较开城恶化明显，该段中二十里铺桥至南河滩桥属于清水河工业园区段，由于清水河流量小，水环境承载能力本身就较弱，如果工业废水或城市生活废水直排将直接恶化水环境状态，甚至破坏清水河自净能力。城市生活及工业废水一直是水环境恶化的重要原因，因此需加强长效管理与执法监管，提高和完善污水处理能力。

(4) 平衡上下游水资源，提高用水效率。清水河流域降水量存在明显自南向北逐渐减少的特点，流域南北部降水量以及净雨量差异明显；同时流域北部由于经纬度、地形等影响，降水较少的同时还存在大量蒸发。保证水量尤其是生态基流是保证水环境质量的基础，同一污染状态下水资源量的减少会加快水环境状态的恶化速度，清水河干流上游及支流上存在大量水库，但清水河中游地区部分年度仍存在断流现象，因此尽量发挥水库能调节径流的作用，平衡上下游水资源量。清水河农业取水量占比大，同时由于主要作物为玉米及薯类，该种植结构决定了农田用水量大且用水时段集中；流域内农田灌溉仍多为大水漫灌的灌溉模式，导致部分土壤盐渍化，同时可在一定程度上导致原本可作为作物养料部分肥料效力流失，随着水体进入河道内并造成河道富营养化。提高用水效率不仅仅能减少水资源的利用量，还可以减低水资源的污染风险。

（5）水生植物配置。水生植物是水生生态重要组成部分，具有吸收水体中氮磷等营养盐，抑制沉积物中氮磷物质的释放，促进水体中悬浮颗粒的沉降，提高水体透明度等作用，是降低水体富营养化的有效手段。通过水生植物配置进行水污染控制，在改善水体污染状态的同时，也为水生植物提供了生境，以水生植物为核心的水体净化系统进行受损水环境修复不仅成本低、环境扰动小，也具备绿化价值，且通过收获水生高等植物可获得一定经济效益。清水河干流水生植物总量较少，干流上游开城段可见少量水生植物，水生植物主要存在于水库内。目前清水河城市过境段实施了一期、二期人工湿地，三营污水处理厂及尾水人工湿地等多个生态恢复项目，其中原州区过境段通过设置沉淀池、表流湿地及潜流人工湿地等方式该项目将污水处理厂尾水通过下水管道引入沉淀池，沉淀后流入表面流湿地，降解污水中有机物，使水中有机物含量降低。表面流湿地出水经格栅渠运送至水平流人工湿地，污水在水平流湿地填料、植物、微生物的协同作用下，水中大部分有机物被吸收及降解，水质达到排放标准，排放至下游河道。人工湿地效果较好，可在干流上适当增加范围。

（6）增加流域植被覆盖率，进行河岸带植被配置。氮、磷、钾作为植物生长三要素，对作物生长起着非常重要的作用。增加植被覆盖率不仅可以延长污水渗径，甚至可对农田流失的养分进行吸收。河岸植被缓冲带可以通过过滤、沉积、渗透、吸附、吸收、分解和蒸发等途径去除地表径流中的沉积物和污染物。其中通过提高入渗，增加表面粗糙度，降低径流速度，减少沉积物中的氮流失。通过颗粒物沉积和土壤颗粒物吸附、入渗和植物对溶解态磷的吸收等去减低水体磷含量，除了植物直接吸收吸附磷以外，缓冲带还改变径流速度，增加水力停留时间，促进沉积和入渗，对磷实现间接去除。清水河流域植被覆盖率低，绿地面积仅占比5%，农田紧靠河流两岸，大部分区域农田与河流之间并无明显过渡带，大量农田氮肥、农药残留物等可经入渗进入河道；在农田污染难以控制的背景下，通过河岸带植被配置、增加流域植被覆盖率及设置农田污染物植被吸收过滤带，可有效减少入河污染物量，同时氮磷等营养物质也可得到有效利用，甚至可通过该方法提高土壤肥力。

（7）水生动物配置。水生动物包括鱼类、贝类、各种浮游动物等，水生动物是水生生态系统的消费者，是影响整个水生生态系统平衡的重要因素。利用水生生态系统的生物链条及各种动物的生活习性发挥互补作用，合理配置水生生物可达到净化水质的目的。其中鲤鱼、鲫鱼等鱼类可摄食水体中的残饵和腐殖质，清除大部分残留有机物、减少水体底层有机物、浮华分解释放的污染物。乌鳢、鲢鱼等可大量摄食病鱼、死鱼及动物腐体，防止死鱼等污染水质，降低内源污染。清水河干流流量虽较小，但清水河清流内存在大量水库，为人工水生生物配置提供了条件，对清水河流域水库进行合理水生动物配置，可使清水河过库水流携带的污染物在水库水体滞留时间内的净化程度提高，同时降低内源污染，平衡水生生态系统。

3.4.5 小结

根据清水河水资源利用现状与开发规划、水环境因子状态、污染源调查、水环境承载力分析结果，清水河适宜划分为自然保护区、饮用水水源保护区、过渡区及农业用水区共4种水环境功能类型，适宜划分为14个水环境功能区。流域内全域水环境状态皆较差，大部分区域水环境皆已超载，水环境状况仅可勉强满足农业用水水质需求，其中干流农业用水区需减少BOD_5荷载73.84t/a、TN荷载30.90t/a才可达到水环境管理目标；其他水环境功能区减排压力虽然较小，但污染减排难度大。

清水河水环境治理需加强面源污染控制，减少点源污染、加强清水河流经城市河段的水环境管理、明确水环境管理及治理主体，协调进行上下游水环境管理；同时可从提高用水效率、水生植物配置、增加流域植被覆盖率，进行河岸带植被配置等方面改善及提高水质。

第4章　重金属分布特征与风险评估

4.1　引言

4.1.1　研究背景

重金属富集在生物内很难被微生物分解，是一种过渡性元素，主要包括 Zn、Pb、Cd、Hg、Cu、Cr 等。从毒性角度来看，通常把 As、Se 等也包含在内。由于工业化的快速发展，重金属通过工业排水、施肥、焚烧冶炼等方式进入大气层和陆地，最后再由海陆循环进入水体中，威胁着水生生态系统的结构和功能。水体重金属富集后将沿食物链传递，对人体造成一定危害。因此为保障人类健康且不影响工农业用水，必须将防治河流重金属的污染问题放在首要位置。

进入 21 世纪后，重金属污染的复杂性使其成为全世界关注的问题。随着经济发展，重金属污染来源种类持续增加，如城市化重金属污染来源。重金属来源大体可分为工业、农业和环境污染事故等。治理和预防重金属污染需要采取不同的措施，分析重金属污染来源是预防和治理重金属污染的重要步骤之一。重金属通过工业、农业废水随意排放等方式进入到河流中，超过河流的自净能力，使得其环境质量逐渐变差，造成重金属污染，对人的健康和生态平衡构成一定威胁。

随着社会经济的发展，清水河流域受到各种污染，使其生态系统遭受到破坏，使水体污染严重，并对人们生活用水造成威胁。本研究拟通过分析清水河流域重金属污染的分布特征，对其污染风险进行评价，旨在了解清水河重金属污染风险现状，为清水河流域水环境污染防治提供理论支撑。

4.1.2　水体中重金属的研究进展

在当今社会，由于经济的快速发展，水环境问题显得尤其重要。目前水体重金属污染主要以河流、湖泊等为研究对象，对重金属含量、健康风险评价等几个方面进行研究。

关于湖泊、河流的重金属分布特征和季节变化，John 等研究了斯海尔德河中水体重金属 Cu、Zn 等的含量及其分布特征；李淑媛等对北黄海底泥中 Cu、Cd 等的含量和分布特征作出研究；李磊等研究了长江口水体 As、Hg、Cu 等重金属分布特征并进行污染评价；苏春利等研究了武汉墨水湖水体和沉积物重金属含量、空间分布和其变化规律；王莉红等对杭州西湖 Mn、Cd 等重金属不同形态的含量分布及其含量季节变化特征作出研究。

利用多种方法对水体重金属进行健康风险和污染评价，Krishnan 等研究加拿大饮用水，并采用混合风险法作出评价；闫欣荣等使用不同模型对北京市和西安市的水体重金属含量作出研究，并对其进行健康风险评价；张研等对黄河地下水中11种重金属的空间分布和含量作出研究，并对水中重金属进行了健康风险评价。

在不同模型下，利用不同方法研究水体重金属生物有效性。Meyer等以数学为基础，使用自由离子活度、鱼鳃络合两种模型，研究各种重金属的活度、非生物毒性和生物体的影响，建立了一种生物配体模型，此模型能够对水体重金属毒性作出预测。吕怡兵等利用BLM模型对长江中Cu的生物毒性作出预测，并得到相关毒性效应。Karel A.C等利用BLM对生物进行毒性试验，取得有关实测毒性数据。

人们越来越重视重金属的修复和消除技术，河流水体重金属修复有许多种方法，较常见的为生物修复法、河流稀释法两种方法。河流稀释法通常对工业、农业废水的重金属进行处理和修复，生物修复法则有微生物、动植物等方法，其一般用于湿地和河流中。韦朝阳等利用植物修复的技术，解决了河流重金属一些污染问题；程杰等在水培试验基础上利用植物修复技术对巢湖水体重金属污染进行了研究。

国内外专家对重金属总量做了一定的研究，之后随着研究的深入，国内外学者又对重金属的赋存形态进行了研究。重金属主要有水体赋存形态分析和沉积物赋存形态分析两种分析。目前，对水体重金属赋存形态方面的研究较少，主要是针对沉积物赋存形态研究，包括重金属不同形态提取和分离方法，及其在不同介质中的应用等，比如单独提取法、BCR连续提取法等。对沉积物的毒性也作出一定研究，方法主要是数值计算和基准值计算等方法。采用模拟和数理统计分析两种方法，来分析影响沉积物重金属赋存形态的因素，从而进一步研究其迁移转化机理，研究对象选取动植物，并将室内外实验作为基础，然后分析多种重金属生物有效性。一般来说水体重金属形态分析方法主要是模拟法和实验法，实验法主要是阴阳极伏安法、离子电极和化学电极等方法。但实验室法分析过程较复杂，且结果不仅不准确，费用还比较高，操作意义不是很大。当前对于水体重金属形态分析，用计算机模拟法对其研究的相关文献较少，近几年才慢慢出现一些相关研究，主要是对于矿区废水、河口等地方的重金属分析。

4.1.3 沉积物中重金属的研究进展

近年来，沉积物重金属主要来源为自然和人为两种方式，严重威胁着人类的生存。由于岩石侵蚀、迁移及风化等作用，使得河流里的重金属沉积或分散，河流在没有人为污染下，其重金属含量非常低，对生物构不成威胁。但由于工业废水等排放，使得水体重金属浓度不断增加。其被沉积物吸附、络合，然后又在沉积物中积累、释放，大约80%重金属都存在沉积物中。陈明等对永定河沉积物重金属进行研究，结果表明沉积物重金属含量远超过水体重金属含量，且超过其标准值。河流沉积物重金属还在水中进行释放，形成二次污染，使得水体重金属浓度增加。在过去，由于工业、农业废水的排放，使得河床上累积大量重金属污染物，且污染物的累积量大于其释放量，形成2～4m的污染层。

国外在对于河流沉积物进行研究的同时，制定了一些规范，且成果较明显。美国环境保护署认为被污染的沉积物是指矿物质和一些有机物等，其威胁着人类的健康。这些沉积物主要由河岸侵蚀、土壤冲刷及大气沉降等方式产生。这些有毒物质，一般超过美国水资源法案规定的一些标准或对人类身体健康造成危害，就被认为是有毒物质。

4.1.4 河流重金属风险评价研究进展

重金属对人和生物都有一定的危害作用，且具有易富集、难去除等特点，因此重金属风险引起了国内外专家的关注。一般情况下水体重金属可通过沉降作用在沉积物中富集，因此，在一定程度上沉积物中重金属则能反映出其污染状况。与沉积物中含量相比，水体重金属含量要少很多，但其很难被微生物分解，还会进行富集作用，对人体健康造成危害，因此对水体重金属进行评价至关重要。

河流水体重金属评价方法常用的是水质质量指数法和内梅罗综合指数法两种方法，此类方法是由重金属实测值与环境质量标准值相比较，来确定重金属是几类标准，是否符合排放标准。而沉积物重金属评价方法较多，比较常见的有地累积指数、潜在生态风险指数等方法。由于国内外学者不断延伸重金属评价方法的范围，使得评价水体重金属的内梅罗综合指数法等一些方法被应用在评价沉积物中，同时，评价沉积物重金属中的富集因子法等方法也被应用在水体评价中。这些评价方法各有各的优点，应用范围没有统一，各自都具有局限性。在评价河流重金属时，一般会使用多种方法对其进行评价。

4.1.4.1 水质质量指数法

水质质量指数法是评价河流水体重金属常用方法之一，是将多种重金属结合起来的一种多因子评价方法。蔡文贵等对考洋洲水体重金属应用水质质量指数法进行评价；沈春燕等应用水质质量法对茂名放鸡岛水体的重金属进行了综合评价；马迎群等对浑河上游水体中Fe、Zn等6种重金属应用水质质量法进行水质评价；常旭等也应用水质质量指数法对大辽河上游水体重金属污染程度作出了评价。

4.1.4.2 内梅罗综合指数法

内梅罗指数法经常被用于水体和沉积物重金属风险评价中，是一种多因子指数法。其方法不仅能表现出单个重金属的污染水平，还能表现出多个重金属的综合污染程度，同时还能体现出重金属含量的平均值与最大值，能够突出某些重金属对河流污染的影响程度，但是此方法也会增加或减小一些重金属的影响程度。吴学丽等对沈阳市主要河流水体重金属应用内梅罗指数法进行风险评价；吴彬等用内梅罗指数法对克钦湖水体Pb、As等6种重金属进行污染评价；周志勇等应用内梅罗指数法对祊河底泥重金属进行评价；贾旭威等对三峡库区重要支流的沉积物重金属应用内梅罗指数法和地累积指数法两种方法进行了评价。

4.1.4.3 富集因子法

富集因子法是由Zoller等提出的，主要为证明在大气颗粒物元素是源于海洋还是地壳。此方法对河流重金属评价能减少不同地区之间的差异，但需要较多的资料，且此方法主要侧重单一因子，而反映多种重金属整体情况较差。国内外专家将富集因子法逐渐应用到水体沉积物、土壤等介质中，并对其进行重金属评价。P. Blase等应用富集因子法对瑞士森林土壤中重金属进行污染评价；R. A. Sutherland用Al作参照，应用富集因子法对欧胡岛河水沉积物Hg、Cd等重金属进行评价，并将污染程度分成5个级别；P. Woitke等应用富集因子法对多瑙河沉积物中Cr、Hg、Cu等重金属污染情况进行评价；张兆永等对博尔塔拉河水体和底泥重金属污染应用富集因子法进行评价。

4.1.4.4 地累积指数法

地累积指数法是德国专家Müller提出的，主要针对河流沉积物重金属污染情况作出评价，并将 I_{geo} 值分为 7 个等级。其方法不仅考虑人为污染和化学背景值，还考虑了由成岩作用造成重金属背景值的变化。但其方法选 k 值比较麻烦，且主要是针对单一因子的评价，并未考虑不同金属的毒性差异。地累积指数法一般多用于沉积物中，如彭渤等应用该方法对湘江入湖段沉积物重金属污染进行评价；余辉等用地累积指数对洪泽湖底泥重金属进行污染评价；王岚对长江水系底泥 Hg、Ni 等 9 种重金属进行地累积指数评价；王丽等对东江淡水河底泥中重金属污染程度进行地累积指数评价。

4.1.4.5 污染负荷指数法

污染负荷指数法是由 Tomlinson 等提出的，用于研究河流沉积物重金属污染情况分级。此方法多用于评价沉积物重金属污染情况，不仅可以对一个点的污染情况作出评价，还可以对某个区域污染情况进行评价，能够表现出不同重金属污染程度的大小及时空变化规律。郑玲芳等对黄浦江沉积物重金属污染风险应用污染负荷指数法进行评价；古正刚等对泸沽湖底泥重金属应用污染负荷指数法进行风险评估；张珍明等对草海的沉积物重金属污染情况进行污染负荷指数评价。

4.1.4.6 潜在生态风险指数法

潜在生态风险指数法是由瑞典专家 Hakanson 提出的，其主要用于评价河流沉积物重金属污染风险。潜在生态风险指数考虑了多种重金属的含量和毒性效应，适用于单因子和多因子污染评价，但该方法毒性系数的确定还需进一步研究。该方法已被用于许多河流重金属评价中去，谢文平等对珠江下游沉积物重金属污染进行了风险评价；王晨等应用该方法对湘江衡阳段沉积物重金属进行了风险评价；Z. M. Wang 等对滦河底泥中 6 种重金属污染进行了风险评价；郭泌汐等应用潜在生态风险指数对青藏高原一些湖泊沉积物重金属污染情况作出了评价。

4.1.5 研究目的及意义

由于重金属具有易富集、毒性强等特点，引起了国内外学者广泛关注，水体重金属含量过高不仅对河流造成污染，还威胁着人类的生存与发展。同时沉积物中重金属在水环境中也非常重要，它含有多种生物所需的营养物质，但会积累许多污染物。当工业、生活等废水排入水体中后，在水里会沉降，沉积物中的污染要比水体中多得多。沉积物中重金属还会发生一些物理、化学变化，可能将重金属再次排到水体中，形成二次污染。因此在监测河流重金属时还需监测沉积物重金属浓度。

随着社会经济的发展，清水河受到各种人为因素的污染，造成河流重金属含量过高，破坏了其原有的生态系统，严重污染了清水河流域，并危害到人们的生活用水，使清水河流域的水环境面临巨大风险。

本研究在 2018 年 4 月、2018 年 7 月、2018 年 11 月对清水河 As、Cr、Hg、Pb 4 种重金属监测的基础上，进行重金属风险评价，以期把握清水河流域重金属污染风险现状，为清水河流域水环境污染防治提供理论支撑。

4.1.6 研究目标、内容及路线

4.1.6.1 研究目标

通过主成分分析法、聚类分析法研究清水河流域重金属时空分布特征；应用水质质量

指数法、内梅罗综合指数法等方法对清水河流域水体重金属污染风险进行评价；应用地累积指数法、潜在生态风险指数法、污染负荷指数法等方法对清水河流域沉积物重金属污染风险进行评价，期望把握清水河流域重金属污染风险的现状，为清水河流域重金属污染防治工作提供一定理论支撑。

4.1.6.2 研究内容

根据清水河水文规律和支流分布情况，在清水河干流上设置17个断面，支流冬至河设置3个断面，中河设置4个断面，中卫市第五排水沟设置2个断面，西河、苋麻河、双井子沟、折死沟、井沟、沙沿沟各设置1个断面，共设置32个采样断面。选取As、Cr、Hg、Pb 4个对清水河流域水体和沉积物影响较大的、国标中规定的重金属因子进行分析，主要内容如下。

（1）研究12个小流域2018年（4月、7月、11月）4项重金属因子的时空分布特征。

（2）在清水河流域重金属因子监测分析基础上，采用主成分分析法、聚类分析法进行排序和聚类，研究清水河流域不同水系重金属因子分布特征和联系。

（3）运用水质质量指数法、内梅罗综合指数法对清水河水体重金属进行风险评价。

（4）运用地累积指数法、潜在生态风险指数法、污染负荷指数法对清水河沉积物重金属进行污染风险评价。

4.1.6.3 研究路线

技术路线如图4.1所示。

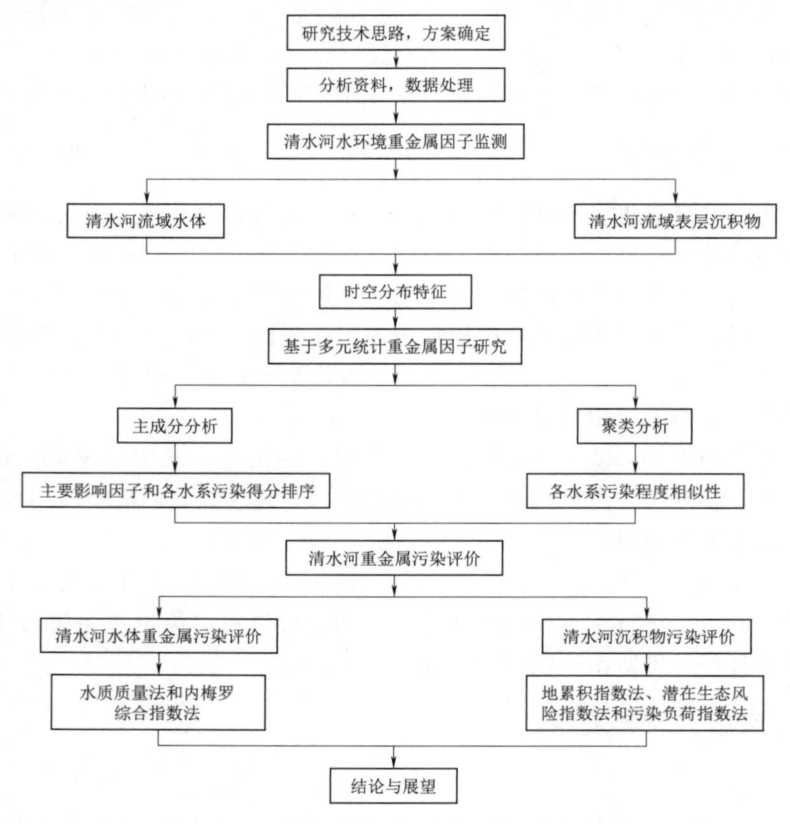

图4.1 技术路线图

4.2　清水河流域重金属时空分布特征研究

4.2.1　材料与方法

4.2.1.1　样点布设与采样时间

采样时间见 2.2.1.1 节，采样点位布设如图 2.2 所示。

4.2.1.2　样品采集与测定

水样采集参照 2.2.1.2 节，沉积物采集时使用抓斗式采泥器采集表层沉积物（0～20cm），样品采集后装入聚乙烯塑料瓶封装标记，并带回检测。沉积物去除杂质后，将其放入－20℃的冰箱中保存，取 200g 样品在烘箱中烘干，用研钵磨碎后再用 0.25mm 孔径筛过筛，最后用密封袋封装，贴好标签，保存在干燥地方待测。水质指标测定方法和标准见表 4.1。

表 4.1　　水质指标测定方法和标准

指标	方　法	标　准
Cr	火焰原子吸收分光光度法	HJ 757—2015
Pb	原子吸收分光光度法	GB 7475—1987
Hg	冷原子吸收分光光度法	HJ 597—2011
As	原子荧光法	HJ 694—2014

用电感耦合等离子体质谱仪测定沉积物中 As、Cr、Hg、Pb 的含量。沉积物样品在 $HNO_3/HCl/HF/H_2O_2$ 中用微波消解仪消解，采用空白样、平行样、国家沉积物标准样品 GSD－12 进行质量控制，检测空白样含量应低于 0.1μg/L，平行样之间标准偏差应小于 5%，测试值与实测值误差小于 5%，结果符合质量控制要求。

4.2.2　结果与讨论

4.2.2.1　水体 As 时空分布特征

清水河水体 As 浓度测定结果如图 4.2 所示，在整个流域的变化范围为 0.7～14.72μg/L，年平均值为 3.69μg/L，其中冬至河 As 浓度年均值最大，为 10.19μg/L，整体上清水河水体 As 的浓度为地表水Ⅰ类标准。从季节上看，As 浓度在苋麻河表现出季节变化规律为 4 月＞11 月＞7 月，沙沿沟没有明显季节变化规律，其余水系季节变化为 11 月＞4 月＞7 月。As 浓度从清水河上游段到下游段整体变化趋势不大，冬至河较高于其他水系。

4.2.2.2　水体 Cr 时空分布特征

清水河水体 Cr 浓度测定结果如图 4.3 所示，在整个流域的变化范围为 15.0～271.1μg/L，年平均值为 69.28μg/L，其中沙沿沟 Cr 浓度年均值最大，为 193.12μg/L，整体上清水河水体中 Cr 的浓度为地表水Ⅴ类标准。从季节上看，Cr 浓度在下游表现出季节变化规律为 4 月＞11 月＞7 月，沙沿沟则是 7 月＞11 月＞4 月，其余水系季节变化规律为 11 月>4 月>7 月。Cr 浓度从清水河上游段到下游段整体变化趋势不大，沙沿沟较高于其他水系。

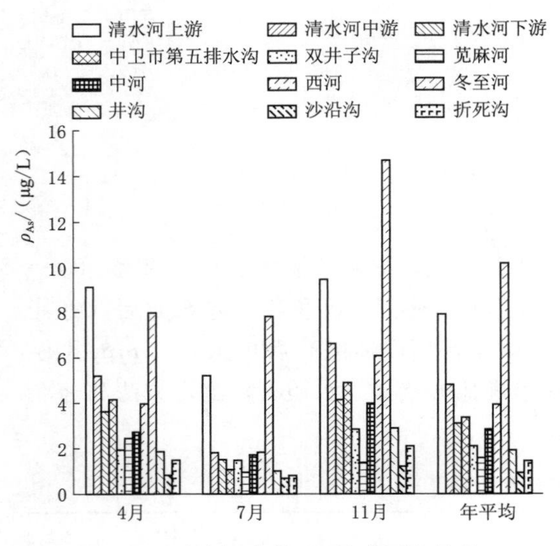

图 4.2　清水河水体 As 浓度测定结果

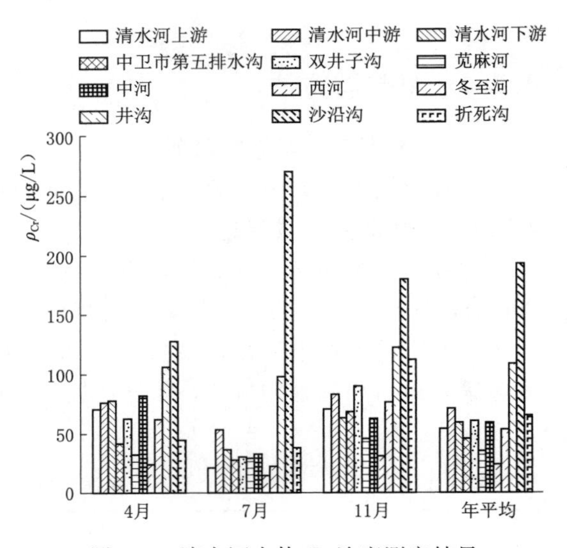

图 4.3　清水河水体 Cr 浓度测定结果

4.2.2.3　水体 Hg 时空分布特征

清水河水体 Hg 浓度测定结果如图 4.4 所示，在整个流域的变化范围为 0.04～0.51μg/L，年平均值为 0.23μg/L，其中井沟 Hg 浓度年均值最大，为 0.37μg/L，整体上清水河水体中 Hg 的浓度为地表水Ⅳ类标准。从季节上看，Hg 含量在井沟和折死沟 4 月和 7 月较小，11 月较大，上游则没有表现出明显季节变化规律，其余水系季节变化规律为 11 月>4 月>7 月。Hg 浓度从清水河上游段到下游段呈逐渐递增趋势，干流上游较低于其他水系。

4.2.2.4　水体 Pb 时空分布特征

清水河水体 Pb 浓度测定结果如图 4.5 所示，在整个流域的变化范围为 0.11～1.53μg/L，年平均值为 0.38μg/L，其中苋麻河 Pb 浓度年均值最大，为 1.06μg/L，整体上清水河水体中 Pb 的浓度为地表水Ⅰ类标准。从季节上看，Pb 浓度在冬至河和上游没有明显出明显季节变化规律，下游 11 月较高于 4 月和 7 月；中卫市第五排水沟和井沟则是 11 月>4 月>7 月，其余水系季节变化为 11 月>7 月>4 月。Hg 浓度从清水河上游段到下游段整体变化趋势不大，除了苋麻河较高于其他水系。

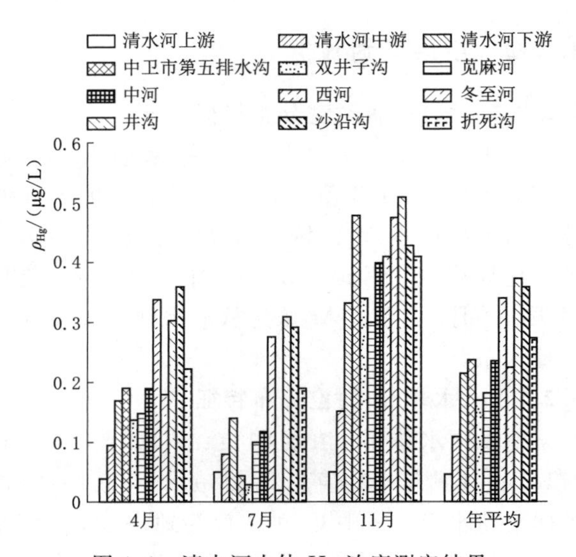

图 4.4　清水河水体 Hg 浓度测定结果

4.2.2.5 表层沉积物 As 时空分布特征

清水河表层沉积物 As 浓度测定结果如图 4.6 所示，在整个流域的变化范围为 6.14～13.68mg/kg，年平均值为 10.24mg/kg，其中西河 As 浓度年均值较大，为 11.66mg/kg，整体上清水河表层沉积物 As 的浓度未超过土壤环境质量一级标准。从季节上看，As 浓度在中卫市第五排水沟和沙沿沟没有表现出明显季节变化规律，井沟的变化规律为 11 月>7 月>4 月，清水河中游则是 4 月>11 月>7 月，其余水系季节变化为 11 月>4 月>7 月。As 浓度从清水河上游段到下游段整体变化趋势不大。

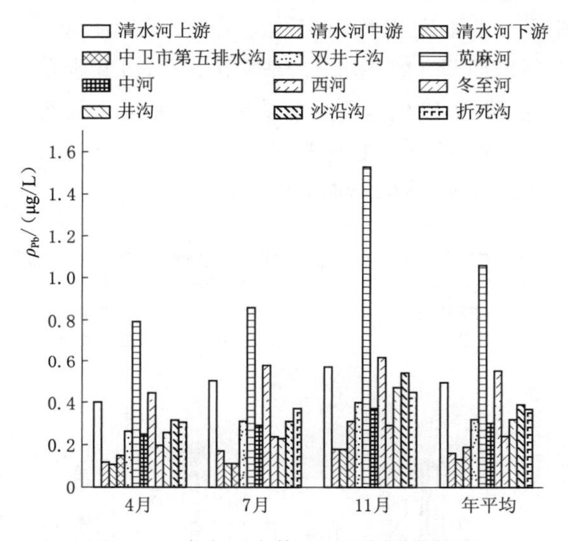

图 4.5 清水河水体 Pb 浓度测定结果

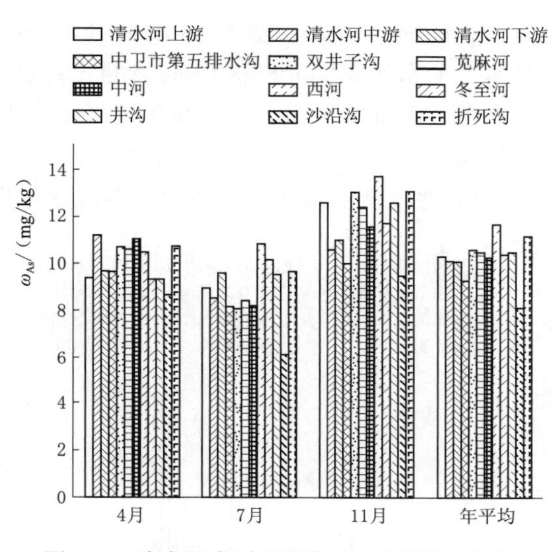

图 4.6 清水河表层沉积物 As 浓度测定结果

4.2.2.6 表层沉积物 Cr 时空分布特征

清水河表层沉积物 Cr 浓度测定结果如图 4.7 所示，在整个流域的变化范围为 16.3～96.02mg/kg，年平均值为 41.38mg/kg，其中苋麻河 Cr 浓度年均值最大，为 61.04mg/kg，整体上清水河表层沉积物 Cr 的浓度未超过土壤环境质量一级标准。从季节上看，Cr 含量在双井子沟季节变化规律为 4 月>11 月>7 月，苋麻河季节变化规律为 7 月>11 月>4 月，而井沟 4 月和 7 月较 11 月偏低，其余水系变化规律为 11 月>4 月>7 月。Cr 浓度从清水河上游段到下游段整体变化趋势不大，苋麻河较高于其他水系。

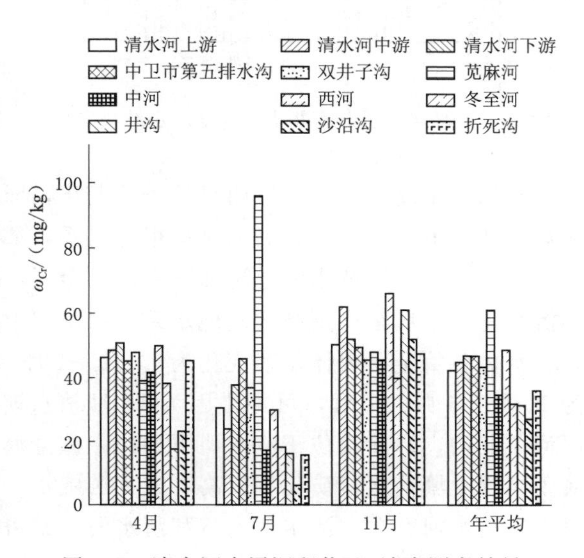

图 4.7 清水河表层沉积物 Cr 浓度测定结果

4.2.2.7 表层沉积物 Hg 时空分布特征

清水河表层沉积物 Hg 浓度测定结果如图 4.8 所示，在整个流域的变化范围为

0.02～0.74mg/kg，年平均值为0.2mg/kg，其中西河Hg浓度年均值最大，为0.42mg/kg，整体上清水河表层沉积物Hg的含量超过土壤环境质量一级标准。从季节上看，Hg含量在中卫市第五排水沟和中河没有明显季节变化规律，而双井子沟和折死沟季节变化规律为4月>11月>7月，其余水系变化规律为11月>4月>7月。Hg浓度从清水河上游段到下游段整体变化趋势不大，西河较高于其他水系。

4.2.2.8 表层沉积物Pb时空分布特征

清水河表层沉积物Pb浓度测定结果如图4.9所示，在整个流域的变化范围为2.68～21.22mg/kg，年平均值为14.0mg/kg，其中中河Pb浓度年均值最大，为17.62mg/kg，整体上清水河表层沉积物Pb的含量未超过土壤环境质量一级标准。从季节上看，Pb含量在中卫市第五排水沟、西河和冬至河的季节变化规律为11月>7月>4月，双井子沟和苋麻河的季节变化规律则为4月>11月>7月，其余水系季节变化规律为11月>4月>7月。Pb浓度从清水河上游段到下游段整体变化趋势不大，冬至河较低于其他水系。

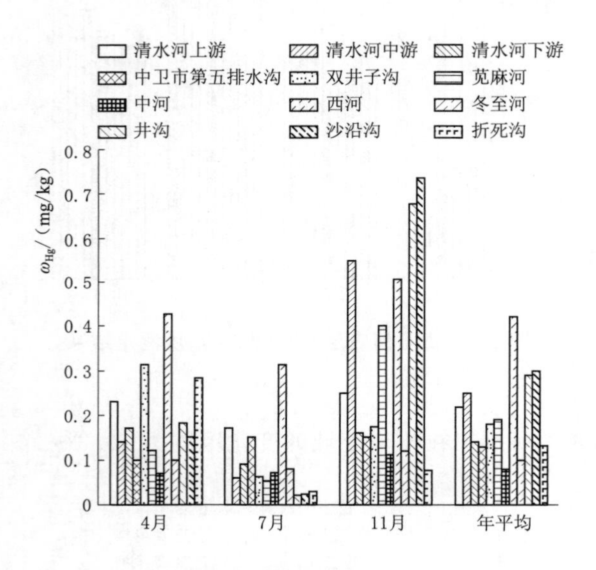

图4.8 清水河表层沉积物Hg浓度测定结果

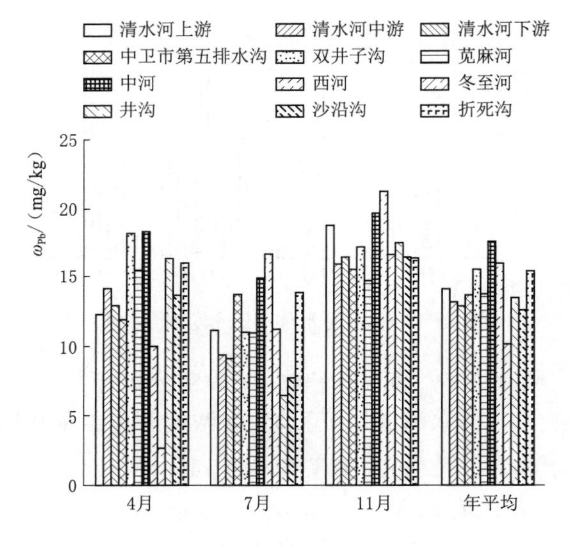

图4.9 清水河表层沉积物Pb浓度测定结果

有的重金属因子有比较明显的季节变化，而有些因子则没有较明显的季节变化。其变化规律还与地理环境、人为因素有很大联系，如井沟和沙沿沟的大部分水体重金属浓度较高于其他水系，而清水河上游和冬至河重金属浓度则低于其他水系；西河、井沟大部分表层沉积物重金属浓度则高于其他水系，清水河上游和清水河下游重金属浓度则低于其他水系。水体各重金属大体季节变化为11月>4月>7月，表层沉积物各重金属大体季节变化为11月>4月>7月，可能是因为11月枯水期水流量较小，所测的重金属的含量较高。西河、井沟、沙沿沟位于清水河下游段，重金属含量较高可能与该段为砖红色砂质泥岩，属于高岩土壤地区，矿化度较高，成为苦咸水；加上工业废水、城市生活污水、农药和肥料进入清水河有关。清水河上游和清水河下游可能是因为周边居民排放污水、工业废水较少，重金属含量较低。

4.2.3 小结

在 2018 年对清水河流域水体和表层沉积物重金属进行监测，水体中 As 在整个流域的年平均含量为 3.69μg/L，在地表水环境质量Ⅰ类标准内；水体中 Cr 在整个流域的年平均含量为 69.28μg/L，在地表水环境质量Ⅴ类标准内；水体中 Hg 在整个流域的年平均含量为 0.23μg/L，在地表水环境质量Ⅳ类标准内；水体中 Pb 在整个流域的年平均含量为 0.38μg/L，在地表水环境质量Ⅰ类标准内。表层沉积物中 As 在整个流域的年平均含量为 10.24mg/kg，在土壤环境质量一级标准内；表层沉积物中 Cr 在整个流域的年平均含量为 41.38mg/kg，在土壤环境质量一级标准内；表层沉积物中 Hg 在整个流域的年平均含量为 0.2mg/kg，超过土壤环境质量一级标准；表层沉积物中 Pb 在整个流域的年平均含量为 14.0mg/kg，在土壤环境质量一级标准内。

清水河流域水体重金属 As、Cr、Hg 的含量整体在 7 月均值较小，11 月和 4 月均值相对较大，表现出季节变化规律。水体中 Pb 的含量整体在 4 月均值较小，11 月和 7 月均值相对较大，表现出季节变化规律。表层沉积物中 As、Cr、Hg、Pb 的含量整体在 7 月均值较小，11 月和 4 月均值相对较大，表现出季节变化规律。水体中 Hg 浓度在整个流域呈现出逐渐增加的变化趋势，而 As、Cr、Pb 浓度整体变化趋势不大；表层沉积物中 As、Cr、Hg、Pb 的浓度从清水河上游段到下游段整体变化趋势不大。

4.3 基于主成分分析的清水河流域重金属研究

主成分分析法的目的是降维，把高维度问题降成低维度问题，从而降低课题研究的复杂性。通过线性变换简化数据，在尽量保持原有信息的基础上，将具有潜在联系的多个指标组合成几个相互独立的综合指标。不同的主成分之间存在正交关系，因此在水质评价上，同一主成分的水质参数具有相同的来源。

本研究采用主成分分析法对清水河流域水体和表层沉积物重金属因子及其影响程度进行分析，并根据其综合得分进行排序，来判断清水河流域 12 个小流域之间的重金属污染程度。

4.3.1 主成分分析法

1901 年美国专家 Pearson 在研究生物学理论时将主成分分析法引入其领域。1933 年 Hotelling 使用主成分分析法对心理学领域进行研究。之后 Karhunen 和 Loe′ve 进一步完善了主成分分析的思想，并应用到多个领域。主成分分析法应用于水环境研究时，保证原始数据包含的信息缺失最少的情况下，将许多有一定关联的水环境因子，转换为几个相互独立的综合指标，其综合指标可反映出水环境的信息。

最初主成分分析法大多应用于社会经济学领域，近十几年来随着理论的逐步完善和科学技术的飞快发展，主成分分析法在水质评价中逐渐得到应用。雷静等应用主成分分析法对平原区地下水进行研究，伍冠星对黑河流域的水环境质量应用主成分分析法进行研究，主成分分析法和聚类分析法在水生态系统区划和水环境管理中得到广泛应用。

主成分分析过程见2.3.1.1节。选取清水河水体和表层沉积物As、Cr、Hg、Pb 4个指标进行分析，用DPS软件对这些指标进行处理，建立原始数据矩阵，得出相关系数矩阵，然后对4项指标进行主成分分析，按照累积贡献率大于85%进行，然后选取旋转后因子荷载值大于0.6的因子，并对主要因子分析，以此来判定污染主要来源于哪个方面，并对污染源进行分析。将各指标的主成分得分乘以相应贡献率，并求和得到各指标的综合得分，然后按大小对其排序，以此确定清水河水体和沉积物的主要重金属因子和其影响程度的大小。再将清水河12个小流域的得分乘以方差贡献率并求和得出各水系的综合得分，并依照分值大小对其进行排序，来确定清水河水体和沉积物12个小流域之间重金属的污染影响程度。

4.3.2 结果与讨论

4.3.2.1 2018年4月清水河流域水体重金属分析

2018年4月清水河流域水体主成分特征值变化曲线如图4.10所示、主成分分析结果见表4.2和表4.3。清水河流域水体重金属2018年4月提取出3个主成分，其累计方差贡献率达到89.85%，满足大于85%的选取原则。清水河重金属因子可分为三类：第一主成分的贡献率为44.09%，根据载荷矩阵，与第一主成分相关的是As、Hg两个因子，且具有较高的正荷载，主要反映As、Hg两个因子的污染状况，且As和Hg的相关系数达到0.687，表明清水河水体中As和Hg主要来自同一污染源，As和Hg的含量可能与清水河周边农田退水、工业污水及城镇生活污水的排放有关；第二主成分贡献率为33.22%，与该成分相关的是Pb，且具有较高的正荷载，主要反映清水河水体的特征指标，其来源主要和清水河周边工厂重金属冶炼、化工制造业及造纸厂等污水的排放有关；第三主成分贡献率为12.53%，与第三主成分相关的是Cr，其因子变量在Cr上具有较高的正荷载，可能与清水河周边电镀类工业及金属冶炼的废水排放有关。

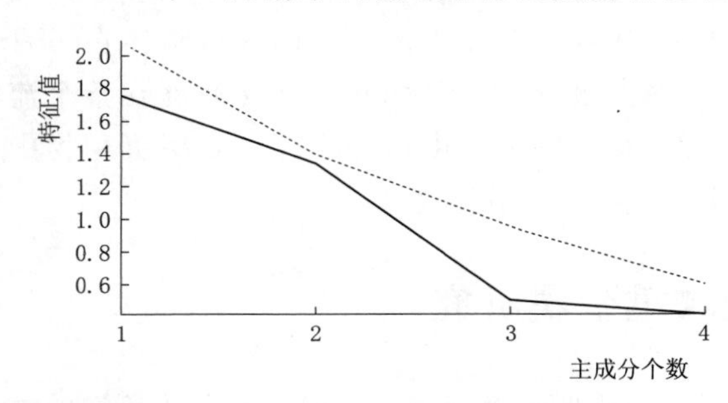

图4.10 2018年4月清水河流域水体主成分特征值变化曲线

表4.2 2018年4月清水河流域水体重金属主成分特征值及贡献率

变量	因子1	因子2	因子3	共同度	特殊方差
As	−0.7489	−0.473	0.1883	0.82	0.18
Cr	0.6553	−0.5582	0.4985	0.9894	0.0106
Hg	0.7956	0.3915	−0.0139	0.7865	0.2135
Pb	−0.3748	0.8002	0.4658	0.9979	0.0021
特征值	1.7638	1.3289	0.5012	—	—
百分比/%	44.09	33.22	12.53	—	—
累计贡献/%	44.09	77.32	89.85	—	—

表 4.3 2018年4月清水河流域水体重金属旋转因子荷载矩阵

变量	因子1	因子2	因子3	共同度	特殊方差
As	0.9055	0.0105	−0.0067	0.82	0.18
Cr	−0.1368	−0.2475	0.9536	0.9894	0.0106
Hg	0.8644	0.0345	0.1952	0.7865	0.2135
Pb	0.0241	0.9709	−0.2339	0.9979	0.0021
方差贡献	1.5864	1.0051	1.0023	—	—
累计贡献/%	39.6593	64.788	89.8459	—	—

2018年4月的主成分综合得分见表4.4和表4.5。根据各因子分值乘以方差贡献率求和得到各重金属因子的综合得分，从表4.4可以发现清水河流域水体4种重金属排序为：Hg＞Cr＞Pb＞As。综合分析，Cr、Hg、Pb主要来自清水河流域周边工业废水、城镇生活污水、农业污水的排放，地下水中补给水的矿物质和水文侵蚀及土壤岩石风化中的无机盐类，重金属As是一种有毒的物质，一般存在比较少。从表4.5可以看出清水河12个小流域重金属污染排序为：沙沿沟＞苋麻河＞西河＞井沟＞折死沟＞中河＞双井子沟＞清水河下游＞清水河上游＞冬至河＞中卫市第五排水沟＞清水河中游，其综合污染指数较高的点主要位于清水河中下游段，主要是沙沿沟、苋麻河、西河、井沟、折死沟。造成清水河中下游段水质较差的主要原因是清水河周边工业、农业污染、城镇生活污染及中下游段属于高岩土壤地区，矿化度较高，为苦咸水所导致。

表 4.4 2018年4月清水河流域水体重金属因子得分及排序

评价指标	因子1	因子2	因子3	综合得分	排序
As	−0.6156	0.1223	0.2331	−0.2016	4
Cr	0.533	0.057	0.0614	0.2616	2
Hg	−0.044	1.0924	0.2773	0.3782	1
Pb	−0.1242	0.2572	1.1058	0.1692	3

表 4.5 2018年4月清水河流域水体各采样点因子得分及综合污染指数

子流域	因子1	因子2	因子3	综合污染指数	排序
清水河上游	−2.2119	1.0109	0.7699	−0.5429	9
清水河中游	−0.9239	−0.7588	0.2439	−0.6289	12
清水河下游	−0.1294	−1.0783	0.1292	−0.3991	8
中卫市第五排水沟	0.0116	−1.3565	−1.1633	−0.5913	11
双井子沟	0.124	−0.3015	−0.3567	−0.0902	7
苋麻河	0.0779	2.238	−0.7387	0.6853	2
中河	0.2263	−0.332	−0.2742	−0.0449	6
西河	0.8765	0.9418	−1.1449	0.5559	3
冬至河	−1.0763	−0.3438	0.117	−0.5741	10
井沟	0.8986	−0.232	1.2642	0.4775	4
沙沿沟	1.355	0.3401	2.1005	0.9736	1
折死沟	0.7716	−0.1279	−0.9468	0.1791	5

4.3.2.2 2018 年 7 月清水河流域水体重金属分析

2018 年 7 月清水河流域水体主成分特征值变化曲线如图 4.11 所示、主成分分析结果见表 4.6 和表 4.7。清水河流域水体重金属 2018 年 7 月提取出前 3 个主成分，其累计贡献率达到 91.05%，满足大于 85%的选取原则。清水河重金属因子可分为三类：第一主成分的贡献率为 48.58%，根据载荷矩阵，与该成分相关为 Cr、Hg 两个因子，且具有较高的正荷载，反映了 Cr 和 Hg 的污染状况，两个因子的相关系数为 0.658，表明清水河水体中 Cr 和 Hg 主要来自同一污染源，Cr 和 Hg 的含量主要来源于清水河周边工厂的金属冶炼和电镀类工业污水的排放、附近村庄焚烧垃圾及农药和化肥的不合理使用；第二主成分贡献率为 25.79%，与第二主成分相关的为因子 As，其因子变量在 As 上具有较高的正荷载，其重金属 As 是一种有毒物质，主要来自清水河周边农田农药和化肥的不合理使用；第三主成分贡献率为 16.68%，与该成分相关的是 Pb，且具有较高的正荷载，主要反映清水河水体的特征指标，其来源主要和清水河周边工厂重金属冶炼、化工制造业及造纸厂等污水的排放有关。

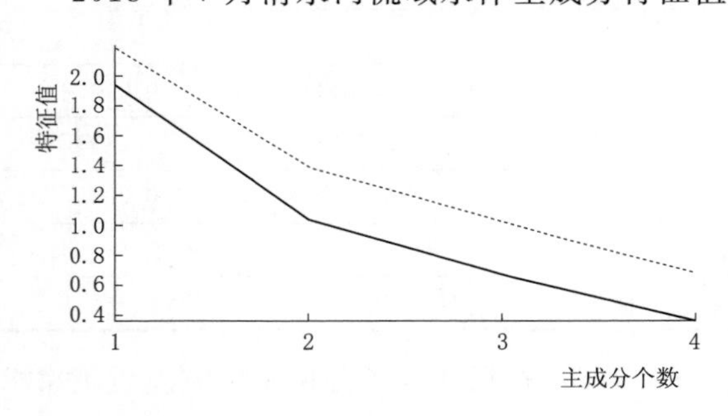

图 4.11 2018 年 7 月清水河流域水体主成分特征值变化曲线

表 4.6 2018 年 7 月清水河流域水体重金属主成分特征值及贡献率

变量	因子 1	因子 2	因子 3	共同度	特殊方差
As	−0.733	−0.1236	0.6466	0.9707	0.0293
Cr	0.7734	−0.3266	0.4268	0.8869	0.1131
Hg	0.8825	−0.0001	0.1188	0.7929	0.2071
Pb	0.1699	0.9538	0.23	0.9915	0.0085
特征值	1.943	1.0317	0.6673	—	—
百分比/%	48.58	25.79	16.68	—	—
累计贡献/%	48.58	74.37	91.05	—	—

表 4.7 2018 年 7 月清水河流域水体重金属旋转因子荷载矩阵

变量	因子 1	因子 2	因子 3	共同度	特殊方差
As	−0.2021	0.9633	0.0439	0.9707	0.0293
Cr	0.9351	0.0679	−0.0888	0.8869	0.1131
Hg	0.7679	−0.4237	−0.154	0.7929	0.2071
Pb	0.003	0.0514	0.9944	0.9915	0.0085
方差贡献	1.505	1.1147	1.0223	—	—
累计贡献/%	37.6249	65.4914	91.0495	—	—

2018 年 7 月的主成分综合得分见表 4.8 和表 4.9。根据各因子分值乘以方差贡献率求和得到各重金属因子的综合得分，从表 4.8 可以发现清水河流域水体 4 种重金属排序为：Cr>Hg>As>Pb，综合分析，Cr、Hg、Pb 主要来自清水河流域周边工业废水、城镇生活污水、农业污水的排放，地下水中补给水的矿物质和水文侵蚀及土壤岩石风化中的无机盐类，重金属 As 是一种有毒的物质，一般存在比较少。从表 4.9 可以看出清水河 12 个小流域重金属污染排序为：沙沿沟>井沟>清水河下游>折死沟>清水河中游>西河>中河>中卫市第五排水沟>双井子沟>苋麻河>清水河上游>冬至河，其综合污染指数较高的点主要位于清水河中下游段，主要是沙沿沟、井沟、清水河下游、折死沟。造成清水河中下游段水质较差的主要原因是清水河周边工业、农业污染、城镇生活污染及中下游段属于高岩土壤地区，矿化度较高，为苦咸水所导致。

表 4.8　2018 年 7 月清水河流域水体重金属因子得分及排序

评价指标	因子 1	因子 2	因子 3	综合得分	排序
As	0.2548	−1.0109	−0.0962	−0.1530	3
Cr	0.7481	−0.3208	0.0734	0.2929	1
Hg	0.4584	0.1249	−0.1109	0.2364	2
Pb	0.007	−0.0926	−0.9863	−0.1850	4

表 4.9　2018 年 7 月清水河流域水体各采样点因子得分及综合污染指数

子流域	因子 1	因子 2	因子 3	综合污染指数	排序
清水河上游	−0.3855	−1.4282	−0.6106	−0.6575	11
清水河中游	−0.328	0.1969	1.0335	0.0638	5
清水河下游	−0.2854	0.4995	1.0204	0.1604	3
中卫市第五排水沟	−0.8395	0.6056	0.9168	−0.0987	8
双井子沟	−0.8309	0.3376	0.316	−0.2639	9
苋麻河	−0.5758	0.4009	−2.5403	−0.6001	10
中河	−0.3803	0.3046	0.2843	−0.0588	7
西河	0.1404	0.4269	−0.942	0.0212	6
冬至河	−0.1973	−2.6057	0.3692	−0.7063	12
井沟	1.0474	0.5789	0.1333	0.6804	2
沙沿沟	2.7605	−0.105	0.0487	1.3221	1
折死沟	−0.1256	0.7881	−0.0292	0.1374	4

4.3.2.3　2018 年 11 月清水河流域水体重金属分析

2018 年 11 月清水河流域水体主成分特征值变化曲线如图 4.12 所示、主成分分析结果见表 4.10 和表 4.11。清水河水体重金属 2018 年 11 月提取出 3 个主成分，其累计贡献率为 90.26%，满足大于 85%的选取原则。清水河重金属因子可分为三类：第一主成分的贡献率为 38.27%，根据载荷矩阵，与该成分相关的是 As、Pb 两个因子，且具有较高的正荷载，第一主成分主要反映了 As 和 Pb 的污染状况，且 As 和 Pb 的相关系数达到

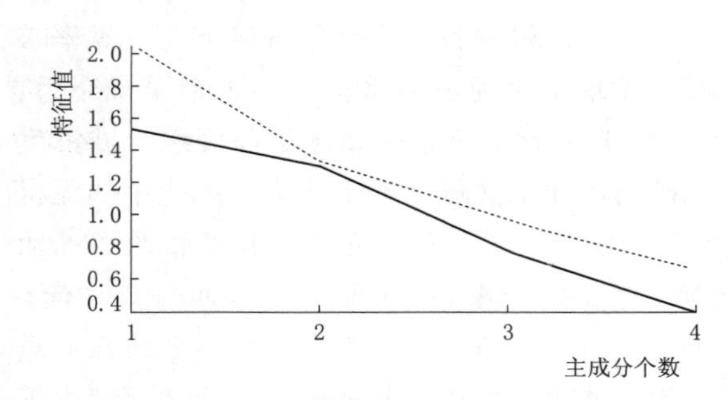

图 4.12　2018 年 11 月清水河流域水体主成分特征值变化曲线

0.745，表明清水河水体中 As 和 Pb 主要来自相同污染源，可能与清水河周边农田化肥的不合理使用及工业废水的排放有关；第二主成分贡献率为 32.62%，与该成分相关的为因子 Cr，且具有较高的正荷载，其来源可能与清水河周边工厂重金属冶炼、钢铁制造业及造纸厂等污水的排放有关；第三主成分贡献率为 19.37%，与该成分相关的是 Hg，且具有较高的正荷载，可能与清水河周边农田农药、化肥的不合理使用有关。

表 4.10　　2018 年 11 月清水河流域水体重金属主成分特征值及贡献率

变量	因子 1	因子 2	因子 3	共同度	特殊方差
As	−0.7207	0.5453	0.1711	0.846	0.154
Cr	0.783	0.2952	−0.4306	0.8857	0.1143
Hg	0.631	0.2685	0.7275	0.9995	0.0005
Pb	0.0082	−0.921	0.1754	0.8791	0.1209
特征值	1.5307	1.3049	0.7747	—	—
百分比/%	38.27	32.62	19.37	—	—
累计贡献/%	38.27	70.89	90.26	—	—

表 4.11　　2018 年 11 月清水河流域水体重金属旋转因子荷载矩阵

变量	因子 1	因子 2	因子 3	共同度	特殊方差
As	0.6699	−0.6197	−0.1155	0.846	0.154
Cr	−0.16	0.9174	0.1361	0.8857	0.1143
Hg	0.0195	0.1331	0.9907	0.9995	0.0005
Pb	0.9129	−0.202	−0.0705	0.8791	0.1209
方差贡献	1.308	1.2841	1.0182	—	—
累计贡献/%	32.7007	64.8035	90.2597	—	—

2018 年 11 月的主成分综合得分见表 4.12 和表 4.13。根据各因子分值乘以方差贡献率求和得到各重金属因子的综合得分，从表 4.12 可以看出清水河流域水体 4 种重金属排序为：Cr＞Hg＞As＞Pb，对其进行综合分析，Cr、Hg、Pb 主要来自清水河流域周边工业废水、城镇生活污水、农业污水的排放，地下水中补给水的矿物质和水文侵蚀及土壤岩石风化中的无机盐类，重金属 As 是一种有毒的物质，一般存在比较少。从表 4.13 可以看出清水河 12 个小流域重金属污染排序为：沙沿沟＞井沟＞冬至河＞折死沟＞中卫市第五排水沟＞中河＞清水河下游＞清水河中游＞双井子沟＞清水河上游＞西河＞苋麻河，其综合污染指数较高的点主要位于清水河中下游段，主要是沙沿沟、井沟、折死沟。造成清

水河中下游段水质较差的主要原因是清水河周边工业、农业污染、城镇生活污染及中下游段属于高岩土壤地区，矿化度较高，为苦咸水。

表 4.12　　2018 年 11 月清水河流域水体重金属因子得分及排序

评价指标	因子 1	因子 2	因子 3	综合得分	排序
As	0.483	−0.4594	0.0278	0.0404	3
Cr	0.1722	0.7591	−0.1265	0.2890	1
Hg	−0.0179	−0.1727	1.0316	0.1366	2
Pb	−0.7113	−0.2078	0.0203	−0.3361	4

表 4.13　　2018 年 11 月清水河流域水体各采样点因子得分及综合污染指数

子流域	因子 1	因子 2	因子 3	综合污染指数	排序
清水河上游	0.3698	−0.4724	−2.233	−0.4451	10
清水河中游	0.8402	0.2009	−1.5471	0.0874	8
清水河下游	0.4197	−0.1158	−0.1445	0.0949	7
中卫市第五排水沟	0.2571	−0.3607	0.9658	0.1678	5
双井子沟	−0.0631	0.4152	−0.1671	0.0789	9
苋麻河	−2.6983	−0.8709	−0.2721	−1.3694	12
中河	0.0922	0.0893	0.3143	0.1253	6
西河	−0.3685	−1.3197	0.5854	−0.4581	11
冬至河	1.5576	−1.3632	0.9879	0.3428	3
井沟	−0.0744	0.8042	1.0101	0.4295	2
沙沿沟	−0.1592	2.1781	0.2134	0.6909	1
折死沟	−0.1732	0.8151	0.2868	0.2552	4

4.3.2.4　2018 年 4 月清水河流域表层沉积物重金属分析

2018 年 4 月清水河流域表层沉积物主成分特征值变化曲线如图 4.13 所示、主成分分析结果见表 4.14 和表 4.15。清水河表层沉积物重金属 2018 年 4 月提取出 3 个主成分，累计贡献率达到 94.34%，满足大于 85%的选取原则。清水河重金属因子可分为三类：第一主成分的贡献率为 45.66%，根据载荷矩阵，与该成分相关的是 As、Cr 两个因子，其因子变量在 As 和 Cr 上具有较高的正荷载，第一主成分主要反映了 As 和 Cr 的污染状况，且 As 和 Cr 的相关系数达到 0.683，表明清水河表层沉积物中 As 和 Cr 主要来自同一污染源，其可能与清水河周边农田化肥的不合理使用及周边工厂、生活污水的排放有关；第二主成分贡献率为 28.54%，与该成分相关的是 Pb，且具有较高的正荷载，主要反映清水河表层沉积

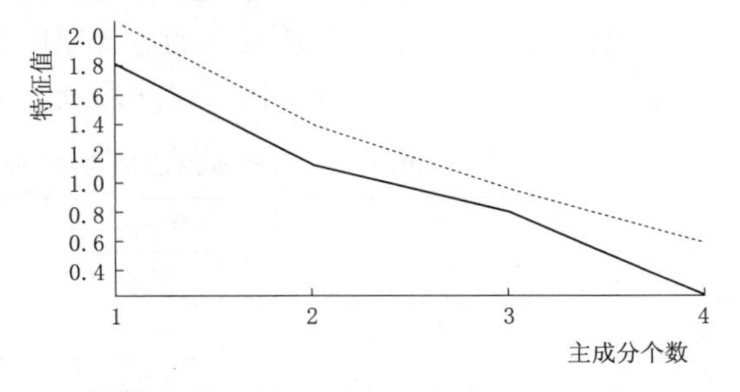

图 4.13　2018 年 4 月清水河流域表层沉积物主成分特征值变化曲线

物的特征指标，其来源可能与清水河周边工厂冶炼、钢铁制造业及造纸厂等污水的排放有关；第三主成分贡献率为20.13%，与该成分相关的为因子Hg，且具有较高的正荷载，可能与清水河周边农田农药、化肥的不合理使用有关。

表4.14 2018年4月清水河流域表层沉积物重金属主成分特征值及贡献率

变量	因子1	因子2	因子3	共同度	特殊方差
As	0.8818	0.2271	−0.2662	0.9	0.1
Cr	0.7585	−0.4788	−0.3453	0.9238	0.0762
Hg	0.5277	−0.3943	0.7507	0.9975	0.0026
Pb	0.4417	0.8398	0.2276	0.9522	0.0478
特征值	1.8264	1.1416	0.8054	—	—
百分比/%	45.66	28.54	20.13	—	—
累计贡献/%	45.66	74.2	94.34	—	—

表4.15 2018年4月清水河流域表层沉积物重金属旋转因子荷载矩阵

变量	因子1	因子2	因子3	共同度	特殊方差
As	0.7883	0.5264	0.0379	0.9	0.1
Cr	0.9259	−0.1624	0.2002	0.9238	0.0762
Hg	0.1497	0.039	0.9867	0.9974	0.0026
Pb	0.0063	0.9752	0.0343	0.9522	0.0478
方差贡献	1.5012	1.256	1.0162	—	—
累计贡献/%	37.5306	68.9307	94.3356	—	—

2018年4月的主成分综合得分见表4.16和表4.17。根据各因子分值乘以方差贡献率求和得到各重金属因子的综合得分，从表4.16可以看出清水河流域表层沉积物4种重金属排序为：Hg＞Cr＞Pb＞As，对其进行综合分析，Cr、Hg、Pb主要来自清水河流域周边工业废水、城镇生活污水、农业污水的排放，地下水中补给水的矿物质和水文侵蚀及土壤岩石风化中的无机盐类，重金属As是一种有毒的物质，一般存在比较少。从表4.17可以看出清水河12个小流域重金属污染排序为：双井子沟＞折死沟＞西河＞清水河中游＞中河＞苋麻河＞清水河下游＞清水河上游＞中卫市第五排水沟＞井沟＞冬至河＞沙沿沟，其综合污染指数较高的点主要位于清水河中下游段，主要是双井子沟、折死沟、西河。造成清水河中下游段水质较差的主要原因是清水河周边工业、农业污染、城镇生活污染及中下游段属于高岩土壤地区，矿化度较高，为苦咸水所导致。

表4.16 2018年4月清水河流域表层沉积物重金属因子得分及排序

评价指标	因子1	因子2	因子3	综合得分	排序
As	−0.1509	0.0159	1.0241	0.1418	4
Cr	0.6746	−0.2766	−0.0279	0.2235	2
Hg	0.5062	0.3153	−0.1621	0.2885	1
Pb	−0.155	0.8086	0.0419	0.1684	3

表 4.17　　2018 年 4 月清水河流域表层沉积物各采样点因子得分及综合污染指数

子流域	因子 1	因子 2	因子 3	综合污染指数	排序
清水河上游	−0.1161	−0.6345	0.4975	−0.1340	8
清水河中游	1.2106	0.3437	−0.7273	0.5044	4
清水河下游	0.4257	−0.5276	−0.153	0.0130	7
中卫市第五排水沟	0.1777	−0.59	−0.8243	−0.2532	9
双井子沟	0.4873	1.0037	1.0977	0.7299	1
苋麻河	0.2209	0.6305	−0.7551	0.1288	6
中河	0.6268	1.2754	−1.3215	0.3842	5
西河	0.6176	−0.6921	2.1551	0.5183	3
冬至河	−0.106	−2.273	−0.8393	−0.8661	11
井沟	−2.0584	0.8728	0.1506	−0.6605	10
沙沿沟	−1.9463	−0.051	−0.0701	−0.9173	12
折死沟	0.4602	0.6422	0.7897	0.5524	2

4.3.2.5　2018 年 7 月清水河流域表层沉积物重金属分析

2018 年 7 月清水河流域表层沉积物主成分特征值变化曲线如图 4.14 所示、主成分分析结果见表 4.18 和表 4.19。清水河表层沉积物重金属 7 月提取出 3 个主成分，其累计贡献率为 91.51%，满足大于 85%选取原则。清水河重金属因子可分为三类：第一主成分的贡献率为 50.3%，根据旋转因子载荷矩阵，与第一主成分相关的是 Pb 和 Hg，其因子变量在 Pb 和 Hg 上具有较高的正荷载，第一主成分主要反映了 Pb 和 Hg 的污染状况，且 Pb 和 Hg 的相关系数达到 0.649，表明清水河表层沉积物中 Pb 和 Hg 主要来自同一污染源，Pb 和 Hg 的含量可能与清水河周边农田化肥和农药的不合理使用、钢铁制造业及造纸厂排放有关；第二主成分贡献率为 25.03%，与该成分相关的为因子 As，其因子变量在 As 上具有较高的正荷载，重金属 As 是一种有毒物质，主要来自清水河周边农田农药和化肥的不合理使用；第三主成分贡献率为 16.18%，与该成分相关的是 Cr，其因子变量在 Cr 上具有较高的正荷载，可能与清水河周边电镀类工业及金属冶炼的废水排放有关。

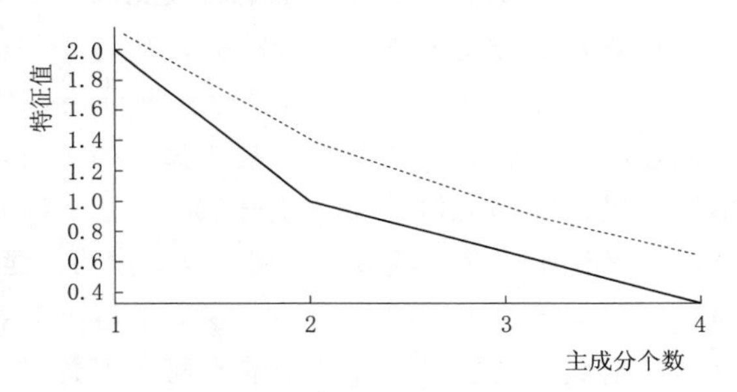

图 4.14　2018 年 7 月清水河流域表层沉积物主成分特征值变化曲线

表 4.18　　2018 年 7 月清水河流域表层沉积物重金属主成分特征值及贡献率

变量	因子 1	因子 2	因子 3	共同度	特殊方差
As	0.7134	−0.2522	0.6413	0.9838	0.0162
Cr	0.1794	0.968	0.1749	0.9998	0.0002

续表

变量	因子1	因子2	因子3	共同度	特殊方差
Hg	0.8838	−0.0147	−0.1521	0.8044	0.1956
Pb	0.8306	0.0231	−0.4268	0.8726	0.1274
特征值	2.0121	1.0013	0.6471	—	—
百分比/%	50.3	25.03	16.18	—	—
累计贡献/%	50.3	75.34	91.51	—	—

表4.19 2018年7月清水河流域表层沉积物重金属旋转因子荷载矩阵

变量	因子1	因子2	因子3	共同度	特殊方差
As	0.2408	0.9621	−0.0122	0.9838	0.0162
Cr	0.0625	−0.0071	0.9979	0.9998	0.0002
Hg	0.8216	0.3531	0.069	0.8044	0.1956
Pb	0.9286	0.0935	0.0394	0.8726	0.1274
方差贡献	1.5992	1.0591	1.0023	—	—
累计贡献/%	39.9791	66.4559	91.513	—	—

2018年7月的主成分综合得分见表4.20和表4.21。根据各因子分值乘以方差贡献率求和得到各重金属因子的综合得分，从表4.20可以看出清水河流域表层沉积物4种重金属排序为：Hg＞Pb＞As＞Cr，对其进行综合分析，Cr、Hg、Pb主要来自清水河流域周边工业废水、城镇生活污水、农业污水的排放，地下水中补给水的矿物质和水文侵蚀及土壤岩石风化中的无机盐类，重金属As是一种有毒的物质，一般存在比较少。从表4.21可以看出清水河12个小流域重金属污染排序为：西河＞中卫市第五排水沟＞清水河下游＞苋麻河＞中河＞冬至河＞折死沟＞清水河上游＞双井子沟＞清水河中游＞井沟＞沙沿沟，其综合污染指数较高的点主要位于清水河中下游段，主要是西河、中卫市第五排水沟、清水河下游、苋麻河。造成清水河中下游段水质较差的主要原因是清水河周边工业、农业污染、城镇生活污染及中下游段属于高岩土壤地区，矿化度较高，为苦咸水。

表4.20 2018年7月清水河流域表层沉积物重金属因子得分及排序

评价指标	因子1	因子2	因子3	综合得分	排序
As	−0.2513	1.0527	0.0164	0.1397	3
Cr	−0.0654	0.022	1.0055	0.1353	4
Hg	0.7078	−0.3176	−0.0656	0.2659	1
Pb	0.4959	0.0487	−0.0072	0.2605	2

表4.21 2018年7月清水河流域表层沉积物各采样点因子得分及综合污染指数

子流域	因子1	因子2	因子3	综合污染指数	排序
清水河上游	−0.7161	0.8703	0.3382	−0.0876	8
清水河中游	−0.5726	−0.1033	−0.267	−0.3571	10

续表

子流域	因子 1	因子 2	因子 3	综合污染指数	排序
清水河下游	0.3969	0.1343	−0.0285	0.2286	3
中卫市第五排水沟	0.9836	−0.7915	0.5679	0.3885	2
双井子沟	−0.1142	−0.6653	0.2357	−0.1858	9
苋麻河	−0.4169	−0.2888	2.7963	0.1705	4
中河	0.8665	−0.9683	−0.6808	0.0833	5
西河	2.1722	1.2678	−0.1607	1.3839	1
冬至河	−0.3471	1.132	−0.5345	0.0223	6
井沟	−1.6845	1.0389	−0.5229	−0.6719	11
沙沿沟	−0.6444	−2.0037	−1.0276	−0.9919	12
折死沟	0.0766	0.3774	−0.7161	0.0171	7

4.3.2.6 2018 年 11 月清水河流域表层沉积物重金属分析

2018 年 11 月清水河流域表层沉积物主成分特征值变化曲线如图 4.15 所示、主成分分析结果见表 4.22 和表 4.23。清水河流域表层沉积物重金属 11 月提取出 3 个主成分，其累计贡献率达到 94.38%，满足大于 85%选取原则。清水河重金属因子可分为三类：第一主成分的贡献率为 45.49%，根据旋转因子载荷矩阵，与该成分相关的是 Cr、Hg 两个因子，且具有较高的正荷载，主要反映了 Cr 和 Hg 的污染状况，其相关系数达到 0.712，表明清水河表层沉积物中 Cr 和 Hg 主要来自同一污染源，Cr 和 Hg 的含量主要来源于清水河周边工厂的金属冶炼和电镀类工业污水的排放、附近村庄焚烧垃圾及农药和化肥的不合理使用；第二主成分贡献率为 36.99%，与该成分相关的是 Pb，且具有较高的正荷载，主要反映清水河表层沉积物的特征指标，其来源主要和周边工厂冶炼、化工制造业及造纸厂等污水的排放有关；第三主成分贡献率为 11.19%，与该成分相关的为因子 As，其因子变量在 As 上具有较高的正荷载，其重金属 As 是一种有毒物质，主要来自清水河周边农田农药和化肥的不合理使用。

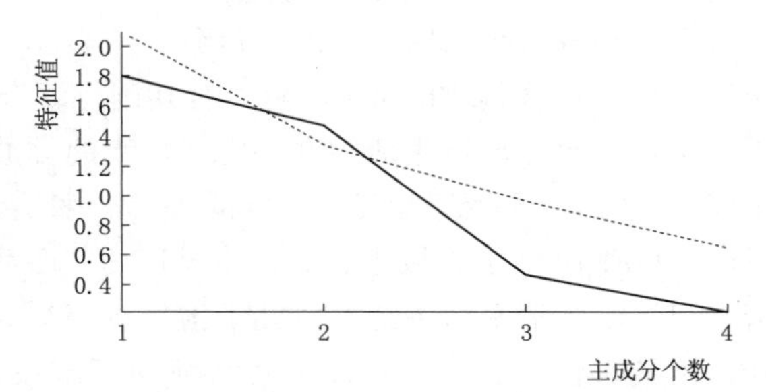

图 4.15 2018 年 11 月清水河流域表层沉积物主成分特征值变化曲线

表 4.22 2018 年 11 月清水河流域表层沉积物重金属主成分特征值及贡献率

变量	因子 1	因子 2	因子 3	共同度	特殊方差
As	0.2874	0.829	0.4769	0.9974	0.0027
Cr	0.9175	−0.2058	0.0487	0.8866	0.1134
Hg	0.7468	−0.572	0.1292	0.9016	0.0984
Pb	0.5808	0.6502	−0.479	0.9896	0.0104

续表

变量	因子 1	因子 2	因子 3	共同度	特殊方差
特征值	1.8196	1.4796	0.4759	—	—
百分比/%	45.49	36.99	11.9	—	—
累计贡献/%	45.49	82.48	94.38	—	—

表 4.23 2018 年 11 月清水河流域表层沉积物重金属旋转因子荷载矩阵

变量	因子 1	因子 2	因子 3	共同度	特殊方差
As	−0.0456	0.2461	0.9668	0.9973	0.0027
Cr	0.8983	0.2659	0.095	0.8866	0.1134
Hg	0.9362	−0.0681	−0.1432	0.9016	0.0984
Pb	0.1086	0.9551	0.256	0.9896	0.0104
方差贡献	1.6972	1.0481	1.0298	—	—
累计贡献/%	42.429	68.6324	94.3766	—	—

2018 年 11 月的主成分综合得分见表 4.24 和表 4.25。根据各因子分值乘以方差贡献率求和得到各重金属因子的综合得分，从表 4.24 可以看出清水河流域表层沉积物 4 种重金属排序为：Hg＞Pb＞Cr＞As，对其进行综合分析，Cr、Hg、Pb 主要来自清水河流域周边工业废水、城镇生活污水、农业污水的排放，地下水中补给水的矿物质和水文侵蚀及土壤岩石风化中的无机盐类，重金属 As 是一种有毒的物质，一般存在比较少。从表 4.25 可以看出清水河 12 个小流域重金属污染排序为：西河＞井沟＞沙沿沟＞清水河中游＞苋麻河＞清水河上游＞清水河下游＞双井子沟＞折死沟＞中河＞中卫市第五排水沟＞冬至河，其综合污染指数较高的点主要位于清水河中下游段，主要是西河、井沟、清水河中游、沙沿沟。造成清水河中下游段水质较差的主要原因是清水河周边工业、农业污染、城镇生活污染及中下游段属于高岩土壤地区，矿化度较高，为苦咸水。

表 4.24 2018 年 11 月清水河流域表层沉积物重金属因子得分及排序

评价指标	因子 1	因子 2	因子 3	综合得分	排序
As	0.0676	−0.33	1.1091	0.0407	4
Cr	0.5864	−0.2185	0.0077	0.1868	3
Hg	−0.1205	1.0947	−0.3092	0.3133	1
Pb	0.5202	0.0785	0.0857	0.2759	2

表 4.25 2018 年 11 月清水河流域表层沉积物各采样点因子得分及综合污染指数

子流域	因子 1	因子 2	因子 3	综合污染指数	排序
清水河上游	−1.1062	1.6471	−0.6764	0.0256	6
清水河中游	−0.3414	0.7977	0.383	0.1853	4
清水河下游	−0.3701	−0.0716	−0.5521	−0.2605	7
中卫市第五排水沟	−0.5676	−0.4131	−1.2711	−0.5623	11

续表

子流域	因子 1	因子 2	因子 3	综合污染指数	排序
双井子沟	−0.721	−0.2094	0.9424	−0.2933	8
苋麻河	0.9664	−0.2319	−1.8268	0.1364	5
中河	0.1315	−1.7435	0.891	−0.4791	10
西河	1.2654	1.8788	1.0745	1.3985	1
冬至河	−1.2719	−0.2558	−0.1153	−0.6869	12
井沟	1.5068	−0.2214	0.7015	0.6870	2
沙沿沟	1.2816	−0.5568	−0.6964	0.2942	3
折死沟	−0.7735	−0.62	1.1457	−0.4449	9

4.3.3 小结

2018 年 4 月清水河流域水体重金属因子提取出 3 个主成分，第一主成分为 As 和 Hg，第二主成分为 Pb，第三主成分为 Cr，其累积贡献率达到 89.85%。2018 年 7 月清水河流域水体重金属因子提取出 3 个主成分，第一主成分为 Cr 和 Hg，第二主成分为 Pb，第三主成分为 As，其累积贡献率达到 91.05%。2018 年 11 月清水河流域水体重金属因子提取出 3 个主成分，第一主成分为 As 和 Pb，第二主成分为 Cr，第三主成分为 Hg，其累积贡献率达到 90.26%。在 2018 年 3 个时期的主要成分基本可反映出清水河流域水体的信息。

2018 年 4 月清水河流域表层沉积物重金属因子提取出 3 个主成分，第一主成分为 As 和 Cr，第二主成分为 Pb，第三主成分为 Hg，其累积贡献率达到 94.34%。2018 年 7 月清水河流域表层沉积物重金属因子提取出 3 个主成分，第一主成分为 Pb 和 Hg，第二主成分为 As，第三主成分为 Cr，其累积贡献率达到 91.51%。2018 年 11 月清水河流域表层沉积物重金属因子提取出 3 个主成分，第一主成分为 Cr 和 Hg，第二主成分为 Pb，第三主成分为 As，其累积贡献率达到 94.38%。在 2018 年 3 个时期的主要成分基本可反映出清水河流域表层沉积物的信息。

2018 年 As、Cr、Hg、Pb 是清水河流域水体重金属主要影响因子，主要来源于清水河周边工业、农业、城镇生活污水的排放，地下水中补给水的矿物质和雨水侵蚀及土壤岩石风化中的无机盐类。4 月清水河流域水体重金属因子大小依次为：Hg＞Cr＞Pb＞As；7 月清水河流域水体重金属因子大小依次为：Cr＞Hg＞As＞Pb；11 月清水河流域水体 4 种重金属大小依次为：Cr＞Hg＞As＞Pb。综合 4 月、7 月和 11 月的结果，清水河流域水体 4 种重金属大小依次为：Cr＞Hg＞As＞Pb，重金属 Cr 是污染清水河水体的最主要因子，其次是 Hg，对生态环境影响较强，成为清水河流域仅次于 Cr 的主要因子。

2018 年 As、Cr、Hg、Pb 是清水河流域表层沉积物重金属主要影响因子，主要来源清水河周边工业、农业、城镇生活污水的排放，地下水中补给水的矿物质和雨水侵蚀及土壤岩石风化中的无机盐类。4 月清水河流域表层沉积物重金属因子大小依次为：Hg＞Cr＞Pb＞As；7 月清水河流域表层沉积物重金属因子大小依次为：Hg＞Pb＞As＞Cr；11 月清水河流域表层沉积物 4 种重金属大小依次为：Hg＞Pb＞Cr＞As。综合 4 月、7 月和 11 月的结果，清水河流域表层沉积物4种重金属大小依次为：Hg＞As＞Cr＞Pb，重金属Hg是污染清水河表层沉积物的最主要因子。

2018年4月清水河流域各水系水体重金属污染程度大小依次为：沙沿沟＞苋麻河＞西河＞井沟＞折死沟＞中河＞双井子沟＞清水河下游＞清水河上游＞冬至河＞中卫市第五排水沟＞清水河中游，7月清水河流域各水系水体重金属污染程度大小依次为：沙沿沟＞井沟＞清水河下游＞折死沟＞清水河中游＞西河＞中河＞中卫市第五排水沟＞双井子沟＞苋麻河＞清水河上游＞冬至河，11月清水河流域各水系水体重金属污染程度大小依次为：沙沿沟＞井沟＞冬至河＞折死沟＞中卫市第五排水沟＞中河＞清水河下游＞清水河中游＞双井子沟＞清水河上游＞西河＞苋麻河。对其综合分析，结果表明，综合污染指数较高的点主要位于清水河中下游段，主要是沙沿沟、井沟、折死沟，且清水河从上游段到下游段重金属污染程度逐渐增加，与大多数重金属的时空分布规律基本一致。

2018年4月清水河流域各水系表层沉积物重金属污染程度大小依次为：双井子沟＞折死沟＞西河＞清水河中游＞中河＞苋麻河＞清水河下游＞清水河上游＞中卫市第五排水沟＞井沟＞冬至河＞沙沿沟，7月清水河流域各水系表层沉积物重金属污染程度大小依次为：西河＞中卫市第五排水沟＞清水河下游＞苋麻河＞中河＞冬至河＞折死沟＞清水河上游＞双井子沟＞清水河中游＞井沟＞沙沿沟，11月清水河流域各水系表层沉积物重金属污染程度大小依次为：西河＞井沟＞沙沿沟＞清水河中游＞苋麻河＞清水河上游＞清水河下游＞双井子沟＞折死沟＞中河＞中卫市第五排水沟＞冬至河。对其综合分析，结果表明，综合污染指数较高的点主要位于清水河中下游段，主要是西河、沙沿沟、井沟，且清水河从上游段到下游段重金属污染程度逐渐增加，与大多数重金属的时空分布规律基本一致。

4.4 基于聚类分析的清水河流域重金属研究

聚类分析法是一种将事物进行分类的方法，其原理是按照事物的关联度，相关性的大小分为不同的类别。通过把每个变量看作成m维（变量数目为m个）空间的一个点，从而在m维的坐标中来定义点和点之间的距离。

根据清水河流域水体和表层沉积物测定的4种重金属数据，采用DPS软件并结合清水河所测浓度数据对其12个小流域进行空间分析。采用聚类分析法按照各采样点地理位置的相似程度和差异性分类，并结合主成分分析的结果对其分类进行讨论，旨在为清水河流域重金属风险评估提供一定依据。

4.4.1 聚类分析

聚类分析方法包括K均值聚类、系统聚类和模糊C均值聚类方法等。3种方法的区别主要在于K均值聚类法需要提前来确定分类的数目，而系统聚类法则不需要。模糊C均值聚类法是在K均值聚类法的基础上，有效集成模糊技术进行聚类分析。其中系统聚类法又包括R型聚类和Q型聚类，其实质是根据变量之间的亲疏程度来逐次聚合，把性质最为接近的对象进行结合，最终归为一类。

目前国内在进行水质变化探究时，常常依据系统聚类法在时间和空间尺度上对水环境质量进行归类，综合分析其时空变化特征。付江波对苏州古城区河道应用聚类分析进行空间分析，结果表明城北水质比城南好，与实际情况相一致。奥布力・塔力普用系统聚类分析法对西部的 12 个省区所受污染程度进行分析。其结果显示，12 个省可以聚成 4 类，地方经济的快速发展对各省区污染程度有着很大的影响。故本研究采用系统聚类法将采样点和时间进行聚类，研究分析重金属时空分布特征。

4.4.2　结果与讨论

4.4.2.1　2018 年 4 月清水河流域水体重金属聚类分析

2018 年 4 月聚类结果把清水河流域 12 个小流域共聚为五类（图 4.16），第一类有清水河上游，其 4 种重金属值为：As 为 9.153μg/L，在地表水环境质量Ⅰ类标准内；Cr 为 56.869μg/L，在地表水环境质量Ⅴ类标准内；Hg 为 0.042μg/L，在地表水环境质量Ⅰ类标准内；Pb 为 0.512μg/L，在地表水环境质量Ⅰ类标准内。清水河上游由于处于清水河水源源头，且受到污染程度较少，水质状况较好。

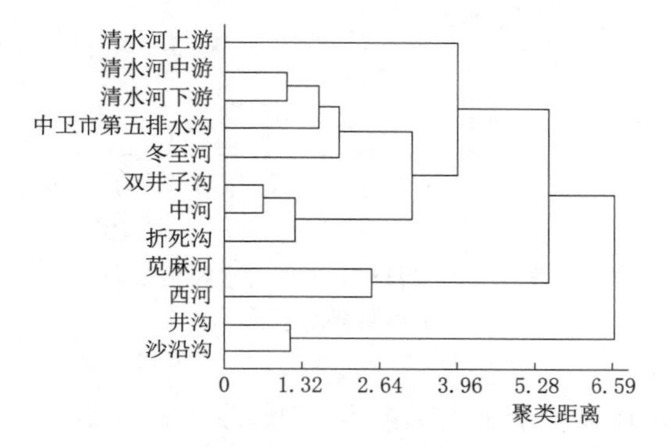

图 4.16　2018 年 4 月清水河流域水体聚类分析图

第二类有清水河中游、清水河下游、中卫市第五排水沟、冬至河，其 4 种重金属值为：As 为 5.274μg/L，在地表水环境质量Ⅰ类标准内；Cr 为 64.752μg/L，在地表水环境质量Ⅴ类标准内；Hg 为 0.159μg/L，在地表水环境质量Ⅳ类标准内；Pb 为 0.158μg/L，在地表水环境质量Ⅰ类标准内。清水河中游、清水河下游、中卫市第五排水沟、冬至河受到污染程度较小，水质较好。

第三类有双井子沟、中河、折死沟，其 4 种重金属值为：As 为 2.061μg/L，在地表水环境质量Ⅰ类标准内；Cr 为 70.741μg/L，在地表水环境质量Ⅳ类标准内；Hg 为 0.183μg/L，在地表水环境质量Ⅳ类标准内；Pb 为 0.323μg/L，在地表水环境质量Ⅰ类标准内。双井子沟、中河、折死沟主要位于清水河中游段，受到污染程度较大，水质状况较差。

第四类有西河、苋麻河，其 4 种重金属值为：As 为 3.212μg/L，在地表水环境质量Ⅰ类标准内；Cr 为 28.325μg/L，在地表水环境质量Ⅳ类标准内；Hg 为 0.244μg/L，在地表水环境质量Ⅳ类标准内；Pb 为 0.720μg/L，在地表水环境质量Ⅰ类标准内。西河、苋麻河受到污染很少，水质状况较好。

第五类有井沟、沙沿沟，其 4 种重金属值为：As 为 1.16μg/L，在地表水环境质量Ⅰ类标准内；Cr 为 86.125μg/L，在地表水环境质量劣Ⅴ类标准内；Hg 为 0.291μg/L，在地表水环境质量Ⅳ类标准内；Pb 为 0.348μg/L，在地表水环境质量Ⅰ类标准内。井沟、沙沿沟位于清水河下游段，相比其他水系受到污染较大，水质状况较差。

结合 2018 年 4 月清水河流域各水系水体重金属污染排序，沙沿沟＞苋麻河＞西河＞井沟>折死沟>中河>双井子沟>清水河下游>清水河上游>冬至河>中卫市第五排水沟>清水河中游。2018年4月聚类分析基于重金属的污染程度，把相似污染水平的水系聚为一类。

4.4.2.2 2018年7月清水河流域水体重金属聚类分析

2018年7月聚类结果把清水河流域12个小流域共聚为五类（图4.17），第一类有清水河上游、冬至河，其4种重金属值为：As为6.511μg/L，在地表水环境质量Ⅰ类标准内；Cr为21.883μg/L，在地表水环境质量Ⅳ类标准内；Hg为0.035μg/L，在地表水环境质量Ⅰ类标准内；Pb为0.302μg/L，在地表水环境质量Ⅰ类标准内。其地区主要分布在清水河上游段，水质整体情况较好，污染程度较低。

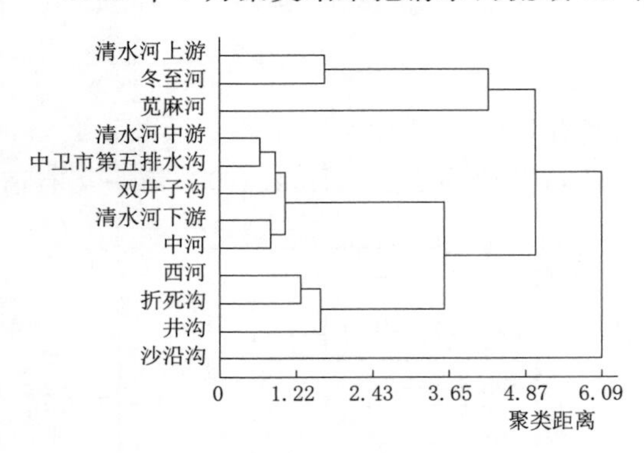

图4.17 2018年7月清水河流域水体聚类分析图

第二类有苋麻河，其4种重金属值为：As为0.964μg/L，在地表水环境质量Ⅰ类标准内；Cr为29.0μg/L，在地表水环境质量Ⅳ类标准内；Hg为0.104μg/L，在地表水环境质量Ⅲ类标准内；Pb为0.795μg/L，在地表水环境质量Ⅰ类标准内。苋麻河周边工业、农业废水排放较少，其水质较好，污染程度较低。

第三类有清水河中游、中卫市第五排水沟、双井子沟、清水河下游、中河，其4种重金属值为：As为1.455μg/L，在地表水环境质量Ⅰ类标准内；Cr为31.764μg/L，在地表水环境质量Ⅳ类标准内；Hg为0.082μg/L，在地表水环境质量Ⅲ类标准内；Pb为0.197μg/L，在地表水环境质量Ⅰ类标准内。清水河中游、中卫市第五排水沟、双井子沟、清水河下游、中河受到的工业污染较少，水质状况较好。

第四类有西河、折死沟、井沟，其4种重金属值为：As为1.223μg/L，在地表水环境质量Ⅰ类标准内；Cr为50.451μg/L，在地表水环境质量Ⅴ类标准内；Hg为0.261μg/L，在地表水环境质量Ⅳ类标准内；Pb为0.365μg/L，在地表水环境质量Ⅰ类标准内。西河、折死沟、井沟属于清水河支流，受到污染程度较高，相比其他水系，水质状况较差。

第五类有沙沿沟，其4种重金属值为：As为0.712μg/L，在地表水环境质量Ⅰ类标准内；Cr为271.124μg/L，在地表水环境质量劣Ⅴ类标准内；Hg为0.291μg/L，在地表水环境质量Ⅳ类标准内；Pb为0.318μg/L，在地表水环境质量Ⅰ类标准内。沙沿沟受到工业污染程度较大，且本身矿化度较高，水质较差。

结合2018年7月清水河流域各水系水体重金属污染排序，沙沿沟>井沟>清水河下游>折死沟>清水河中游>西河>中河>中卫市第五排水沟>双井子沟>苋麻河>清水河上游>冬至河。2018年7月聚类分析基于重金属的污染程度，把相似污染水平的水系聚为一类。

4.4.2.3 2018年11月清水河流域水体重金属聚类分析

2018年11月聚类结果把清水河流域12个小流域共聚为五类（图4.18），第一类有清水河上游、清水河中游，其 4 种重金属值为：As 为 8.045μg/L，在地表水环境质量Ⅰ类标准内；Cr 为 76.825μg/L，在地表水环境质量Ⅴ类标准内；Hg 为 0.101μg/L，在地表水环境质量Ⅳ类标准内；Pb 为 0.375μg/L，在地表水环境质量Ⅰ类标准内。清水河上游和清水河中游受到污染程度较高，水质状况较差。

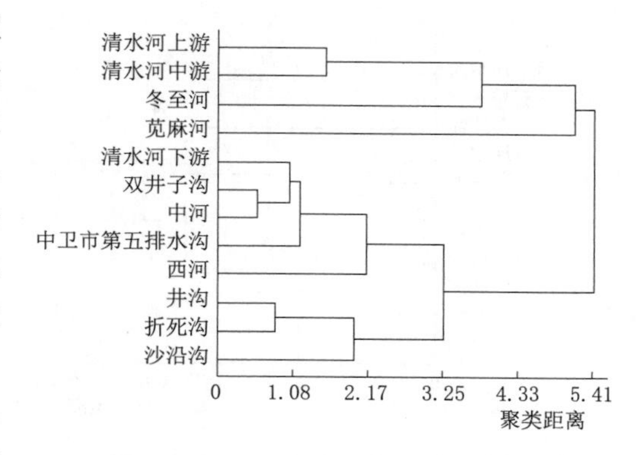

图 4.18　2018 年 11 月清水河流域水体聚类分析图

第二类有冬至河，其 4 种重金属值为：As 为 14.722μg/L，在地表水环境质量Ⅰ类标准内；Cr 为 76.341μg/L，在地表水环境质量Ⅴ类标准内；Hg 为 0.477μg/L，在地表水环境质量Ⅳ类标准内；Pb 为 0.297μg/L，在地表水环境质量Ⅰ类标准内。冬至河相比其他水系受到工业污染程度较大，水质状况较差。

第三类有苋麻河，其 4 种重金属值为：As 为 1.365μg/L，在地表水环境质量Ⅰ类标准内；Cr 为 45.692μg/L，在地表水环境质量Ⅳ类标准内；Hg 为 0.312μg/L，在地表水环境质量Ⅳ类标准内；Pb 为 1.53μg/L，在地表水环境质量Ⅰ类标准内。苋麻河受到污染程度较小，水质较好。

第四类有清水河下游、双井子沟、中河、中卫市第五排水沟、西河，其 4 种重金属值为：As 为 4.398μg/L，在地表水环境质量Ⅰ类标准内；Cr 为 67.175μg/L，在地表水环境质量Ⅴ类标准内；Hg 为 0.392μg/L，在地表水环境质量Ⅳ类标准内；Pb 为 0.376μg/L，在地表水环境质量Ⅰ类标准内。清水河下游、双井子沟、中河、中卫市第五排水沟、西河位于清水河中下游段，受到污染程度适中，水质状况一般。

第五类有井沟、沙沿沟、折死沟，其 4 种重金属值为：As 为 2.083μg/L，在地表水环境质量Ⅰ类标准内；Cr 为 138.612μg/L，在地表水环境质量劣Ⅴ类标准内；Hg 为 0.452μg/L，在地表水环境质量Ⅳ类标准之内；Pb 为 0.487μg/L，在地表水环境质量Ⅰ类标准内。井沟、沙沿沟、折死沟受到工业污染程度较大，且本身矿化度较高，水质较差。

结合 2018 年 11 月清水河流域各水系水体重金属污染排序，沙沿沟＞井沟＞冬至河＞折死沟＞中卫市第五排水沟＞中河＞清水河下游＞清水河中游＞双井子沟＞清水河上游＞西河＞苋麻河。2018 年 11 月聚类分析基于重金属的污染程度，把相似污染水平的水系聚为一类。

4.4.2.4　2018 年 4 月清水河流域表层沉积物重金属聚类分析

2018 年 4 月聚类结果把清水河流域 12 个小流域共聚为五类（图 4.19），第一类有清水河上游、清水河下游、中卫市第五排水沟，其 4 种重金属值为：As 为 9.552mg/kg，在土壤一级标准内；Cr 为 47.485mg/kg，在土壤一级标准内；Hg 为 0.167mg/kg，超过土壤一级标准；Pb 为 12.327mg/kg，在土壤一级标准内。清水河上游、清水河下游、中卫市第五排水沟受到轻度污染，表层沉积物质量较好。

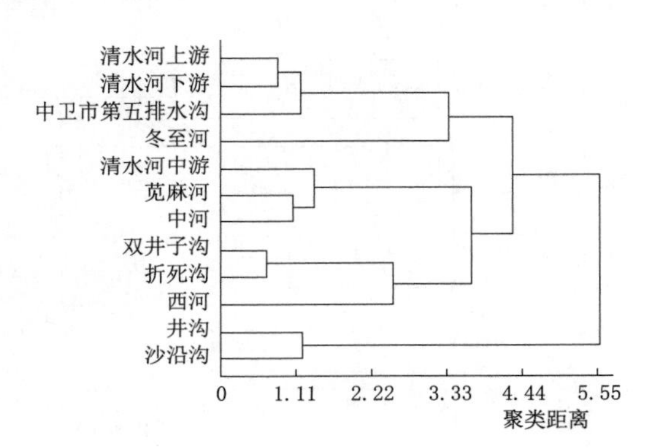

图 4.19 2018 年 4 月清水河流域沉积物聚类分析图

第二类有冬至河，其 4 种重金属值为：As 为 9.341mg/kg，在土壤一级标准内；Cr 为 38.385mg/kg，在土壤一级标准内；Hg 为 0.104mg/kg，在土壤一级标准内；Pb 为 2.684mg/kg，在土壤一级标准内。冬至河位于清水河上游段，受到污染程度很少，表层沉积物质量很好。

第三类有清水河中游、苋麻河、中河，其 4 种重金属值为：As 为 10.931mg/kg，在土壤一级标准内；Cr 为 43.119mg/kg，在土壤一级标准内；Hg 为 0.111mg/kg，在土壤一级标准内；Pb 为 15.967mg/kg，在土壤一级标准内。清水河中游、苋麻河、中河受到污染较少，表层沉积物质量较好。

第四类有双井子沟、折死沟、西河，其 4 种重金属值为：As 为 10.647mg/kg，在土壤一级标准内；Cr 为 47.757mg/kg，在土壤一级标准内；Hg 为 0.341mg/kg，超过土壤一级标准；Pb 为 14.736mg/kg，在土壤一级标准内。双井子沟、折死沟、西河相对于其他水系，污染程度较高，表层沉积物质量较差。

第五类有井沟、沙沿沟，其 4 种重金属值为：As 为 9.709mg/kg，在土壤一级标准内；Cr 为 34.404mg/kg，在土壤一级标准内；Hg 为 0.217mg/kg，超过土壤一级标准；Pb 为 14.769mg/kg，在土壤一级标准内。井沟、沙沿沟受到工业污染较多，表层沉积物质量较差。

结合 2018 年 4 月清水河流域各水系表层沉积物重金属污染排序，双井子沟>折死沟>西河>清水河中游>中河>苋麻河>清水河下游>清水河上游>中卫市第五排水沟>井沟>冬至河>沙沿沟。2018 年 4 月聚类分析基于重金属的污染程度，把相似污染水平的水系聚为一类。

4.4.2.5 2018 年 7 月清水河流域表层沉积物重金属聚类分析

2018 年 7 月聚类结果把清水河流域 12 个小流域共聚为五类（图 4.20），第一类有清水河上游、中卫市第五排水沟、中河、冬至河、折死沟，其 4 种重金属值为：As 为 9.011mg/kg，在土壤一级标准内；Cr 为 25.581mg/kg，在土壤一级标准内；Hg 为 0.099mg/kg，在土壤一级标准内；Pb 为 12.921mg/kg，在土壤一级标准内。清水河上游、中卫市第五排水沟、中河、冬至河、折死沟工业污染程度适中，表层沉积物质量一般。

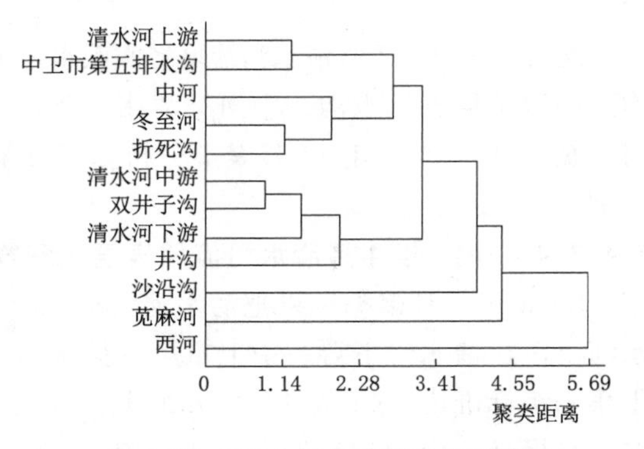

图 4.20 2018 年 7 月清水河流域沉积物聚类分析图

第二类有中游、双井子沟、清水河下游、井沟，其 4 种重金属值为：As 为

8.907mg/kg，在土壤一级标准内；Cr为28.732mg/kg，在土壤一级标准内；Hg为0.058mg/kg，在土壤一级标准内；Pb为8.992mg/kg，在土壤一级标准内。清水河中游、双井子沟、下游、井沟受到污染较少，表层沉积物质量较好。

第三类有沙沿沟，其4种重金属值为：As为6.142mg/kg，在土壤一级标准之内；Cr为6.284mg/kg，在土壤一级标准内；Hg为0.024mg/kg，在土壤一级标准内；Pb为7.718mg/kg，在土壤一级标准内。沙沿沟相比其他水系，受到污染较少，表层沉积物质量较好。

第四类有苋麻河，其4种重金属值为：As为8.415mg/kg，在土壤一级标准之内；Cr为96.027mg/kg，在土壤一级标准内；Hg为0.054mg/kg，在土壤一级标准内；Pb为10.964mg/kg，在土壤一级标准内。苋麻河受到污染较少，表层沉积物质量较好。

第五类有西河，其4种重金属值为：As为10.821mg/kg，在土壤一级标准内；Cr为30.083mg/kg，在土壤一级标准内；Hg为0.313mg/kg，超过土壤一级标准；Pb为16.667mg/kg，在土壤一级标准内。相比其他水系，西河受到工业污染较多，表层沉积物质量较差。

结合2018年7月清水河流域各水系表层沉积物重金属污染排序，西河＞中卫市第五排水沟＞清水河下游＞苋麻河＞中河＞冬至河＞折死沟＞清水河上游＞双井子沟＞清水河中游＞井沟＞沙沿沟。2018年7月聚类分析基于重金属的污染程度，把相似污染水平的水系聚为一类。

4.4.2.6 2018年11月清水河流域表层沉积物重金属聚类分析

2018年11月聚类结果把清水河流域12个小流域共聚为五类（图4.21），第一类有清水河上游、中河，其4种重金属值为：As为12.09mg/kg，在土壤一级标准内；Cr为48.015mg/kg，在土壤一级标准内；Hg为0.181mg/kg，超过土壤一级标准；Pb为19.225mg/kg，在土壤一级标准内。清水河上游、中河受到污染程度较小，表层沉积物质量较好。

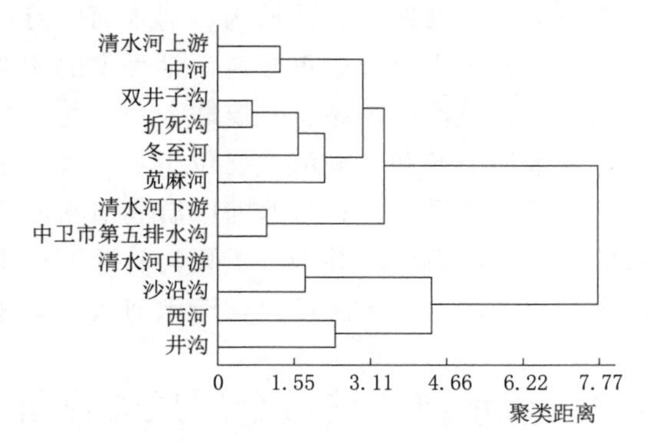

图4.21 2018年11月清水河流域沉积物聚类分析图

第二类有双井子沟、折死沟、冬至河、苋麻河，其4种重金属值为：As为12.555mg/kg，在土壤一级标准内；Cr为45.284mg/kg，在土壤一级标准内；Hg为0.192mg/kg，超过土壤一级标准；Pb为16.207mg/kg，在土壤一级标准内。双井子沟、折死沟、冬至河、苋麻河受到工业污染程度适中，表层沉积物质量一般。

第三类有清水河下游、中卫市第五排水沟，其4种重金属值为：As为10.505mg/kg，在土壤一级标准内；Cr为50.795mg/kg，在土壤一级标准内；Hg为0.155mg/kg，超过土壤一级标准；Pb为15.972mg/kg，在土壤一级标准内。相比其他水系，清水河下游、中卫市第五排水沟受到污染程度较小，表层沉积物质量较好。

第四类有清水河中游、沙沿沟，其 4 种重金属值为：As 为 10.026mg/kg，在土壤一级标准内；Cr 为 57.059mg/kg，在土壤一级标准内；Hg 为 0.643mg/kg，超过土壤一级标准；Pb 为 16.164mg/kg，在土壤一级标准内。清水河中游、沙沿沟受到污染较大，表层沉积物质量较差。

第五类有西河、井沟，其 4 种重金属值为：As 为 13.126mg/kg，在土壤一级标准内；Cr 为 63.548mg/kg，在土壤一级标准内；Hg 为 0.591mg/kg，超过土壤一级标准；Pb 为 19.373mg/kg，在土壤一级标准内。西河、井沟受到污染很大，表层沉积物质量很差。

结合 2018 年 11 月清水河流域各水系表层沉积物重金属污染排序，西河＞井沟＞沙沿沟＞清水河中游＞苋麻河＞清水河上游＞清水河下游＞双井子沟＞折死沟＞中河＞中卫市第五排水沟＞冬至河。2018 年 11 月聚类分析基于重金属的污染程度，把相似污染水平的水系聚为一类。

4.4.3　小结

聚类分析法分析清水河流域水体重金属，将 2018 年 4 月、2018 年 7 月、2018 年 11 月清水河流域 12 个小流域聚为五类，3 个月的聚类结果基本相似。第一类为清水河上游、冬至河；第二类为苋麻河；第三类为清水河中游、清水河下游、中河、双井子沟、中卫市第五排水沟；第四类为西河、折死沟；第五类为井沟、沙沿沟。

聚类分析法分析清水河流域表层沉积物重金属，将 2018 年 4 月、2018 年 7 月、2018 年 11 月清水河 12 个小流域聚为五类，3 个月的聚类结果大致相似。第一类为清水河上游、中河；第二类为双井子沟、折死沟、冬至河、苋麻河；第三类为中卫市第五排水沟、清水河下游；第四类为沙沿沟、清水河中游；第五类为西河、井沟。

聚类分析主要根据重金属污染程度的相似性进行聚类，其聚类结果不仅与清水河流域主成分重金属污染排序有一定联系，还与 12 个小流域的地理位置及污染来源存在一定联系，清水河上游和冬至河主要位于上游段，水质状况较好；中河和苋麻河属于清水河中游偏上区域，水质较好；清水河中游和清水河下游位于城镇和工业区段，受到工业、生活污水的影响；沙沿沟、井沟、折死沟、西河位于清水河下游段，水质状况较差；中卫市第五排水沟位于清水河下游段，与清水河入黄口相交汇，水质较好。

4.5　清水河流域重金属风险评价

4.5.1　重金属风险评价

根据所测定的 4 种重金属的数据，对清水河流域水体和表层沉积物重金属浓度进行风险评价。应用内梅罗综合污染指数、水质质量指数两种方法对清水河水体重金属进行风险评价，应用潜在生态风险指数法、地积累指数法和污染负荷指数法对清水河沉积物重金属进行污染风险评价。旨在为清水河水体和沉积物重金属污染防治提供一定依据。

4.5.1.1　内梅罗综合污染指数法

水体中包含多种重金属，内梅罗综合污染指数法常用水体重金属评价，主要对水体重金属污染现状作出反映，并选出主要污染因子。

单因子污染指数：

$$P_i = C_i / S_i \tag{4.1}$$

多因子综合污染指数：

$$P_n = \sqrt{\frac{\max(P_i)^2 + \mathrm{ave}(P_i)^2}{2}} \tag{4.2}$$

式中：C_i 为重金属 i 实测浓度，mg/L；S_i 为 i 对应水质标准，清水河整体上为Ⅳ类水，采用地表水Ⅳ类标准作为参比标准；max（P_i）为单因子污染指数的最大值；ave（P_i）为单因子污染指数的平均值。单因子污染指数（P_i）和多因子污染指数（P_n）评价标准见表 4.26。

表 4.26　单因子污染指数（P_i）和多因子污染指数（P_n）评价标准

P_i	P_n	污染程度	P_i	P_n	污染程度
$P_i \leqslant 1$	$P_n \leqslant 0.7$	无污染	$2 < P_i \leqslant 3$	$1 < P_n \leqslant 2$	中度污染
$1 < P_i \leqslant 2$	$0.7 < P_n \leqslant 1$	低污染	$P_i > 3$	$P_n > 2$	强污染

4.5.1.2　水质质量指数法

清水河流域水中重金属污染评价参照Ⅳ类水质标准，应用水质质量指数法对水体重金属进行评价：

$$WQI = \frac{1}{n}\sum_{i=1}^{n} A_i = \frac{1}{n}\sum_{i=1}^{n}\frac{C_i}{Q_i} \tag{4.3}$$

式中：C_i 为重金属 i 实测浓度，mg/L；Q_i 为 i 水质标准；A_i 为 i 污染指数；WQI 为水质质量指数。

依据 WQI 值，将水体重金属污染程度分为 4 个等级，见表 4.27。

表 4.27　水体重金属污染程度

WQI	$WQI \leqslant 1$	$1 < WQI \leqslant 2$	$2 < WQI \leqslant 3$	$WQI > 3$
污染程度	无污染	低污染	中度污染	强污染

4.5.1.3　潜在生态风险指数法

Hakanson 于 1980 年提出潜在生态风险指数法，其方法结合不同种金属的毒性水平和浓度，对沉积物重金属进行分析，是评价河流表层沉积物重金属风险的常用方法之一。计算方法见式（4.4）。

$$RI = \sum_{i=1}^{n} E_r^i = \sum_{i=1}^{n} T_r^i \times C_r^i = \sum_{i=1}^{n} T_r^i \times \frac{C_o^i}{C_n^i} \tag{4.4}$$

式中：E_r^i 为重金属 i 的潜在生态风险系数；T_r^i 为 i 的毒性系数（T_r^i：As=10，Cr=2，Pb=5，Hg=40）；C_r^i 为 i 的污染参数；C_o^i 为 i 的实测浓度；C_n^i 为 i 的参比值；RI 为潜在风险指数。Cr、Pb、Hg、As 4 种重金属土壤背景值参考《土壤环境质量标准》(GB 15618—2018)。潜在生态风险评价标准见表 4.28。

4.5.1.4　地积累指数法

1979 年 Miller 提出了地积累指数法，该方法结合人为和化学背景值因素，定量评价沉积物重金属的污染程度。I_{geo} 表达式见式（4.5）。

表 4.28　潜在生态风险评价标准

E_r^i	RI	生态风险	E_r^i	RI	生态风险
$E_r^i<40$	$RI<110$	低	$160\leqslant E_r^i<320$	—	很强
$40\leqslant E_r^i<80$	$110\leqslant RI<220$	中等	$E_r^i\geqslant 320$	$RI\geqslant 440$	极强
$80\leqslant E_r^i<160$	$220\leqslant RI<440$	强			

$$I_{geo}=\log_2[C_i/(k\times B_i)] \tag{4.5}$$

式中：I_{geo} 为地累积指数；C_i 为元素 i 的含量；B_i 为元素 i 的背景值，参照土壤一级标准；k 为由于成岩作用造成背景值变化而取的系数，一般取 1.5。

4.5.1.5　污染负荷指数法

1980 年 Tomlinson 提出污染负荷指数法，在评价沉积物重金属风险应用较为广泛。其计算公式见式（4.6）和式（4.7）。

重金属 i 在 j 点的污染系数：　$P_{ij}=C_{ij}/B_i$　(4.6)

j 点的污染负荷指数：$PLI_J=\sqrt[m]{P_{1j}\times P_{2j}\times P_{3j}\times\cdots\times P_{mj}}$　(4.7)

式中：C_{ij} 为重金属 i 在 j 点实测浓度；B_i 为元素 i 所对应评价标准；m 为重金属总个数。

4.5.2　结果与讨论

4.5.2.1　基于内梅罗综合污染指数法的风险评价

应用内梅罗综合指数法对清水河水体重金属进行评价，As、Cr、Hg、Pb 单因子污染指数 P_i 如图 4.22 所示。可知 4 种重金属污染程度从大到小为 Cr>Hg>As>Pb，与主成分法确定影响清水河流域水体重金属的因子排序结果基本一致。Hg、As、Pb 始终处于安全水平，为无污染风险，P_i 主要范围在 0～0.51，P_i 平均值均在 0.23 以下；Cr 的污染较为严重，单因子污染指数最大为 2.55，达到中度污染；P_i 平均为 1.38，为低污染。因此清水河水体主要污染重金属是 Cr，Hg 虽然没有超标，但对生态环境影响较强，成为清水河仅次于 Cr 生态风险贡献因子。这与主成分分析结果相一致，再次说明 Cr 是造成清水河水体重金属污染的主要因素。

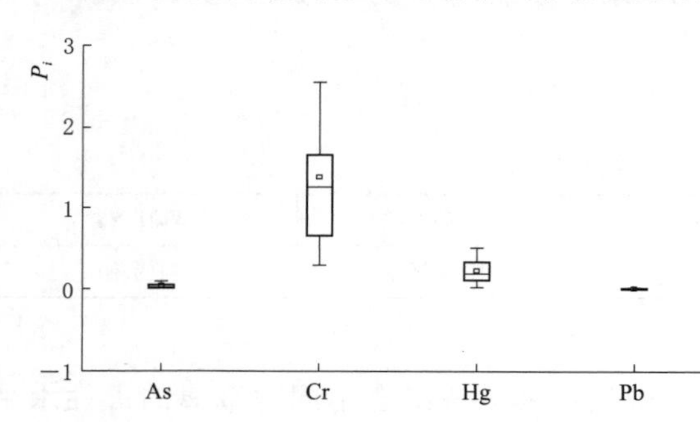

图 4.22　水体 As、Cr、Hg、Pb 单因子污染指数

根据综合污染指数 P_n 将清水河各水系污染程度分成 4 个等级，$P_n\leqslant 0.7$ 为无污染，$0.7<P_n\leqslant 1$ 为低污染，$1<P_n\leqslant 2$ 为中污染，$P_n>2$ 为强污染。从各采样点 P_n 来看（图 4.23），清水河流域水体重金属整体处于中度污染，西河和苋麻河污染程度最低，2018 年 4 月、2018 年 7 月、2018 年 11 月均为无污染；井沟和沙沿沟污染程度较高，井沟 2018 年 4 月、2018 年 7 月、2018 年 11 月均为中度污染，沙沿沟 2018 年 4 月和 2018 年 7 月为强污染，2018 年 11 月为中污染；清水河上游、清水河中游、清水河下游、中卫市第五排水沟、双井子沟、中河、冬至河和折死沟污染程度中等，2018 年 7 月均为无污染，2018

年4月为低污染和中污染之间，2018年11月均为中污染，从清水河上游段到下游段整体呈上升趋势。从季节上来看综合污染指数 P_n，清水河下游污染程度为4月>11月>7月，沙沿沟污染程度为7月>11月>4月，清水河上游2018年7月重金属污染程度较低于2018年4月和2018年11月，清水河中游、中卫市第五排水沟、双井子沟、苋麻河、中河、西河、冬至河、井沟和折死沟重金属污染程度11月>4月>7月。清水河 P_n 总体变化趋势为11月>4月>7月，这与清水河水体4种重金属浓度变化趋势相一致。

4.5.2.2 基于水质质量指数法的重金属风险评价

应用水质质量指数法对清水河水体重金属进行评价，结果如图4.24所示。根据表4.27水质质量指数评价标准将清水河水体重金属污染等级分为4个级别，$WQI \leqslant 1$ 处于无污染状态，$1 < WQI \leqslant 2$ 处于低污染状态，$2 < WQI \leqslant 3$ 处于中度污染状态，$WQI > 3$ 处于强污染状态。可以看出清水河上游、清水河中游、清水河下游整体为无污染状态，中卫市第五排水沟、双井子沟、苋麻河、中河、西河、冬至河、井沟和折死沟整体为无污染状态，沙沿沟为低污染状态。

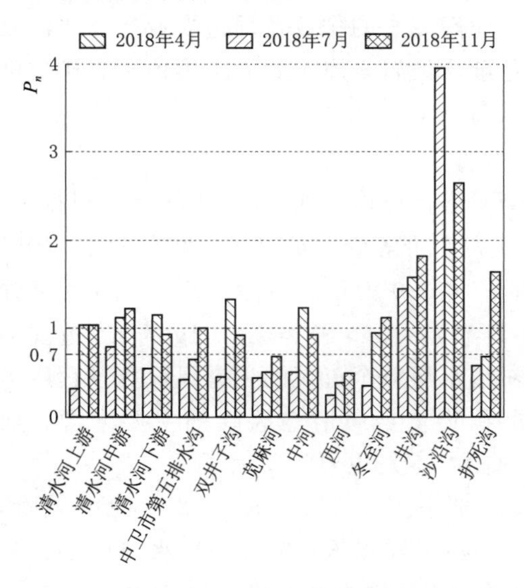

图4.23 水体As、Cr、Hg、Pb多因子综合污染指数

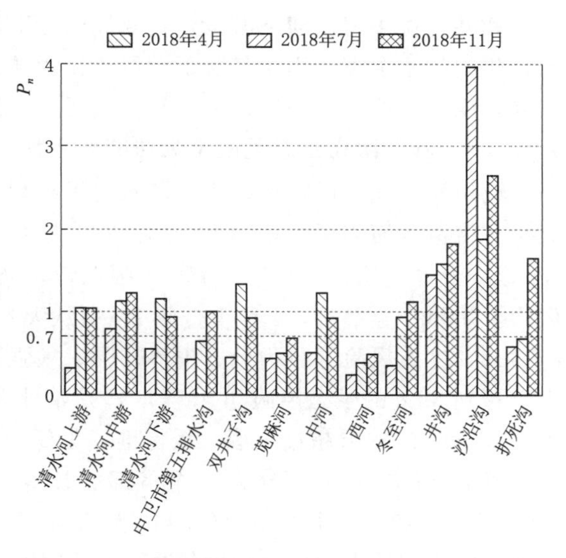

图4.24 各采样点水体重金属水质质量指数

从清水河 WQI 河流沿程变化看，清水河上游、清水河中游和清水河下游的水质较好，4月、7月、11月均为无污染；冬至河、中河、苋麻河、西河、双井子沟和中卫市第五排水沟水质较好，4月、7月、11月均为无污染；井沟和折死沟污染情况相当，但4月、7月、11月均为无污染；沙沿沟污染情况较为严重，在7月和11月均为低污染，4月为无污染。这与清水河水体重金属污染程度从上游段到下游段增加的趋势，及聚类分析对清水河12个小流域的归类结果基本一致。

从清水河 WQI 季节上看，清水河中游、中卫市第五排水沟、双井子沟、苋麻河、中河、西河、冬至河、井沟和折死沟的污染程度为11月>4月>7月，这与水体大多数重金属浓度季节变化趋势一致，但不同水系存在一定差异，如沙沿沟污染程度为7月>11月>4

月，清水河下游污染程度为4月>11月>7月，清水河上游7月污染程度较低于4月和11月。

对清水河水体重金属使用水质质量指数法和内梅罗综合指数法进行风险评价，两种方法评价结果有所差异，其原因是水质质量指数法表现为多个因子的平均污染程度，而内梅罗综合指数法则考虑了平均污染程度和高浓度Cr的影响。清水河4种重金属中Cr的单因子污染指数相比其他3种重金属高出许多，结合这两种方法的计算公式，可以看出是由于重金属Cr的原因，才导致两种评价方法结果有差异，也表明重金属Cr风险程度相比其他3种重金属要高一些。因此清水河流域水体重金属Cr的生态风险需要引起一定的关注。

但两种方法评价结果均可出清水河整个流域整体变化趋势一致，这与主成分分析法得到清水河12个小流域污染程度从上游段到下游段增大的规律及聚类分析法对12个小流域的归类结果基本一致。各水系的季节变化规律大体为11月>4月>7月，但个别水系不满足此规律。从河流沿程看，清水河污染程度从上游段到下游段呈上升趋势，清水河上游、清水河中游、清水河下游存在一定的污染，但相对污染更严重的是支流沙沿沟和井沟，沙沿沟和井沟位于清水河下游段，主要原因为下游工业区废水的排放及周边农业生产所需农药、化肥的不合理使用，其次下游段支流为砖红色砂质泥岩，属于高岩土壤地区，矿化度较高，成为苦咸水，使得沙沿沟和井沟污染程度较高。

4.5.2.3 基于潜在生态风险指数法的风险评价

应用潜在生态风险指数法对清水河沉积物重金属进行评价，如图4.25所示。根据E_r^i大小可将清水河表层沉积物重金属潜在生态风险分为5个等级：$E_r^i<40$为低风险，$40\leqslant E_r^i<80$为中风险，$80\leqslant E_r^i<160$为强风险，$160\leqslant E_r^i<320$为很强风险，$E_r^i\geqslant 320$为极强风险。从单个金属看，4种重金属E_r^i值从大到小为Hg>As>Pb>Cr，Hg的E_r^i范围为6～196，生态风险等级为低、中等、强、很强，对清水河整个流域的生态风险贡献程度最大，达到82%的生态风险贡献程度，是清水河沉积物重金属潜在风险的主要来源。而As、Pb和Cr均未超过土壤一级标准，为低生态风险，不是主要污染因子。

根据RI的大小可分为4个等级：$RI<110$为低风险，$110\leqslant RI<220$为中风险，$220\leqslant RI<440$为强风险，$RI\geqslant 440$为极强风险。从各采样点RI来看，清水河中游、苋麻河、井沟和沙沿沟风险程度较高，4月均为低风险，7月均为低风险，11月均为中等风险，而西河4月为中等风险，7月均为低风险，11月均为中等风险。清水河上游、清水河下游、中卫市第五排水沟、双井子沟、苋麻河、中河、冬至河和折死沟风险程度较低，4月、7月、11月均为低风险。从RI的季节上来看，清水河上游、清水河中游、苋麻河、中河、西河、冬至河、井沟和沙沿沟风险程度为11月>4月>7月，清水河下游风险程度7月较低于4月和11月，中卫市第五排水沟的风险程度4月较低于7月和11月，而双井子沟的风险程度则是4月>11月>7月。整体上清水河流域风险程度基本为11月>4月>7月，这与沉积物Hg的季节变化规律大体一致，这也再次说明Hg对清水河沉积物重金属潜在风险起主要作用。整体上，清水河流域潜在生态风险均为低。

4.5.2.4 基于地积累指数法的风险评价

对清水河流域在4月、7月、11月的沉积物重金属进行地积累指数评价，对此来判断

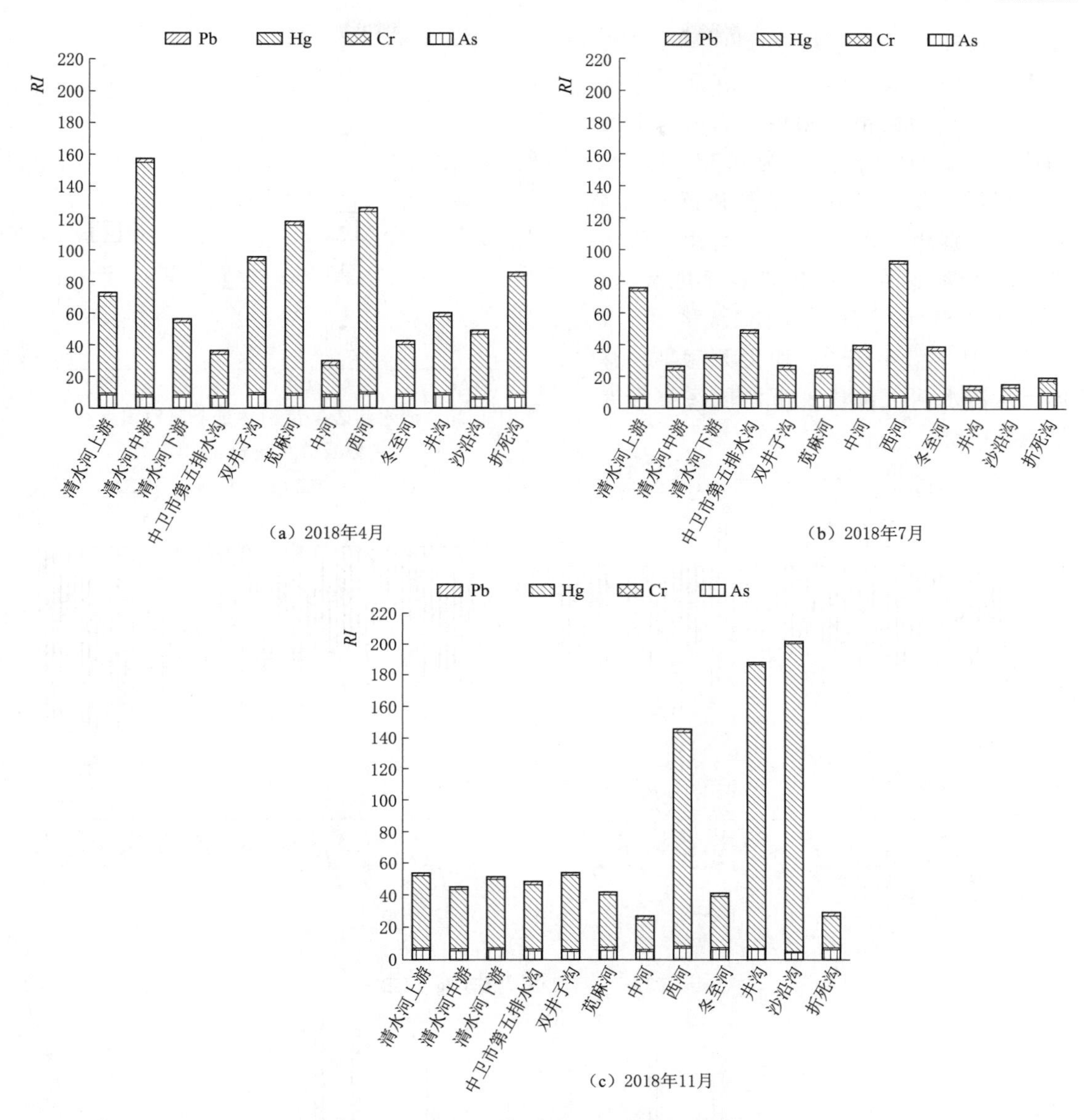

图 4.25 清水河各水系潜在生态风险指数

其累积情况。清水河表层沉积物重金属地累积指数及等级评价如图 4.26 所示。根据 I_{geo} 将污染程度分为 5 个等级：$I_{geo}<0$ 为无污染，$0\leqslant I_{geo}<1$ 为低污染，$1\leqslant I_{geo}<2$ 为中污染，$2\leqslant I_{geo}<3$ 为强污染，$3\leqslant I_{geo}<4$ 极强污染。As、Cr、Hg、Pb 的 I_{geo} 平均值分别为 −1.15、−1.86、−0.66、−1.98，污染程度排序为 Hg>As>Cr>Pb。其中 Hg 污染最严重，最大污染程度为低污染，平均污染水平为无污染。而 As、Cr、Pb 的最大污染程度均为无污染，污染程度较低。

计算 4 月、7 月、11 月的清水河表层沉积物中各种重金属的地积累指数如图 4.27 所示，以判断各水系不同季节的重金属污染程度。清水河流域存在污染的重金属是 Hg，从不同水系看，清水河中游、西河、井沟和沙沿沟的污染程度较大，11 月 I_{geo} 分别为 1.29、

1.17、1.58、1.71，均达到中等污染；清水河上游、双井子沟、苋麻河、折死沟的重金属污染情况相当，清水河上游和苋麻河11月 I_{geo} 分别为0.15、0.83，均达到低污染，而双井子沟和折死沟4月 I_{geo} 分别为0.48、0.34，均达到低污染。清水河下游、中卫市第五排水沟、中河、冬至河污染程度较低，4月、7月、11月 I_{geo} 小于0，均为无污染。整体上从清水河上游段到下游段污染程度呈上升趋势。

图4.26 清水河表层沉积物重金属地积累指数及等级评价

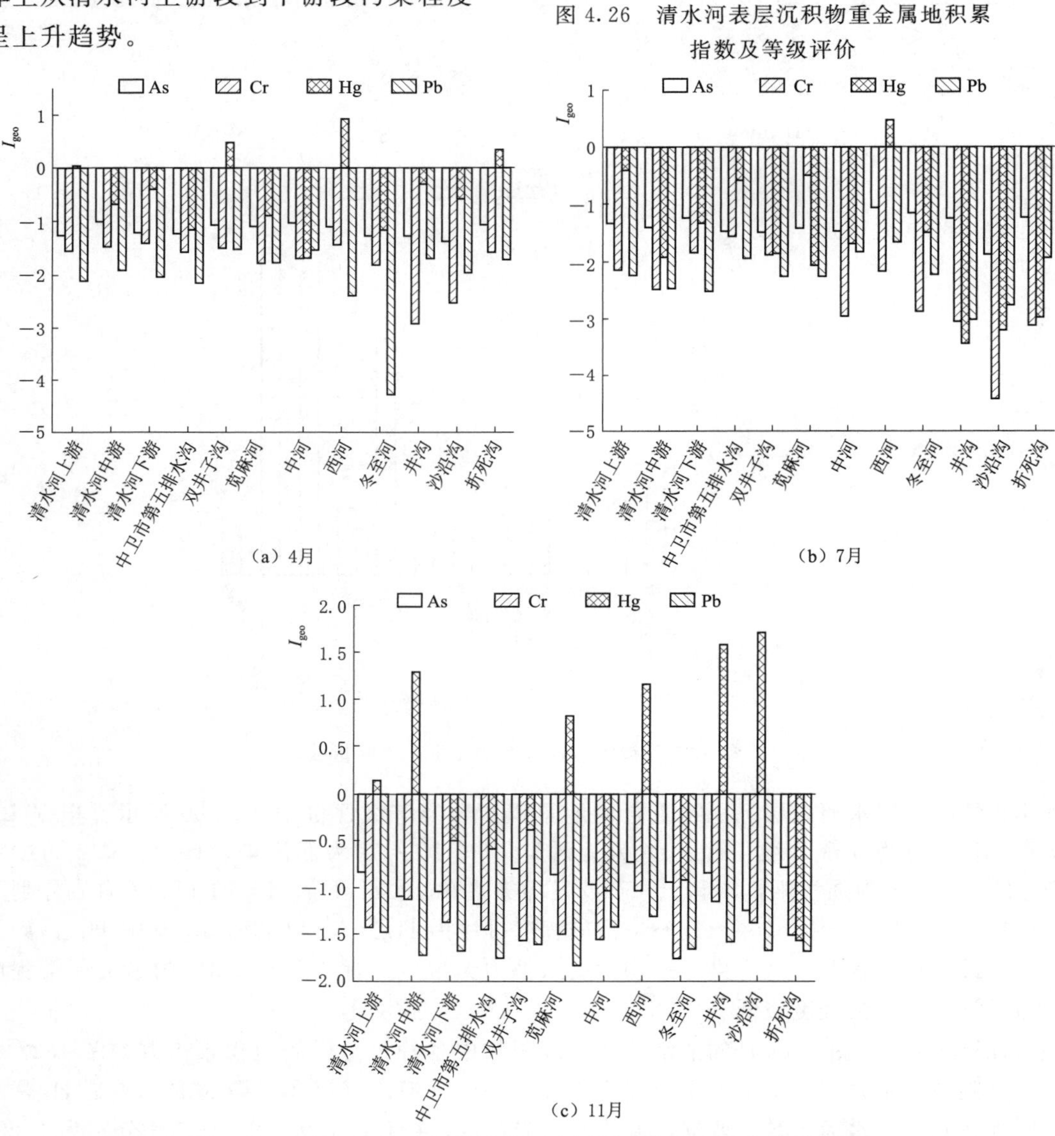

(a) 4月

(b) 7月

(c) 11月

图4.27 4月、7月、11月清水河表层沉积物重金属地积累指数

4.5.2.5 基于污染负荷指数的风险评价

应用污染负荷指数法对清水河沉积物重金属进行评价，清水河表层沉积物重金属污染系数及等级评价如图 4.28 所示。根据 P_{ij} 大小将清水河表层沉积物重金属污染程度分为 4 个等级：$P_{ij} \leqslant 1$ 为无污染，$1 < P_{ij} \leqslant 2$ 为轻污染，$2 < P_{ij} \leqslant 3$ 为中污染，$P_{ij} > 3$ 为强污染。4 种重金属 Hg 存在一定污染，As、Cr、Pb 污染程度较轻，且从大到小为 Hg>As>Cr>Pb。Hg 污染最严重，其 P_{ij} 范围在 0.14～3.67，平均值为 1.35，为无污染到强污染。As、Cr、Pb 污染程度较轻，其 P_{ij} 范围分别为 0.54～0.91、0.07～0.71、0.18～0.6，平均值分别为 0.68、0.46、0.40，均为无污染。

计算清水河 4 月、7 月、11 月沉积物重金属污染负荷指数，如图 4.29 所示。根据分级标准（$I_{PL} \leqslant 1$ 为无污染，$1 < I_{PL} \leqslant 2$ 为中污染，$2 < I_{PL} \leqslant 3$ 为强污染，$I_{PL} > 3$ 为极强污染），从各水系来看，清水河上游、清水河下游、中卫市第五排水沟、双井子沟、苋麻河、中河、冬至河、折死沟污染程度较低，4 月、7 月、11 月均为无污染；清水河中游、沙沿沟污染程度较低，4 月、7 月、11 月均为无污染，但 11 月 I_{PL} 都接近 1；西河和井沟污染程度较高，4 月、7 月均为无污染，11 月均为中度污染。整体上清水河上游段到下游段污染程度呈上升趋势。从季节上来看，清水河上游、清水河中游、清水河下游、苋麻河、中河、西河、井沟、沙沿沟的污染程度为 11 月>4 月>7 月，中卫市第五排水沟、冬至河的污染程度为 11 月>7 月>4 月，双井子沟、折死沟的污染程度为 4 月>11 月>7 月。整体上清水河流域污染程度基本为 11 月>4 月>7 月，这与表层沉积物中 Hg 的季节变化规律基本一致，这也再次说明 Hg 对清水河流域表层沉积物重金属污染起主要作用。整体上，清水河流域表层沉积物重金属污染为无污染。

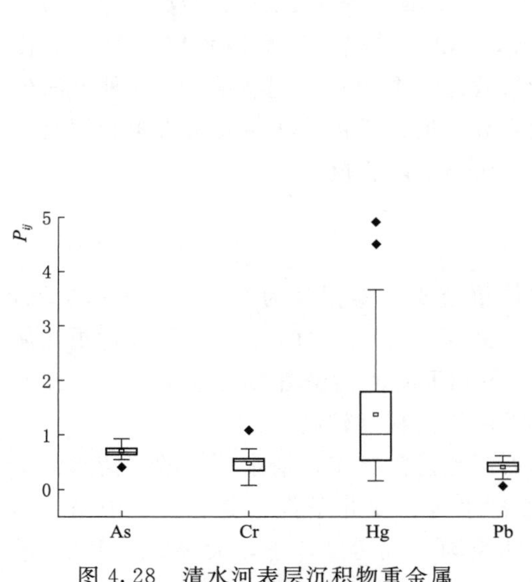

图 4.28　清水河表层沉积物重金属污染系数及等级评价

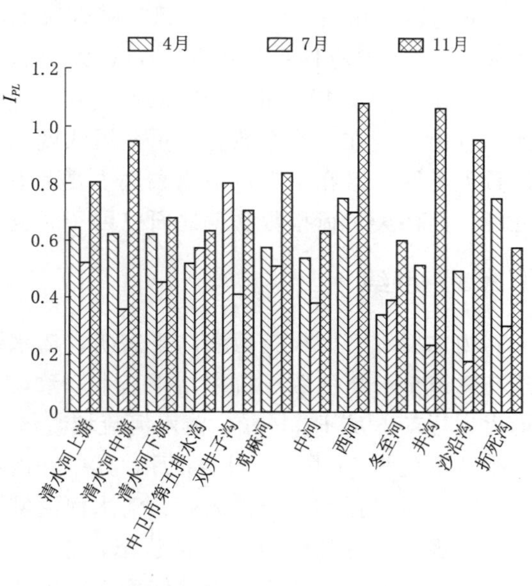

图 4.29　清水河各水系重金属污染负荷指数

对清水河沉积物重金属使用潜在生态风险指数法、地积累指数法、污染负荷指数 3 种方法进行评价，3种方法评价结果基本一致，这与主成分分析法得到清水河12个小流域污染程度从上游段到下游段增大的规律及聚类分析的归类结果基本一致。各水系的季节变化规律大体为11月＞4月＞7月，但个别水系不满足该季节变化规律，可能是因为11月枯水期水流量较小，采集的表层沉积物含沙量较低，则重金属的含量较高。而7月丰水期水流量较大，造成表层沉积物含沙量较高，使得表层沉积物重金属含量较低。从河流沿程看，清水河污染程度呈逐渐上升趋势，清水河中游存在一定的污染，但相比其他水系污染较严重的是支流的西河、沙沿沟和井沟，原因可能与清水河流域降雨时空分布的不均匀性有关，清水河上游至清水河下游的降水呈逐渐递减趋势，加上宁夏地区干旱严重，气温较高，水体蒸发加剧，使盐类在土壤中的溶解速度加快，导致水体盐度较高。从地质方面看，西河、沙沿沟和井沟为砖红色砂质泥岩，属于高岩土壤地区，矿化度较高，成为苦咸水。加上工业废水、城市生活污水、农药和肥料排入清水河，导致其重金属污染程度较高。

不同的方法评价出重金属的污染程度也存在一定差异，潜在生态风险指数法表明，4种重金属污染程度从大到小为Hg＞As＞Pb＞Cr，Hg存在一定风险；地积累指数法表明，4种重金属污染程度从大到小为Hg＞As＞Cr＞Pb；污染负荷指数法表明，4种重金属污染程度从大到小为Hg＞As＞Cr＞Pb。3种方法都是根据表层沉积物的重金属浓度与土壤背景值的比较来判断重金属的污染程度，但3种方法存在一定差异。地积累指数法考虑了外源污染和土壤背景值，还考虑了由于岩石作用导致重金属背景值的变化，而污染负荷指数法则是只考虑了外源污染和土壤背景值，因此污染负荷指数法评价所得结果可能高于地积累指数法，本章地积累指数法评价得出Hg为无污染的结论，但污染负荷指数法得出Hg为轻度污染。潜在生态风险指数法不仅考虑了外源输入和土壤背景值，还有毒性系数大小，Hg的毒性系数达到40，远大于As、Cr、Pb，因此潜在生态风险较高。Cr占背景值的比重大于Pb，但是Pb的风险系数比Cr大，其原因是Pb的毒性系数大于Cr。由此可看出，潜在风险系数是由重金属浓度和毒性系数这两个因素一起影响的。3种方法的侧重点不同，潜在生态风险指数法主要考虑毒性系数，地积累指数法主要考虑重金属富集程度，而污染负荷指数法偏向研究因子时空变化和污染贡献程度。

4.5.3 小结

内梅罗综合污染指数法结果表明，清水河水体重金属污染程度为Cr＞Hg＞As＞Pb，这与主成分分析法因子排序结果基本一致，主要污染因子为Cr，Hg、As、Pb 3种重金属均为无污染。从 P_n 来看，清水河流域整体从上游段到下游段污染程度逐渐增加，大多水系季节变化为11月＞4月＞7月，其中井沟和沙沿沟污染程度较高。

水质质量指数法结果表明，清水河流域整体处于无污染状态，清水河上游、清水河中游、清水河下游整体为无污染状态，中卫市第五排水沟、双井子沟、苋麻河、中河、西河、冬至河、井沟和折死沟整体为无污染状态，沙沿沟为低污染状态，大多水系 *WQI* 季节变化规律为11月＞4月＞7月。

潜在生态风险指数法结果表明，4种重金属 E_r^i 值为Hg＞As＞Pb＞Cr，Hg的风险最大，其 E_r^i 范围为6～196，其余重金属风险程度均为低风险。清水河流域整体潜在生态风险较低，从 RI 来看，西河、井沟、沙沿沟潜在生态风险较高。

地积累指数法结果表明，4 种重金属污染程度从大到小为 Hg>As>Cr>Pb，Hg 污染程度高于其他 3 种重金属，为低污染。而 As、Cr、Pb 的最大污染程度均为无污染，污染程度较低。

污染负荷指数法结果表明，4 种重金属污染程度从大到小为 Hg>As>Cr>Pb。Hg 污染最严重，其 P_{ij} 范围在 0.14～3.67，平均值为 1.35，最大污染为强污染，As、Cr、Pb 3 种重金属均为无污染。从 I_{PL} 来看，清水河沉积物整体为无污染，西河和井沟污染较严重。

第5章 清水河浮游生物及河岸带植物群落结构研究

5.1 引言

水生生物是指生活在水体中的生物的总称，种类繁多，包括浮游生物、水生植物、水生动物及微生物，按功能划分为生产者（水生植物、浮游植物）、消费者（水生动物）和分解者（微生物）。不同功能的生物种群生活在一起，构成特定的生物群落，各种生物群落之间、生物与水环境之间相互作用、相互协调，维持特定的物质和能量流动过程，构成完整的水生生态系统，对水环境保护起着重要作用。我国现有水生生物2万多种，且具有特有程度高、孑遗物种数量大、生态系统类型齐全等特点，在世界生物多样性中具有重要的作用。丰富的湖泊水生生物为人类提供了重要的食物蛋白，同时是我国渔业发展的物质基础，维护和合理利用湖泊水生生物资源对我国渔业的可持续发展和国家生态安全具有重要意义。

浮游植物即藻类是水体的初级生产者，也是水体中溶解氧的主要来源，在河流生态系统中占有重要地位，是水生生物群落结构中的重要组成部分，各种不同类型及营养型的水域，其浮游植物的种类、生物量都各不相同，季节变化也有各自的特点，同时还影响水体中其他级别水生生物的构成和分布规律。浮游植物通过光合作用将无机物转换成为新的有机化合物，由此启动了水体食物链，在物质循环和能量转换过程中至关重要。浮游植物的数量和种类组成直接或间接影响着浮游动物和鱼类的生长力。藻类过量生长会形成“水华”和“赤潮”，降低水体的透明度，恶化水质，造成水体缺氧，有时还产生毒素。浮游植物对水体环境变化敏感，而且不同灵敏度物种种类会出现在不同水质状况的水域中，因此通过研究浮游植物群落结构的变化可以监测和评价河流水质。浮游植物群落的种类组成、数量分布和多样性等群落结构特征是评价水环境质量的重要标准，浮游植物作为生物监测、评价水质污染和营养水平的重要指标，国内外已广泛采用并卓有成效。同时利用浮游植物来监测生态工程治理水污染效果的研究也有报道。浮游植物是水生生物群落结构中的重要组成部分，在水域生态系统中起着极其重要的作用，各种不同类型及营养型的湖泊，其浮游植物的种类、生物量都各不相同，季节变化也有各自的特点，由于藻类的群落结构及其生长量受水体生态环境变化的直接影响，因此，在水质和湖泊营养型评价中，藻类的应用极为广泛。藻类的种群结构与污染指示种、生长潜力、生长量与光合放氧、种类多样性指数和综合指数等生物学指标在湖泊营养型评价中被广泛应用：①种群结构与污染指示种：藻类的种群结构与污染指示种是湖泊营养型评价的重要参数，尤其是那些在某种特定的环境（营养）条件下能大量生存的藻类，即污染指示藻类的种类和数量，在一定程度上可直接反映出环境条件的改变和水体的营养状况；②藻类生长潜力：在评价湖泊水质和营养状况时，水体中的营养成分除靠化学方法予以测定外，还可通过藻类生长潜力的测试来甄别，以便有效、准确地获知水体中哪些营养元素含量不足，限制了藻类的生长，哪些营养元素过剩，导致藻类疯长，引发富营养化；③藻类生长量与光合放氧：藻类生长量的表达有多种形式，依试验条件和检测目的的不同而各有所侧重。在湖泊水质和营养型评价的研究中，藻的细胞密度、生物量、叶绿素 a 含量等，都是最基本的检测指标，条件允许时，还可进行藻类光合放氧能力的测试。大量研究资料表明，藻类生物量的多寡与水体的营养状况呈正相关性，其所反映的湖泊营养状况和污染程度比较客观，且不需要太复杂、精密的分析仪器和设备；④种类多样性指数与综合指数：藻类的种类多样性指数是环保学者在评价水质时最常用的检测指标，主要以藻类细胞密度和种群结构的变化为基本依据评价水体的污染程度。文献中使用较多的种类多样性指数有 Margalef 指数、Shannon - Wiener 指数、Gleason 指数、Cdum 指数。

浮游动物是一类经常在水中浮游，本身不能制造有机物的异养型无脊椎动物和脊索动物幼体的总称，由于它们个体微小，生命短暂，繁殖极快，种类繁多，从低等的微小原生动物到高等的尾索动物几乎每一类都有永久性代表。浮游动物都存在于有水的地方，主要以比它们更小的动植物为食，如细菌、碎屑、浮游植物等，同时它们与浮游植物一起构成浮游生物，几乎是所有海洋动物的主要食物来源，尤其是大多数鱼类，因此，浮游动物在水域生态系统中有着十分重要的地位。一些浮游动物对水质变化比较敏感，其数量、种类易受水体生态环境影响，可作为指示性生物进行水体污染监测，且对污染有指示、富集及转化作用，所以浮游动物在水环境净化和水生态毒理中都有重要作用，近年来国内外越来越多的学者开始利用浮游动物的群落结构变化监测和评价水环境质量状况。浮游动物还可以通过摄食对浮游植物的种类季节演替造成直接影响。

淡水中的浮游动物主要有原生动物、桡足类、枝角类和轮虫 4 个种类，其对于水生生态系统结构与功能以及生物生产力研究都十分重要。原生动物是一类单细胞动物，在动物界里最原始、低等，种类大约 3 万种，由于生命力强、体型小、容易适应环境，其多存在于有水的地方。轮虫以周丛、浮游或底栖方式生活，主要以有机碎屑和微生物为食。轮虫没有原生动物分布那么广泛，但是世界各地的湖泊、江河等地都有轮虫的分布区域。轮虫通过控制原生动物和微生物维持水生态平衡，且轮虫作为鱼类和其他大型水生动物的食物，也对水生态系统有所贡献。枝角类的广泛性与轮虫类似，分布于地球的各个温带。枝角类在淡水中主要分布在湖泊、河道和低洼池塘，尤其是沿岸带水草丛生的地方，其种类十分丰富。多种经济鱼类的首选食物就是枝角类，其还能调控原生动物、藻类、轮虫等的数量以及发展。桡足类同轮虫和枝角类一样，可以作为水产养殖中鱼类的开口饵料，其种类和数量的调控也是控制水体中微生物和其他生物数量的生物手段之一，而且桡足类养殖在渔业中也是一种重要的经济产业，目前对桡足类的研究也越来越热。

浮游动物的研究开始于 1828 年，G. V. Thompson 在爱尔兰的科克海滨用浮游生物网采集浮游生物，随后在 1845 年，J. Muller 与其学生在德国赫尔果兰岛用浮游生物网采集浮游生物并对其做了分类研究。1987 年，Carpenter 等在探索生物操纵与浮游动物关系时得出浮游动物的变化会影响生物操纵成败的结论。1969 年，Caims 等人创立了 PFU 法测评水体环境质量。19世纪70年代以后，对浮游动物的研究开始作为一门学科发展。100多年以来，对浮游动物的研究可以分成3个时期。早期主要是集中在海洋探险考察，建立浮游动物采集，分类命名的基本描述性研究。随着现代化的实验室研究与海洋观测等科学技术的不断发展，到20世纪80年代，研究浮游动物的技术与方法更加简便（如声波扫描观测技术），仪器更加高端（如浮游生物可视记录仪、光学浮游生物计数器、遥控深潜器等），有效促进了浮游动物研究的快速发展。2000年以来，更多学者广泛应用分子生物学方法研究浮游动物各个方面，如生物多样性、系统发育和进化、生理学等。

生物群落是指一定时间内协调有序地生活在一定地域或环境中各种生物种群的集合，其有一定的空间、时间及种类结构，对环境有相同的适应，并在不断地发展与演替。群落的研究开始于20世纪，最早提出生物群落定义的是1877年德国的Mobius。之后群落研究随着在自然状态下的重要性和吸引力以及作出明智管理决定的要求推动而不断发展深入。近年来，大多学者主要在调查水生生物的种类组成、数量、密度、优势种群及多样性等方面对水生生物群落结构进行研究。

河岸带定义被研究者界定为广义和狭义两种：前者是指河边植物的群落，包括其组成、植物种类多少和土壤湿度等高低植被明显不同的地带；后者指河水—陆地交界处的两边，直至河水影响消失为止的地带，目前大多数学者采用后一定义。由于它们位置的特殊，其成为受水生环境影响最大的陆地环境，因此它们具有独特的空间结构和重要的生态功能。许多研究表明，河岸带经过过滤和拦截沉积物、水和养分等来协调河流水平（河道边高地到河流水体）和垂直（河道上游到下游）的河流的生态平衡，因而与之相关的土壤侵蚀程度降低、渠道较稳定化、关于生物栖息地保护以及水质调节方面都起着重要的作用。

近年来，人们大规模地开发利用河岸带及其土地资源，且范围不断增大。在开发利用的过程中，人们采用了许多现代化技术，建造了大量涉水工程，还有农田开垦、景观设计等，改变了河岸带和周边的自然地貌特征，因此大量河岸带的生态环境都遭受了一定程度的破坏，造成了一定程度的退化。河岸带生态系统由于受人们生活活动的干扰而发出危机信号，世界上20%的河岸带植被已消失，剩下的部分也因人类行径而迅速消失。在国外，欧美地区在过去的几百年里超过80%的河岸带廊道已经消失。在日本，河岸带植被的快速消失也是由城市化和农业化造成的。同时国内的河岸带植被也因为各种因素遭到了破坏。

河岸带植物对于我们的生活有重要作用。主要有：河岸带植物群落有效地起到过滤作用，减轻污染，降低污染程度。河岸带植被可以形成阴影，防止阳光照射，在调节气候和调节水体温度上也发挥着一定的功能作用。河岸带植被可以储存大量的水分，可以使其处在动态平衡中，对缓冲洪水亦有重大作用。许多研究证明河岸带植被对防沙固土、加固河岸廊道和控制地表径流有不可替代的作用。河岸带系统中的植被可以为一些生命体提供栖息地，发挥了生物廊道功能，如一些爬行动物可以选择这里为夜晚栖息地。在适当开发开垦河岸带的基础上，河岸带栖息地植被为我们提供了丰富的产品、生物、土地，充分发挥其社会效益和经济效益。在景观学中，植被娱乐功能和观赏价值提供了基础。

生物多样性是指生物中的多样化和变异性以及物种生境的生态复杂性，包括植物、动物和微生物的所有种及其组成的群落和生态系统。生物多样性可以分为遗传多样性、物种多样性和生态系统多样性3个层次。遗传多样性指地球上生物个体中所包含的遗传信息之总和；物种多样性是指地球上生物有机体的多样化；生态系统多样性涉及的是生物圈中生物群落、生境与生态过程的多样化。生物多样性为人类提供食物来源的同时，也构成了人类生存与发展的生物圈环境，是人类社会赖以生存和发展的基础。水生生物及其多样性在很大程度上影响河湖等水体水环境的质量，很多水生生物指标可以用来反映和表征水环境的质量状况。

本章对清水河流域浮游生物、底栖动物、水生植物及河岸带植物的种类组成、群落结构、密度、生物量以及生物多样性进行分析和研究，旨在为清水河流域水生态保护与水环境治理提供依据与基础数据。

5.1.1 水生生物现状调查与分析方法

5.1.1.1 浮游植物标本采集与鉴定

浮游植物标本采集包括定性标本和定量标本，定性标本是用25号浮游生物网采集，现场用鲁哥氏液固定。定量标本用1L采水器采集，现场用鲁哥氏液固定，经24h沉淀浓缩至200mL，再经24h浓缩至50mL，然后每50mL加入2mL甲醛保存。每个样品瓶贴标签，标明地点、日期、采样点号。浮游植物定性标本一般鉴定到种，至少到属。定量标本使用0.1mL的计数框于显微镜下进行浮游植物计数，由其推算出原水体中的浮游植物密度及生物量。

5.1.1.2 浮游动物标本采集与鉴定

浮游动物采集包括定性标本和定量标本。轮虫定性用25号浮游生物网拖取，枝角类和桡足类定性用13号网拖取，用采样瓶收集水样，现场用5%甲醛固定。定量样品用采水器采10L水，用25号浮游生物网过滤浓缩，后加入5%甲醛固定。

浮游动物定性标本一般鉴定到种，至少到属。定量标本用1mL计数框进行，然后推算出原水体中的浮游动物密度。浮游动物生物量的计算：轮虫按体积法求得生物体积，比重取1，再根据体积换算出生物量。甲壳动物通过分别测量体长，后根据体长—体重回归方程，由体长换算出体重。无节幼体一个可按0.004mg计算。

5.1.1.3 底栖动物标本采集与鉴定

用1/16m^2的改良式彼得生采泥器采集定量样品，每个样点采集2～3次，将同样点的样品混合。样品经60目不锈钢网筛过滤，洗去细泥，弃掉粗砾，连同碎屑的底栖动物样品一并置入200～1000mL的塑料标本瓶中，10%甲醛保存，带回室内分选和镜检，记录动物种类与密度。持采泥器和手抄网采集底栖动物定性样品，处理方法同定量。鉴定标本参考有关文献。

5.1.1.4 水生植物及河岸带植物标本采集与鉴定

沉水植物、浮叶植物和漂浮植物及其群丛的生物量测定，采用采样面积为0.25m的带网铁铗将样方内的全部植物连根带泥夹起，洗掉淤泥和杂质后，鉴定种类，分别称其湿重，计算出单位面积生物量和总生物量。大型挺水植物及其组成的群丛的生物量测定，是在植物群丛中划出1m^2面积的样方，按种类计算出植株的数目，选取具有代表性的植株

10～30 株，称重，取平均值计算单位面积生物量和总生物量。生物量取各个采样点 3 次采集的植物平均鲜重值。

对于每个采样点，采用样方法对植被进行监测，群落调查采用的野外植物群落调查方法进行标准样方取样。由于在调查时已了解基本植被情况，主要以草本植被为主，按照条样平行带设置样方，每条样带上设置 3 个样方，每个样方大小设置为 3m×3m，鉴定样方内全部植物种类。调查的同时，使用全球定位系统（GPS）对调查地点定位，调查数据主要包括：统计样方内的植物种类、盖度、频度等，同时记录群落所处的经纬度、海拔、河宽等地形地貌及水文因子。记录分析各样方中各种植被的种类及数量、高度、盖度、频度等。确定群落中植物学优势种、常见种。采用 GPS 定位仪进行经、纬度定位，并记录海拔高度。调查中采集了部分植物标本并进行编号，记录生境、习性及伴生植物等信息，记录了不同样方内的植物种类和数量，确定群落中植物学优势种、常见种。

5.1.1.5　鱼类标本采集与鉴定

结合渔业捕捞生产采集鱼类标本，根据刺网、地笼、网筋、钩、卡等多种渔具渔法，调查鱼类种类。此外，还利用自制的多网目复合刺网进行采捕。对未知种类的鱼，选取新鲜、体型完整、鳞片、鳍条无缺的鱼作为标本进行固定。固定前详细观察记录鱼体各部位的色彩。固定时先将鱼体用清水洗干净，然后放在平盘内，先加含 10%福尔马林的水溶液浸泡固定，在鱼体未僵硬前，摆正鱼体各部鳍条的形状，对个体大的鱼，在浸泡时用注射器向鱼体腔内注入适量的上述固定液，待鱼体定型变硬后，置换 5%的福尔马林水溶液中浸泡保存，对易掉鳞的鱼或小鱼，用纱布包裹起来放入固定液中浸泡保存，以防鳞片脱落。根据对鱼体各部位的测量、观察数据等查找检索表，将鱼类标本鉴定到种，编制鱼类名录表。

5.1.1.6　优势种确定方法

优势种是根据物种的出现频率及个体数量来确定，用优势度来表示。优势度计算见式（5.1）。

$$Y=f_iP_i \tag{5.1}$$

式中：Y 为优势度；f_i 为第 i 物种的出现频率；P_i 是第 i 物种个体数占总个体数量的比例。当 $Y\geqslant 0.02$ 时，确定为优势种。

5.1.1.7　生物多样性分析

群落的多样性是衡量群落稳定性的一个重要尺度，本书采用 Gleason 和 Margalef 物种丰富度指数（D）和 Shannon - Wiener 物种多样性指数（H'）描述生物的群落结构特征。

（1）Gleason 和 Margalef 物种丰富度指数（D），见式（5.2）。

$$D=(S-1)/\log_2 N \tag{5.2}$$

式中：S 为种类数；N 为个体数。

（2）Shannon - Wiener 物种多样性指数（H'），见式（5.3）。

$$H'=-\sum(n_i/N)\log_2(n_i/N) \tag{5.3}$$

式中：n_i 为第 i 种浮游植物的个体数；N 为浮游植物总个体数。

（3）均匀度指数（e），见式（5.4）。

$$e=H'/\ln S \tag{5.4}$$

式中：H'为 Shannon - Wiener 指数；S 为种类数。

（4）重要值=（相对密度+相对频度+相对盖度）/3。

5.1.2 断面和采样点设置

根据清水河的自然地理条件，此次研究共设置了32个采样点（表5.1）。

表5.1 断面和采样点

样点号	监测点位	经度（E）	纬度（N）
QSH1	清水河开城	106.2586	35.8566
QSH2	清水河东郊	106.2972	36.0538
QSH3	沈家河水库	106.2591	36.1029
QSH4	清水河头营	106.2180	36.1669
QSH5	清水河杨郎	106.1860	36.2246
QSH6	金鸡儿沟	105.8213	37.0684
QSH7	清水河三营	106.1666	36.2734
QSH8	清水河黑城	106.1418	36.3551
QSH9	清水河七营	106.1567	36.5037
QSH10	清水河双井子沟交汇	106.1879	36.5582
QSH11	清水河羊路	106.1327	36.6341
QSH12	清水河李旺	106.1119	36.6632
QSH13	清水河折死沟交汇	106.0722	36.7293
QSH14	清水河王团	106.0063	36.8327
QSH15	清水河同心	105.8965	36.9660
QSH16	清水河丁家塘	105.8709	37.0265
QSH17	清水河河西	105.8240	37.1125
QSH18	长山头水库	105.7452	37.2614
QSH19	清水河长山头	105.6180	37.4131
QSH20	清水河入黄点	105.5449	37.4846
QSH21	双井子沟	106.1947	36.5595
QSH22	苋麻河（2）	105.8435	36.3187
QSH23	中河（1）	105.9700	36.0985
QSH24	寺口子水库	105.9611	36.2682
QSH25	冬至河（1）	106.0845	35.0383
QSH26	冬至河水库	106.0742	36.0487
QSH27	井沟	106.1219	36.6562
QSH28	沙沿沟（2）	105.9368	36.9503
QSH29	清水河与第五排水沟交点（下）	105.5152	37.4770
QSH30	泉眼山	105.5319	37.4791
QSH31	猫儿沟水库	105.8613	36.1977

断面的设置依据水质的采样点，河岸带植物样点范围从河岸浅滩（不是水体边缘）向外延伸大约 10m，或到河边区域的外缘为止（过渡到高地或植被，与水体不相连）。在溪流或河的每一边设置 3 个或更多横断面。在数据表上标记横断面为左岸或右岸。选取长度间隔，每个横断面大约是 5 个点。

5.2　清水河浮游植物群落结构

5.2.1　清水河浮游植物的种类组成及季节变化

5.2.1.1　清水河浮游植物的种类组成

2017 年 11 月—2018 年 7 月，在清水河干流共采集、鉴定浮游植物 75 个种，隶属于 7 门 45 属。其中以硅藻门种类最多，13 属 31 种，占总种类数的 42%；绿藻门次之，19 属 27 种，占 36%；蓝藻门 6 属 8 种，占 11%；裸藻门 2 属 4 种，占 5%；甲藻门 1 属 1 种，占 1%；隐藻门 2 属 2 种，占 3%；黄藻门 1 属 1 种，占 1%；其他 1 属 1 种，占 1%。清水河浮游植物组成如图 5.1 所示。

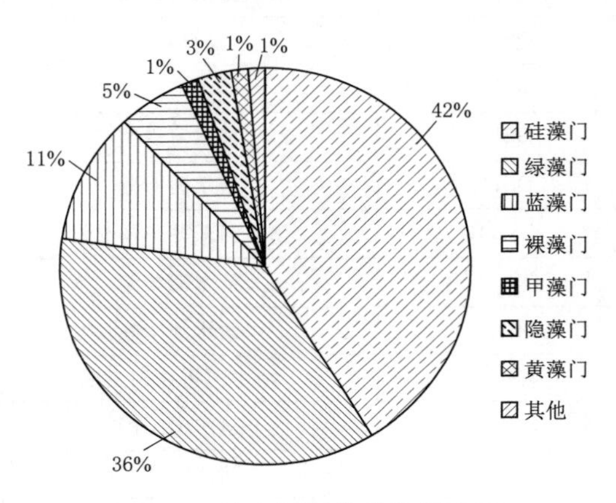

图 5.1　清水河浮游植物组成图

5.2.1.2　清水河浮游植物的季节分布和水平分布

从表 5.2 可以看出浮游植物在不同时期变化很大，平水期（2017 年 11 月）藻类种类数最多，丰水期（2018 年 7 月）次之，枯水期（2018 年 4 月）最少。在平水期绿藻门的种类数最多，其次是硅藻门和蓝藻门；枯水期和丰水期时硅藻门种类数最多，绿藻门和裸藻门次之。

表 5.2　　清水河流域浮游植物的种类数季节分布

门	2017 年 11 月		2018 年 4 月		2018 年 7 月	
	属	种	属	种	属	种
硅藻门	9	17	10	18	10	18
绿藻门	15	23	7	10	11	17
隐藻门	2	2	1	1	1	1
黄藻门	1	1	0	0	0	0
蓝藻门	5	6	4	4	3	4
裸藻门	2	4	2	2	2	4
甲藻门	0	0	0	0	1	1

在各样点间浮游植物种类也有差异，由表 5.3 可知沈家河水库的浮游植物种类最多，为 53 种；清水河东郊次之，为 36 种；清水河羊路最少，仅 5 种。

表 5.3 清水河流域的浮游植物种类的水平分布 单位：种

样点	硅藻	黄藻	蓝藻	裸藻	绿藻	隐藻	甲藻
清水河开城	5	0	0	0	1	0	0
清水河东郊	13	0	0	0	22	1	0
沈家河水库	15	1	8	10	19	0	0
清水河头营	5	1	3	1	3	1	0
清水河杨郎	8	0	3	1	2	0	1
清水河三营	8	0	1	2	4	1	0
清水河黑城	3	0	2	1	0	0	0
清水河七营	2	0	1	3	2	2	0
清水河羊路	1	0	0	1	3	0	0
清水河李旺	2	0	0	2	2	1	0
清水河王团	2	0	3	0	2	0	0
清水河同心	4	0	1	2	0	2	0
清水河丁家塘	5	0	1	3	3	1	0
清水河河西	10	0	2	0	4	1	0
清水河入黄点	8	0	0	1	2	2	0

5.2.2 清水河浮游植物的密度与生物量

清水河水体浮游植物密度与生物量检测结果如图 5.2、图 5.3 所示。清水河开城采样点全年浮游植物平均密度最小，其变幅为 725～2080 个/L，平均为 1397 个/L；清水河沈家河水库采样点全年浮游植物平均密度最大，其变幅为 2710～5766 个/L；平均密度为 4340 个/L；最低密度出现在 2018 年 4 月清水河开城采样点，为 725 个/L；最高密度出现在 2017 年 11 月沈家河水库采样点，为 57667 个/L。

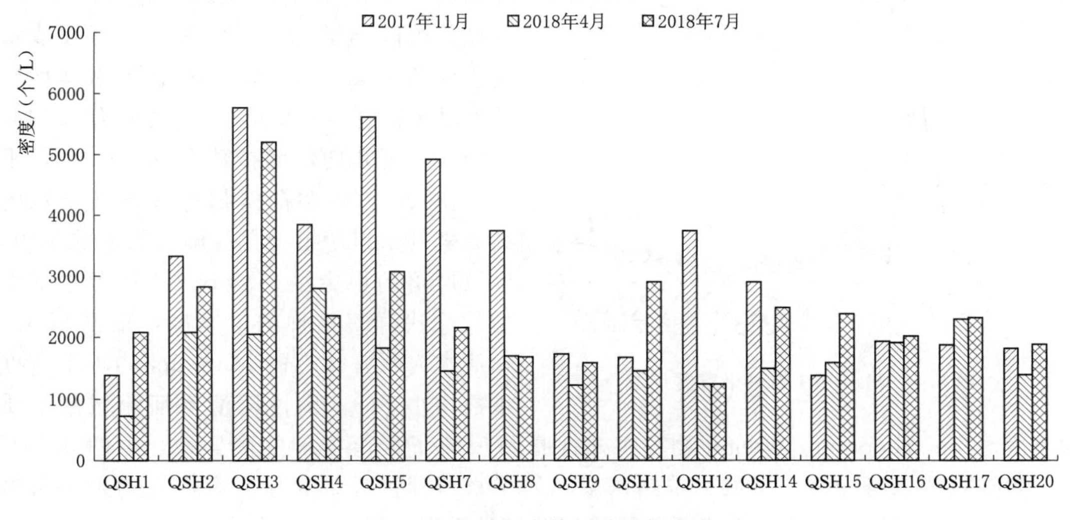

图 5.2 清水河水体浮游植物密度

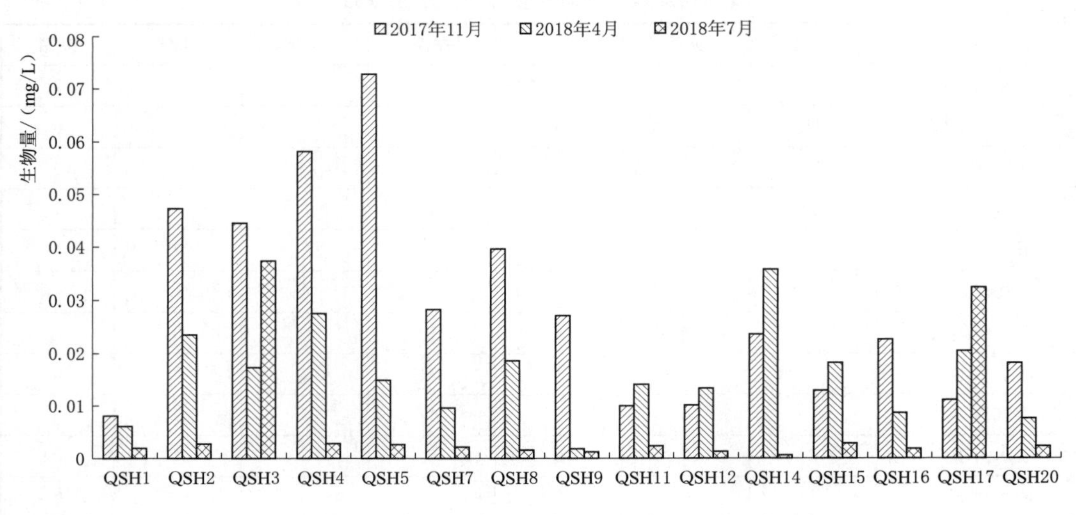

图 5.3 清水河水体浮游植物生物量

清水河浮游植物生物量变化幅度为 0.0006～0.0727mg/L，各样点年度平均生物量为 0.005～0.033mg/L。沈家河水库样点最高，为 0.033mg/L，清水河开城最低，为 0.005mg/L。生物量大于 0.01mg/L 的样点有 3 个，占 15%；小于 0.01mg/L 的 15 个，占 75%；其余 10%生物量为 0。各样点中，生物量最高点出现在 2017 年 11 月的清水河杨郎，为 0.0727mg/L；最低点出现在 2018 年 7 月的清水河王团，为 0.0006mg/L。

5.2.3 清水河浮游植物多样性分析

从图 5.4 可知 Margalef 物种丰富度指数变动范围在 0～2.783，平均为 0.411。其中沈家河水库的值相对较高，清水河王团、开城、李旺指数为 0；由图 5.5 可知清水河水体的 Shannon - Wiener 物种多样性指数变动范围在 0～2.987，平均值为 1.148。由图 5.6 可知均匀度指数在 0～0.999，平均为 0.861。通常根据物种多样性指数的高低来判断浮游植物自我调节能力的强弱，以及群落的稳定性。Margalef 物种丰富度指数反映群落物种的丰富度，根据图 5.4 知清水河所有样点的 Margalef 物种丰富度指数均小于 3，则说明清水河流域的水质为重度污染；Shannon - Wiener 物种多样性指数反映了群落物种的多样性，由图 5.5 可知，除样点清水河开城、黑城、羊路、李旺处于富营养区外，其他所有样点均是中营养区；由图 5.6 可知，就均匀度来说，清水河流域种类间个体分配较为均匀。

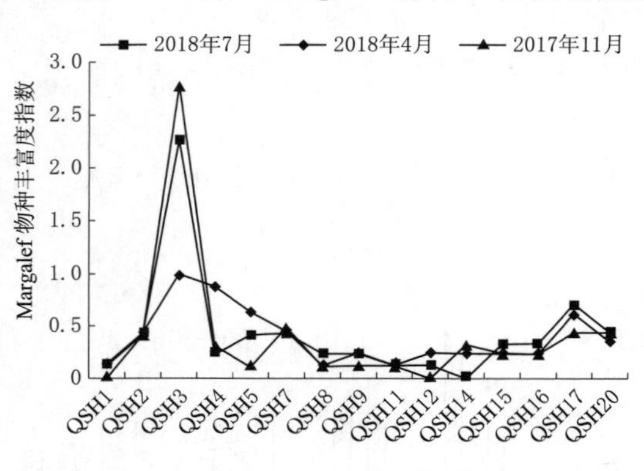

图 5.4 Margalef 物种丰富度指数

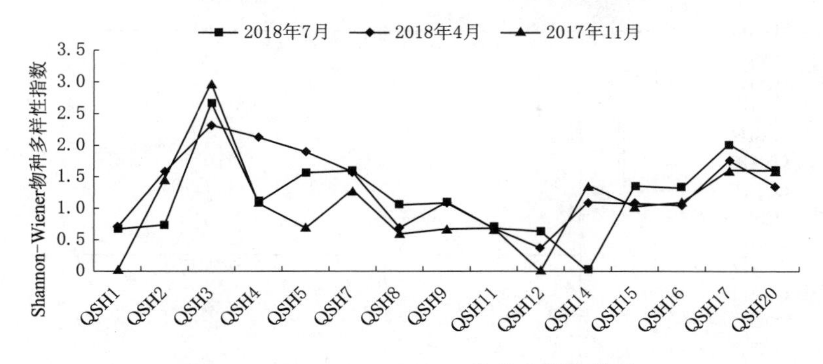

图 5.5　Shannon - Wiener 物种多样性指数

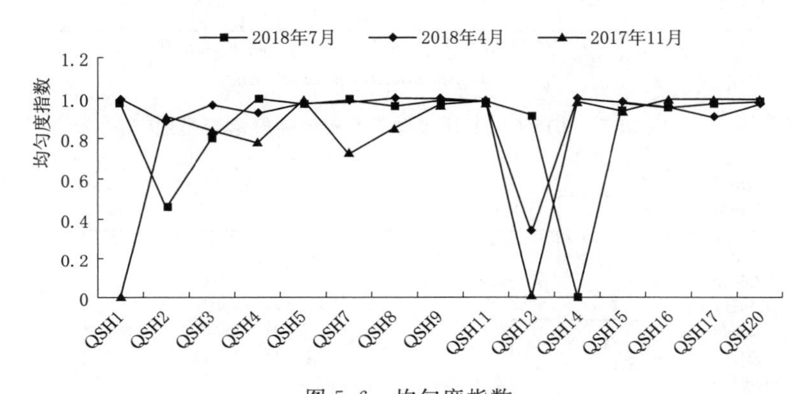

图 5.6　均匀度指数

5.2.4　清水河浮游植物群落结构

5.2.4.1　聚类分析

图 5.7 是将 2017 年 11 月从清水河 15 个采到样本的不同样点的浮游植物分为 2 个类群，类群 1（QSH3）浮游植物密度为 5767 个/L，种类数为 35；类群 2（QSH5，QSH14，QSH2，QSH7，QSH4，QSH8，QSH12，QSH20，QSH16，QSH9，QSH15，QSH17，QSH11，QSH1）平均浮游植物密度为 2854 个/L，平均种类数为 6。

图 5.8 是将 2018 年 4 月从清水河 15 个采到样本的不同样点的浮游植物分为 3 个类群，类群 1（QSH4，QSH5，QSH3，QSH17，QSH2）平均浮游植物密度为 2214 个/L，种类数为 8；类群 2（QSH11，QSH8，QSH16，QSH20，QSH7，QSH12，QSH15，QSH14，QSH9）平均浮游植物密度为 1500 个/L，种类数为 3；类群 3（QSH1）浮游植物密度为 725 个/L，种类数为 2。

图 5.9 是将 2018 年 7 月从清水河 15 个采到样本的不同样点的浮游植物分为 4 个类群，类群 1（QSH3）浮游植物密度为 5203 个/L，种类数为 25；类群 2（QSH12，QSH9，QSH8）平均浮游植物密度为 1506 个/L，平均种类数为 3；类群 3（QSH15，QSH4，QSH20，QSH16，QSH7，QSH5，QSH2）平均浮游植物密度为 2384 个/L，平均种类数为 5；类群 4（QSH11，QSH14，QSH1）平均浮游植物密度为 2496 个/L，平均种类数为 2。

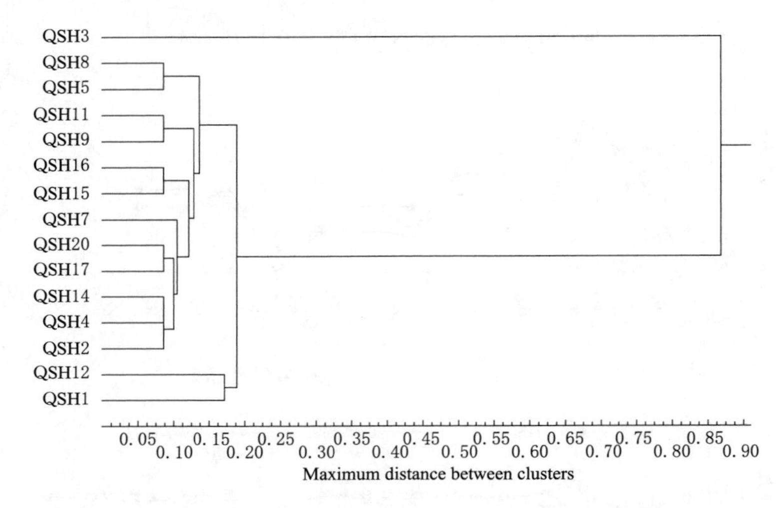

图 5.7 2017 年 11 月清水河浮游植物群落聚类图

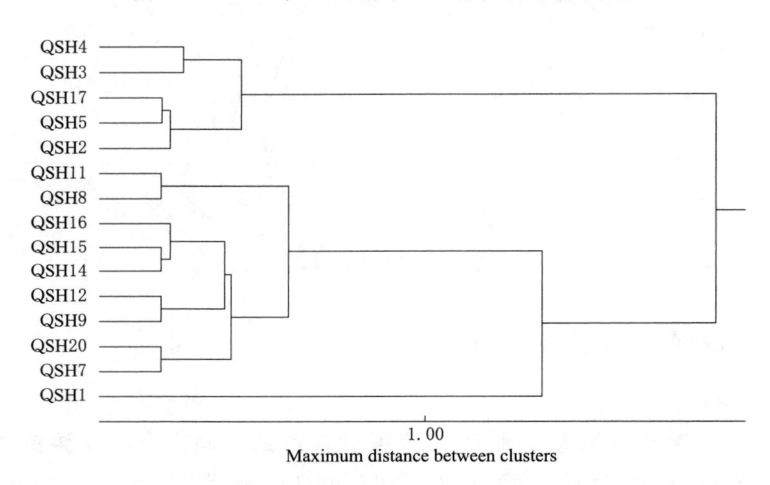

图 5.8 2018 年 4 月清水河浮游植物群落聚类及多维尺度标序图

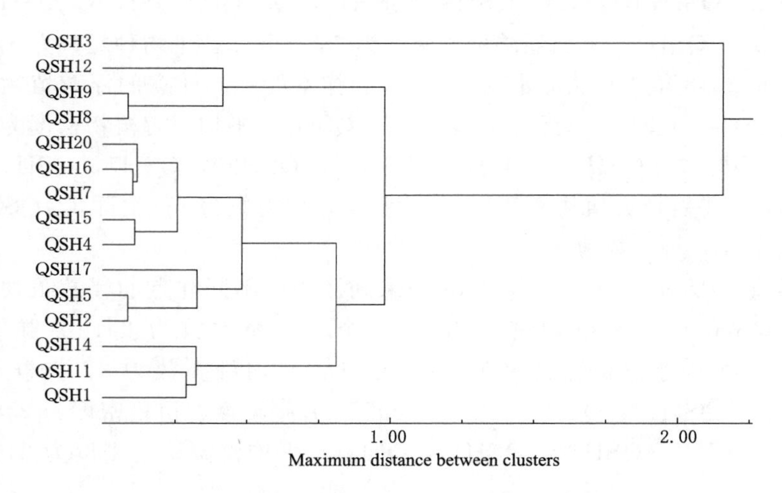

图 5.9 丰水期清水河浮游植物群落聚类图

5.2.4.2 多维尺度分析

由图 5.10～图 5.12 多维尺度标序图可知，2017 年 11 月清水河采样点可以分为 2 大类群，胁强系数为 0.05209；2018 年 4 月清水河采样点分为 3 大类，胁强系数为 0.00066；2018 年 7 月份清水河采样点可以分为 4 大类，胁强系数 0.00025。这说明各时期多维尺度分析结果与聚类分析的结果一致。多维尺度分析的结果清楚地显示了各样点浮游植物群落的距离（即相似性），并且各时期各类群间浮游植物群落的组成存在明显的差异。

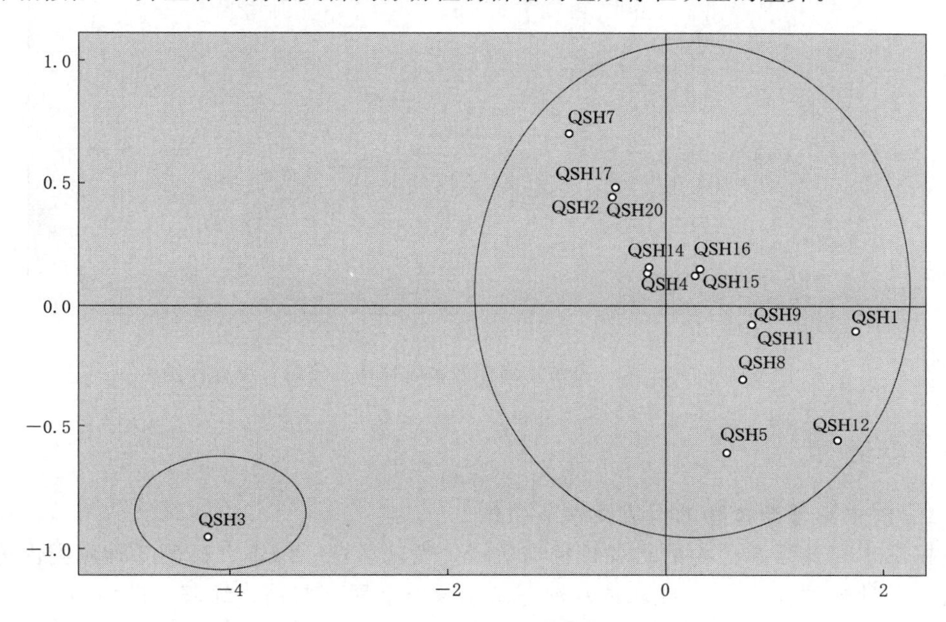

图 5.10 2017 年 11 月清水河浮游植物群落的多维尺度标序图

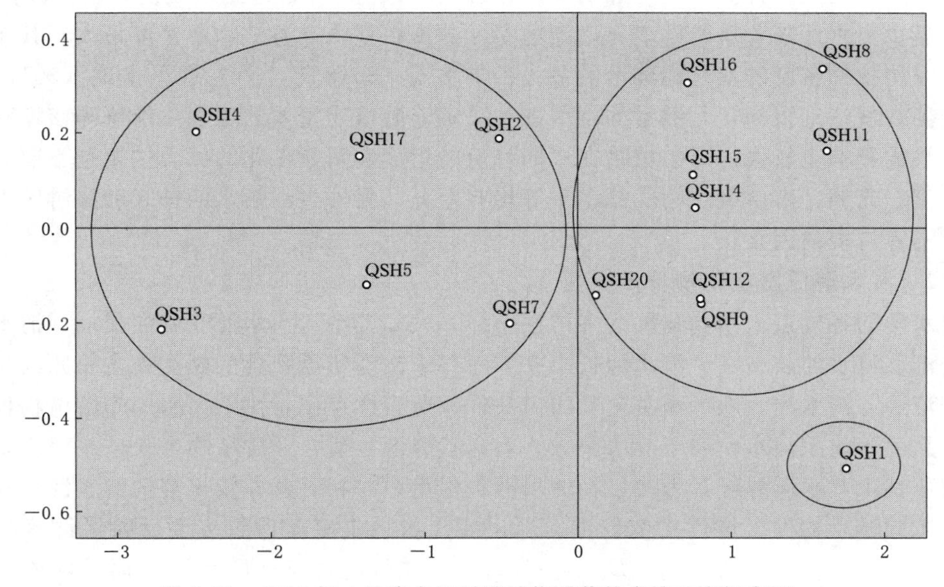

图 5.11 2018 年 4 月清水河浮游植物群落的多维尺度标序图

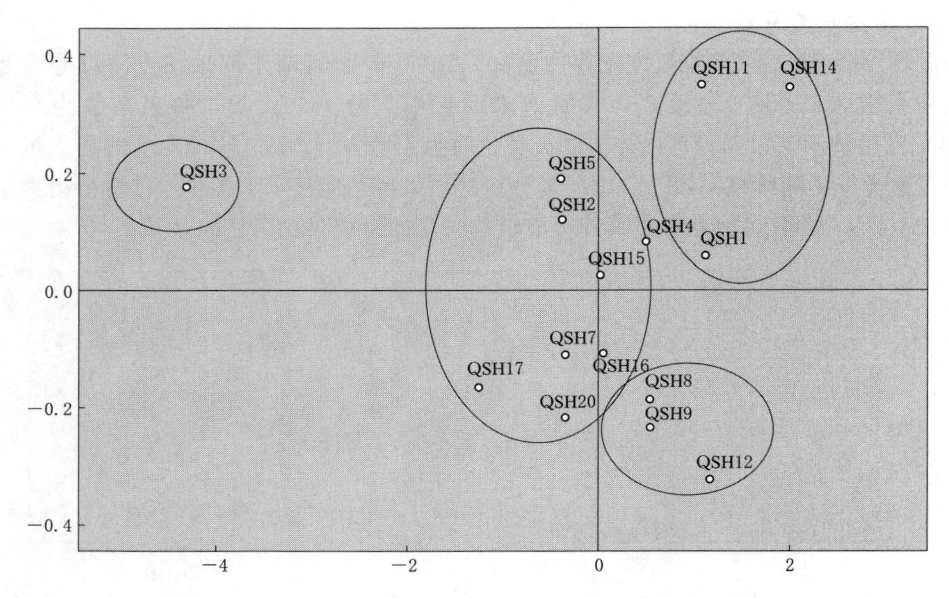

图 5.12　2018 年 7 月清水河浮游植物群落的多维尺度标序图

5.2.5　小结

5.2.5.1　清水河浮游植物的组成及季节变化

根据清水河各浮游植物的出现频率与数量，发现蓝藻、绿藻、硅藻 3 种藻类占清水河浮游植物总种数的 88%，因此，清水河浮游植物类型属于蓝藻、绿藻、硅藻型。

清水河浮游植物种类年变化明显，但在各门之间差别不大。总体上说，物种与属的变化趋于一致，只是物种的变化更加明显。2017 年 11 月物种数达到最大值，物种数在 2018 年 4 月最少，之后随着季节的变化逐渐增多，硅藻在整个浮游植物中密度最大，其年变化对整个浮游植物密度的变化趋势影响最大。丰水期（2018 年 7 月）和平水期（2017 年 11 月）硅藻数量达到顶峰，其数量的剧增直接决定浮游植物密度的增加。绿藻和蓝藻对整个变换趋势的影响也较大。浮游植物在不同月份的组成有明显变化的原因主要是不同季节水体的温度、光照、溶解氧、营养盐水平等均有差异，另外生活污水的排入和旅游区人为活动也是不容忽视的因素。

5.2.5.2　清水河浮游植物物种多样性

清水河的各样点之间，物种的多样性差异不大。其中，清水河双井河交汇、清水河折死沟交汇、清水河长山头、清水河长山头水库并未出现所需采集的藻类，主要原因是由双井河交汇进入清水河，缺少藻类生长所需条件。所有样点中，沈家河水库浮游植物种类最多，这是由于沈家河水库属于静水区域，为富营养区，适合浮游植物生长。一般说来，多样性指数越大，水质越好，因此，在清水河各样点中，相对营养较丰富的清水河李旺、清水河开城等样点物种多样性指数较低。Margalef 物种丰富度指数主要反映了群落物种的丰富度，当 $D>5$ 时为清洁水；$D=4\sim5$ 时，水质轻度污染；$D=3\sim4$ 时，水质中度污染；$D<3$，水质重度污染。Shannon - Wiener 物种多样性指数反映了群落物种的多样性，

H'值0～1为富营养，1～3为中营养，大于3为贫营养。均匀度指数有效地描述了种类之间个体分配的均匀性，e值在0～0.3为重污染，0.3～0.5为中污染，0.5～0.8为轻污染或无污染。由以上3个指数判断，可以认为清水河处于中富营养状态。

5.2.5.3　浮游植物群落结构

聚类分析将没有分类的个体按相似程度归于同一类，分成几个能提供信息的小类别，借此了解其中主要类别的特征，通过距离测度值来表示样点间相似性，值越小越相似，越早聚为一类，越大则越不相似。从聚类结果可以看出，清水河浮游植物的种群结构不同时期变化明显，季节不同，类群不同，浮游植物的种类和密度差异较大，而组内各样点浮游植物群落的相似性较高，种类数组成基本相同。

多维尺度标序图可以直观地将群落标于多维坐标中，分析不同样点群落结构的距离关系（即相似性），在一定的相似性水平下，群落组成越相近的2个样点，在多维尺度标序图上代表它们的点距离越近；群落组成相差越远的2个样点，则代表它们的点在图上的距离就越远。从结果可见，多维尺度标序图各图形分析的胁强系数值均小于0.05，吻合很好，可以正确解释样点间的相似关系。对照聚类分析图和多维尺度标序图，可以看出，多维尺度标序图分析结果和聚类分析结果十分相似，表明多维尺度标序图分析支持了聚类分析的结果，而且更直观地显示了类群之间的距离关系（即相似程度），可以较好地显示清水河浮游植物群落结构。

5.3　清水河浮游动物群落结构

5.3.1　清水河浮游动物种类组成及分布

5.3.1.1　浮游动物种类组成

对种群性质起决定性作用的种类组成，也是鉴别各种群落类型的基本因素。通过2018年7月与2018年11月两个月对清水河22个采样点的浮游动物进行种类调查、数量统计和群落结构研究，共鉴定出浮游动物23种，其中轮虫类8种，桡足类7种，枝角类8种。轮虫类种类数占总种类数35%，枝角类占35%，桡足类占30%（图5.13）。具体采样点浮游动物种类组成见表5.4及表5.5。

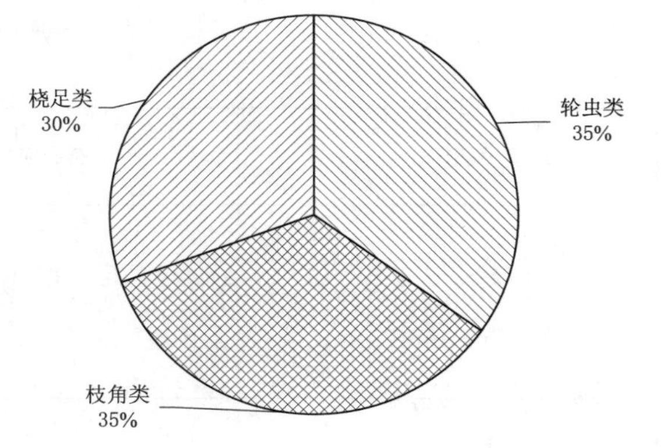

图5.13　清水河浮游动物种类组成比例

5.3.1.2　浮游动物的季节分布与水平分布

在清水河的22个采样点中，几处水库采集到的浮游动物种类最多，其中沈家河水库5种，冬至河水库7种（图5.14）。其次，清水河入黄点与中河均有4种浮游动物分布，采集到浮游动物有3种的样点分别是双井河、寺口子，剩下的所有样点采集到的浮游动物均为1种或2种。轮虫类中隶属臂尾轮

表 5.4　　　　2018 年 7 月清水河浮游动物采样位置及种类组成

样点号	位　置	种　类
QSH1	清水河开城	尖额溞
QSH2	清水河东郊	剑水蚤
QSH3	沈家河水库	近亲尖额溞
		卵形盘肠溞
		壶状臂尾轮虫
		矩形龟甲轮虫
		中华原镖水蚤
QSH4	清水河头营	真剑水蚤
QSH7	清水河三营	秀体尖额溞
QSH8	清水河黑城	广布温剑水蚤
QSH11	清水河羊路	中型尖额溞
QSH12	清水河李旺	矩形龟甲轮虫
		秀体尖额溞
QSH13	清水河折死沟交汇	壶状臂尾轮虫
		等刺温剑水蚤
QSH14	清水河王团	尖额溞
QSH15	清水河同心	尖额溞
QSH19	清水河长山头	壶状臂尾轮虫
QSH20	清水河入黄点	秀体尖额溞
		壶状臂尾轮虫
		真剑水蚤
QSH21	双井子沟	壶状臂尾轮虫
		尖额溞
		矩形臂尾轮虫
QSH22	苋麻河（2）	广布中剑水蚤
		圆形盘肠溞
QSH23	中河（1）	萼花臂尾轮虫
		壶状臂尾轮虫
		中华原镖水蚤
		蚤状溞
QSH24	寺口子水库	壶状臂尾轮虫
		大型溞
		前节晶囊
QSH25	冬至河（1）	壶状臂尾轮虫

续表

样点号	位　置	种　类
QSH26	冬至河水库	矩形臂尾轮虫
		中型尖额溞
		广布中剑水蚤
		等刺温剑水蚤
		前节晶囊
		壶状臂尾轮虫
		蚤状溞
QSH27	井沟	壶状臂尾轮虫
QSH28	沙沿沟（2）	壶状臂尾轮虫
QSH31	猫儿沟水库	广布温剑水蚤
		近亲尖额溞

表 5.5　2018 年 11 月清水河浮游动物采样位置及种类组成

样点号	位　置	种　类
QSH1	清水河开城	广布中剑水蚤
QSH2	清水河东郊	近邻剑水蚤
QSH3	沈家河水库	广布中剑水蚤
QSH4	清水河头营	矮小刺剑水蚤
QSH7	清水河三营	广布中剑水蚤
QSH8	清水河黑城	广布中剑水蚤
QSH20	清水河入黄点	沙壳虫
		尖额溞
		壶状臂尾轮虫
		尖尾疣毛轮虫
QSH21	双井子沟	剑水蚤
QSH22	苋麻河（2）	壶状臂尾轮虫
QSH23	中河（1）	蚤状溞
		广布中剑水蚤
QSH24	寺口子水库	剑水蚤
QSH25	冬至河（1）	多态喇叭虫
		壶状臂尾轮虫
QSH26	冬至河水库	壶状臂尾轮虫
		蚤状溞
		壶状臂尾轮虫
		中华剑水蚤

续表

样点号	位　　置	种　　类
QSH27	井沟	壶状臂尾轮虫
QSH28	沙沿沟（2）	壶状臂尾轮虫
QSH31	猫儿沟水库	剑水蚤

属的壶状臂尾轮虫在沈家河水库、清水河长山头、折死沟、入黄点、双井子沟等采样点均有分布，其中在折死沟、井沟、入黄点分布最为广泛，密度分别为 70ind./L、22ind./L、16ind./L。

此次主要是在 2018 年 7 月（夏季）与 2018 年 11 月（冬季）进行了采样，对于 2018 年 7 月与 2018 年 11 月均涉及的采样地点，从季节变化分析（图 5.14），整体水平浮游动物种类数夏季 19 种，占总种类数的 82.6%，冬季 11 种，占总种类数的 47.83%（表 5.6）。轮虫类与桡足类冬夏两季种类数变化并不显著，而枝角类冬季种类数相比于夏季明显有所下降。夏季共采集到轮虫 5 种，占夏季总种类数的 26.32%，冬季 4 种，但所占夏季总种类数比例上升至 36.36%；夏季枝角类 8 种，占 42.11%，冬季种类数下降为 2 种，占比下降为 18.18%；桡足类夏季采集到 6 种，占夏季总种类数 31.58%，冬季为 5 种，但所占比例有所上升，为 45.45%。

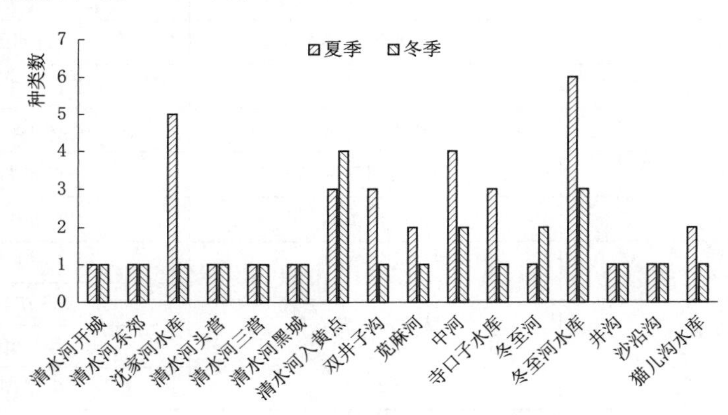

图 5.14 清水河浮游动物的季节分布

表 5.6　　清水河浮游动物各类群种类数及其百分比

采样点	季节	轮虫类		枝角类		桡足类		总计	种类总数
		种类数	比例/%	种类数	比例/%	种类数	比例/%		比例/%
清水河开城	夏	0	0	1	50.00	1	50.00	2	8.70
	冬	0	0	0	0	1	100.00	1	4.35
清水河东郊	夏	0	0	0	0	0	0	0	0
	冬	0	0	0	0	1	100.00	1	4.35
沈家河水库	夏	2	33.33	2	33.33	2	33.33	6	26.09
	冬	0	0	0	0	1	100.00	1	4.35

续表

采样点	季节	轮虫类		枝角类		桡足类		总计	种类总数
		种类数	比例/%	种类数	比例/%	种类数	比例/%		比例/%
清水河头营	夏	0	0	0	0	0	0	0	0
	冬	0	0	0	0	1	100.00	1	4.35
清水河三营	夏	0	0	1	50.00	1	50.00	2	8.70
	冬	0	0	0	0	1	100.00	1	4.35
清水河黑城	夏	0	0	0	0	0	0	0	0
	冬	0	0	0	0	1	100.00	1	4.35
清水河羊路	夏	0	0	1	50.00	1	50.00	2	8.70
	冬								
清水河李旺	夏	1	33.33	1	33.33	1	33.33	3	13.04
	冬								
清水河王团	夏	0	0	1	50.00	1	50.00	2	8.70
	冬								
清水河同心	夏	0	0	1	50.00	1	50.00	2	8.70
	冬								
清水河长山头	夏	1	100.00	0	0	0	0	1	4.35
	冬								
清水河入黄点	夏	1	33.33	1	33.33	1	33.33	3	13.04
	冬	3	60.00	1	20.00	1	20.00	5	21.74
折死沟	夏	1	100.00	0	0	0	0	1	4.35
	冬								
双井子沟	夏	2	50.00	1	25.00	1	25.00	4	17.39
	冬	0	0	0	0	0	0	0	0
苋麻河	夏	0	0	1	50.00	1	50.00	2	8.70
	冬	1	100.00	0	0	0	0	1	4.35
中河	夏	2	50.00	1	25.00	1	25.00	4	17.39
	冬	0	0	1	50.00	1	50.00	2	8.70
寺口子水库	夏	2	50.00	1	25.00	1	25.00	4	17.39
	冬	0	0	0	0	0	0	0	0
猫儿沟水库	夏	0	0	1	50.00	1	50.00	2	8.70
	冬	0	0	0	0	0	0	0	0
冬至河	夏	1	100.00	0	0	0	0	1	4.35
	冬	2	100.00	0	0	0	0	2	8.70
冬至河水库	夏	3	60.00	1	20.00	1	20.00	5	21.74
	冬	1	33.33	1	33.33	1	33.33	3	13.04
井沟	夏	1	100.00	0	0	0	0	1	4.35
	冬	1	100.00	0	0	0	0	1	4.35

续表

采样点	季节	轮虫类		枝角类		桡足类		总计	种类总数
		种类数	比例/%	种类数	比例/%	种类数	比例/%		比例/%
沙沿沟	夏	1	100.00	0	0	0	0	1	4.35
	冬	1	100.00	0	0	0	0	1	4.35
总种类数	夏	5	26.32	8	42.11	6	31.58	19	82.60
	冬	4	36.36	2	18.18	5	45.45	11	47.83
合计		8	34.78	8	34.78	7	30.43	23	

5.3.2 浮游动物的优势种

清水河浮游动物的优势种共有7种（表5.7），分别是：壶状臂尾轮虫、蚤状溞、尖额溞、秀体尖额溞、中型尖额溞、剑水蚤、广布中剑水蚤。

表5.7 清水河浮游动物优势种

属	种	优势度
尖额溞属	尖额溞	0.05
	秀体尖额溞	0.02
	中型尖额溞	0.02
溞亚属	蚤状溞	0.04
剑水蚤属	剑水蚤	0.92
臂尾轮属	壶状臂尾轮虫	0.57
中剑水蚤属	广布中剑水蚤	0.10

5.3.3 浮游动物的密度与生物量

清水河浮游动物的平均密度为3.85ind./L，平均生物量为10.78mg/L。其中轮虫的平均密度为5.71ind./L、枝角类为2.13ind./L、桡足类为2.98ind./L。平均生物量为10.78mg/L。桡足类在生物量中所占的比重最大，其次为枝角类、轮虫，三者的平均生物量为17.37mg/L、16.86mg/L、1.48mg/L。单论密度，轮虫占绝对优势，但由于其体型较小，所以在平均生物量中所占的比例也较小，而体型较大的桡足类则在平均生物量中占有较大比重。

清水河浮游动物密度冬夏两季变化如图5.15所示（清水河羊路、清水河李旺、清水河王团、清水河同心、清水河长山头、折死沟冬季未采样）：夏季浮游动物的密度大于冬季，夏季4.44ind./L，冬季2.75ind./L。轮虫密度冬季比夏季明显下降，夏季7.89ind./L，冬季1.78ind./L；枝角类密度冬夏两季相差不大，夏季2.14ind./L，冬季2.08ind./L；桡足类冬季密度大于夏季，夏季2.14ind./L，冬季3.82ind./L。各采样点浮游动物密度也存在一定季节差异，夏季折死沟浮游动物平均密度最大36ind./L，井沟次之。冬季清水河东郊与沈家河水库浮游动物平均密度较大，分别为9ind./L、8ind./L。

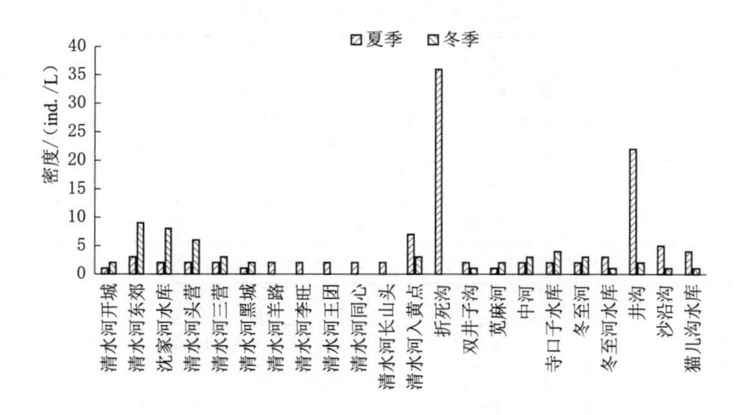

图 5.15 清水河浮游动物密度

清水河浮游动物生物量冬夏两季变化如图 5.16 所示。浮游动物生物量的季节变化趋势与密度的变化趋势相符，夏季 12.03mg/L，冬季 8.44mg/L。由于浮游动物各类群个体大小上的差异，故轮虫、枝角类、桡足类生物量四季变化趋势差异显著。轮虫较枝角类、桡足类体型较小，即便夏季密度较高的轮虫，其生物量的优势也不是很明显，桡足类体型较大，所以在夏季，桡足类的生物量明显高于轮虫和枝角类。

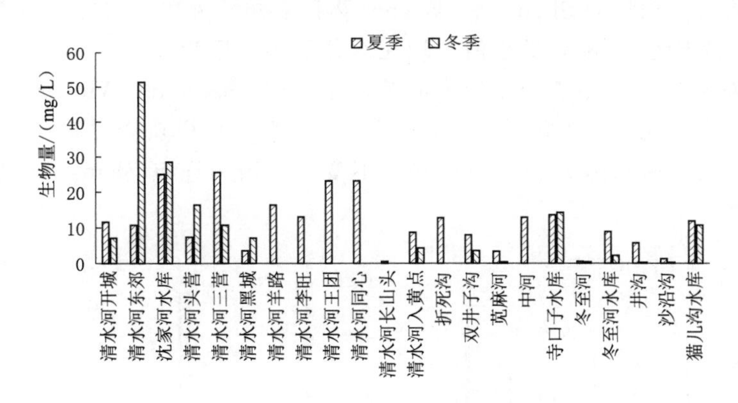

图 5.16 清水河浮游动物生物量

5.3.4 浮游动物的多样性分析

清水河浮游动物多样性指数见表 5.8。Margalef 物种丰富度指数的变化范围是 0.233～2.066（图 5.17）。各采样点之间平均值最大的是冬至河水库，达到了 1.033；最小的是折死沟，值为 0.117。Margalef 物种丰富度指数的冬夏两季变化范围为：0.432～0.997，夏季的 Margalef 物种丰富度指数大于冬季。图 5.17 表明，各采样点的 Margalef 物种丰富度指数变化夏季与冬季有明显差异，夏季沈家河水库的 Margalef 物种丰富度指数明显高于其他各采样点，冬至河的指数值最小；冬季苋麻河的指数较夏季有所下降，清水河入黄点、猫儿沟水库、冬至河的 Margalef 物种丰富度指数均上升。

表 5.8 清水河浮游动物多样性指数

采样点	夏季			冬季		
	D	H	E	D	H	E
沈家河水库	1.653	2.145	3.062	0.000	0.000	0.000
清水河李旺	0.691	0.998	3.322	0.000	0.000	0.000
清水河入黄点	0.647	1.096	2.305	1.289	8.786	14.600
折死沟	0.234	0.183	0.598	0.000	0.000	0.000
双井子沟	1.091	1.499	3.144	0.000	0.000	0.000
苋麻河	1.233	0.991	3.289	0.558	0.000	0.000
中河	1.422	1.934	3.206	0.000	2.000	6.644
寺口子水库	1.206	1.554	3.249	0.000	0.000	0.000
猫儿沟水库	0.721	0.811	2.691	1.233	0.000	0.000
冬至河	0.000	0.000	0.000	1.674	2.018	6.710
冬至河水库	2.066	2.551	3.017	0.000	8.340	13.852
平均值	0.997	1.251	2.534	0.432	1.922	3.801

注 其中清水河开城、清水河东郊、清水河三营、清水河黑城、清水河头营、清水河羊路、清水河王团、清水河同心、清水河长山头、井沟、沙沿沟采样点所采集到的浮游动物种类数过少，无法计算其多样性指数。

清水河水体浮游动物的 Shannon - Wiener 物种多样性指数平均为 1.587。全年最大值出现在清水河入黄点为 8.786，最小值出现在双井子沟夏季为 0.183（图 5.18）。Shannon - Wiener 物种多样性指数的季节变化较为显著，冬季的 Shannon - Wiener 物种多样性指数比夏季大，冬季为 1.922，夏季为 1.251。夏季至冬季各采样点变化趋势呈线型，清水河入黄点河及冬至河水库指数升高，中河基本不变，其余采样点 Shannon - Wiener 物种多样性指数均下降。

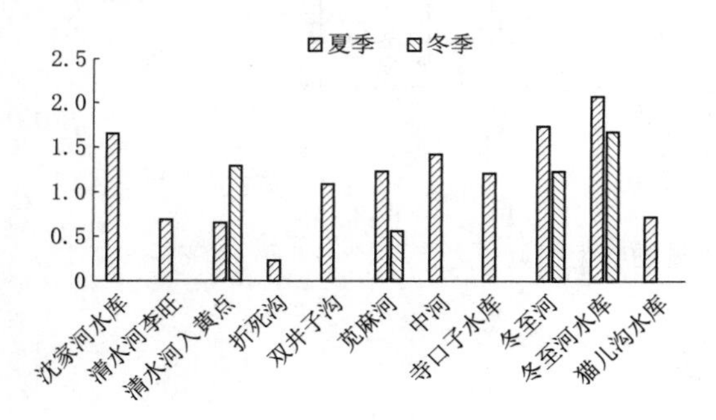

图 5.17 清水河浮游动物 Margalef 物种丰富度指数季节变化

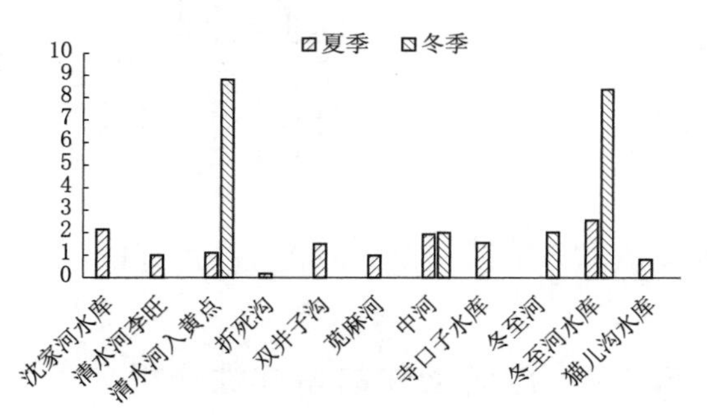

图 5.18 清水河浮游动物 Shannon - Wiener 物种多样性指数季节变化

清水河浮游动物的冬夏平均均匀度为 3.168，平均均匀度最高的采样点是清水河入黄点和冬至河，分别为 8.45、8.43（图 5.19），其他采样点的平均均匀度值差异不大。冬季均匀度大于夏季，冬季 3.801，夏季 2.535。均匀度的最大值出现在清水河入黄点冬季，为 14.6，最小值出现在折死沟夏季，为 0.598。

5.3.5 小结

5.3.5.1 清水河浮游动物种类组成及季节变化

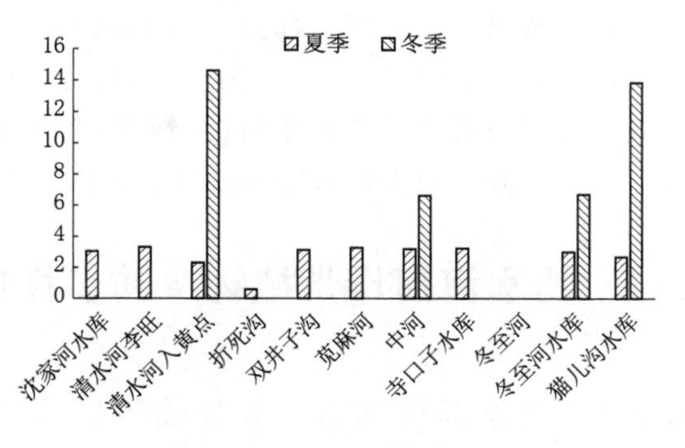

图 5.19 清水河浮游动物均匀度指数季节变化

采样调查期间，清水河各个样点共采集到浮游动物 23 种，其中轮虫类 8 种，桡足类 7 种，枝角类 8 种。轮虫类种类数占总种类数 35%，枝角类占 35%，桡足类占 30%。清水河浮游动物种类季节变化明显，整体水平上冬季较夏季有所下降。从各个类群来看，轮虫类与桡足类冬夏两季种类数变化并不显著，而枝角类冬季种类数相比于夏季明显有所下降。不同季节，水中生物因子，水体温度、营养盐水平、pH 值等均不同，所以造成了浮游动物季节分布的变化，除此之外，生活污水的排入也是不可忽略的因素。

在样点间轮虫种类也有差异，几处水库采集到的浮游动物种类最多，其中包括沈家河水库、冬至河水库。较多采样点采集到的浮游动物仅为 1 种或 2 种，分布最广泛的是轮虫类臂尾轮属壶状臂尾轮虫，且在各样点处的密度及生物量都比较大。不同类群的浮游动物对环境条件的适应情况有差别，因而就造成了其水平分布的变化。

5.3.5.2 清水河浮游动物密度及生物量

不同类型的河流，浮游动物的密度与生物量高峰期不同，主要受影响于水体温度、食物量多少及河内水草丰度等因素。清水河浮游动物中密度最大的是轮虫，夏季浮游动物的密度大于冬季。就密度而论，轮虫占很大优势，但由于其体型较小，占平均生物量的比重相较小，而桡足类体型较大，则在平均生物量中占有较大比重。除了季节影响，各采样点的水体环境不同也使得浮游动物的密度与生物量均存在差异。

5.3.5.3 清水河浮游动物物种多样性

衡量群落是否稳定的方式之一就是种群多样性，可以通过多个指数来表示，Margalef 指数比较依赖物种数，能充分反映物种种类的分布情况 Shannon - Wiener 指数一般用于判断群落结构的复杂程度，通过均匀度，可以判断各物种个体数目分配的均匀程度。Heip 和 Valentin 等认为 Shannon - Wiener 指数与其他多样性指数相关性较好，可以结合 Shannon - Wiener 指数与均匀度一起使用。所以在选择多样性指数时需要全面考虑，应选择不同的指数进行评估。此次研究使用 Margalef 指数、Shannon - Wiener 指数与均匀度分析讨论清水河的浮游动物，从结果来看，3 个指数能较好地表示清水河浮游动物的种群多样性。

Margalef 多样性指数主要反映了群落物种的丰富度，可以通过浮游动物的物种丰富程度判断水质，当 $D>5$ 时，水质清洁；$D=4\sim5$ 时，水质轻度污染；$D=3\sim4$ 时，水质中度污染，$D<3$，水质重度污染。Shannon - Wiener 多样性指数可以反映群落物种多样性，H'值越大，水污染程度越轻，0～1 为重度污染，1～3 为中度污染，大于 3 则污染较轻或无污染。均匀度指数同 Shannon - Wiener 多样性指数一样，重、中、轻污染或无污染的 e 值区间分别为 0～0.3、0.3～0.5、0.5～0.8。一般说来，多样性指数越大表示水

质越好，所以，清水河各样点中浮游动物 Margalef 指数在 0.233～2.066，为重度污染。Shannon 指数平均为 1.587，为中度富营养化。均匀度平均为 3.168，均匀度较高。所以，要避免清水河水体污染程度加重，就必须采用一些措施，平衡好其水生态系统，比如减少氮、磷的来源，减少营养物质的富积，做好环境管理及研究保护水体环境等。

5.4 清水河河岸带植物及其多样性

5.4.1 清水河河岸带主要植物种类

根据清水河河岸带植物群落样方调查沿线线路调查记录，并记录好植物的学名、中文名。结果显示，清水河河岸带分布有 50 科 125 属 180 种维管植物，包含蕨类植物 1 科 1 属 2 种，裸子植物 1 科 1 属 1 种。被子植物 48 科 123 属 177 种，其中双子叶植物 39 科 98 属 139 种，单子叶植物 9 科 25 属 38 种。

5.4.2 清水河河岸带植物物种重要值

重要值是计算和评估物种多样性的重要标准，以综合数值表示植物物种在群落中的所占的重要地位。通过对清水河河岸区 30 个样地植物重要值和 Shannon - Wiener 指数计算，在乔木类植物中旱柳、垂柳为主要物种；在灌木植物类群中以柽柳分布最广，重要值亦是所有物种中最大的；在草本植物类型中，以芦苇、碱蓬、赖草、中亚滨藜、芨芨草构成清水河主要植被和群落（表 5.9）。

表 5.9　清水河河岸带植物物种重要值

编号	植物种	重要值	H'值
1	柽柳	2.4788	0.2200
2	垂柳	0.8726	0.0080
3	旱柳	0.7344	0.0040
4	加杨	0.6314	0.0050
5	芦苇	0.5837	0.3400
6	碱蓬	0.4479	0.2500
7	白刺	0.3563	0.0230
8	赖草	0.3430	0.3100
9	国槐	0.2249	0.0026
10	油松	0.1924	0.0020
11	洋白蜡	0.1762	0.0010
12	白榆	0.1680	0.0010
13	中亚滨藜	0.1358	0.0275
14	芨芨草	0.1276	0.0220
15	亚菊	0.0143	0.0321

续表

编号	植物种	重要值	H'值
16	猪毛蒿	0.0632	0.0295
17	剑苞藨草	0.0106	0.0254
18	独行菜	0.0158	0.0240
19	冰草	0.0113	0.0219
20	蒲公英	0.0305	0.0210
21	酸膜叶蓼	0.0151	0.0179
22	问荆	0.0145	0.0175
23	苦马豆	0.0157	0.0175
24	牛口刺	0.0230	0.0159
25	盐地碱蓬	0.0417	0.0159
26	碱菀	0.0226	0.0140
27	匍匐委陵菜	0.0093	0.0140
28	多裂骆驼蓬	0.0242	0.01397
29	辽东蒿	0.0118	0.0136
30	盐爪爪	0.0544	0.0119
31	灰绿藜	0.0309	0.0110
32	水葫芦苗	0.0075	0.0110
33	野艾蒿	0.0059	0.0110
34	苣荬菜	0.0047	0.0099
35	西伯利亚蓼	0.0154	0.0089
36	天蓝苜蓿	0.0069	0.0080
37	铁杆蒿	0.0082	0.0076
38	藜	0.0173	0.0071
39	甘露子	0.0067	0.0071
40	款冬	0.0111	0.0071
41	猪毛菜	0.0182	0.0061
42	草地老鹳草	0.0067	0.0061
43	刺儿菜	0.0136	0.0061
44	皱叶酸模	0.0103	0.0061
45	二色补血草	0.0173	0.0057
46	早熟禾	0.0036	0.0057
47	旋覆花	0.0063	0.0050
48	白花车轴草	0.0040	0.0050
49	盐蒿	0.0033	0.0050
50	枸杞	0.0999	0.0050

续表

编号	植物种	重要值	H'值
51	紫丁香	0.0343	0.0050
52	黄花蒿	0.0061	0.0036
53	小藜	0.0060	0.0036
54	水蓼	0.0045	0.0036
55	长叶碱毛茛	0.0031	0.0030
56	反枝苋	0.0086	0.0030
57	缘毛紫菀	0.0060	0.0030
58	车前	0.0034	0.0030
59	虎尾草	0.0086	0.0030
60	长芒草	0.0044	0.0030
61	黄香草木樨	0.0034	0.0030
62	刺苍耳	0.0160	0.0030
63	地肤	0.0035	0.0026
64	鹅绒藤	0.0065	0.0026
65	苍耳	0.0085	0.0026
66	密花香薷	0.0057	0.0020
67	茴茴蒜	0.0030	0.0020
68	小灯芯草	0.0031	0.0020
69	薄荷	0.0032	0.0010
70	毛莲菜	0.0056	0.0010
71	大叶独行菜	0.0056	0.0010
72	石龙芮	0.0029	0.0010
73	牛膝姑草	0.0029	0.0010
74	三春水柏枝	0.0307	0.0010
75	百里香	0.0028	0.0007
76	泽漆	0.0028	0.0007
77	野豌豆	0.0028	0.0007
78	尖叶盐爪爪	0.0131	0.0007
79	蒺藜	0.0028	0.0007
80	菖蒲	0.0028	0.0007
81	罔草	0.0028	0.0007
82	长苞香蒲	0.0028	0.0007
83	萹蓄	0.0028	0.0007

5.4.3　清水河河岸带植物多样性

5.4.3.1　各监测点植物科的多样性比较

群落的物种数是可以有效反映群落多样性的指标，它是指样地群落中所出现的物种数量、物种多样性指数、均匀度三者呈正相关的一个指标。通过对 30 个监测点植物科数分布进行统计，清水河从发源地到入黄河口，植物科数呈整体下降趋势（图 5.20）。清水河开城监测点包含 17 科植物，所含科数最多，植物种类也最丰富；清水河东郊监测点、头营监测点、清水河双井河交汇处、杨郎监测点、冬至河监测点等 9 个监测点植物科数都为 6～10 科；清水河三营监测点、黑城监测点、沈家河水库、七营监测点、泉眼山监测点等 16 处植物科数为 3～5 科；苦水河、双井河、清水河李旺、丁家塘四个监测点植物科数为 1～2 科。

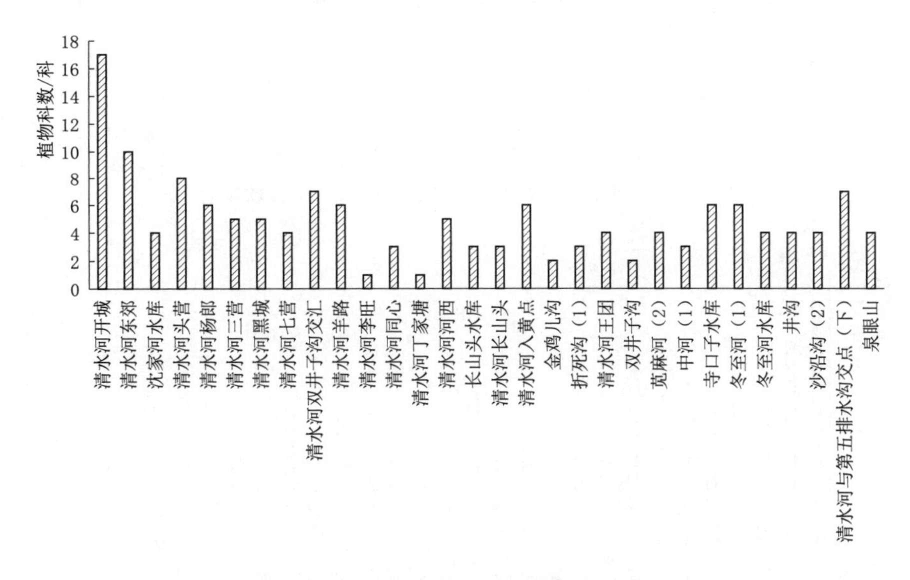

图 5.20　清水河各监测点植物科的数量比较

5.4.3.2　植物多样性分析

物种多样性是衡量物种结构与功能复杂性的一个重要指标。清水河河岸区 Shannon - Wiener 多样性指数为 0.25～2.93，Margalef 丰富度指数为 0.36～5.27。植物的物种多样性指数值大，说明植物群落类型在本地区表现为由多物种组成，物种丰富，组成复杂。由此可见，清水河河岸区植物物种的生态功能相对较弱，主要受制于物种分布的均匀度不够，随机性较强，而且由较少的物种占优势，影响其生态功能的发挥。从图 5.21 和图 5.22 的比较可知，Margalef 指数与 Shannon - Wiener 指数趋势基本一致，就 Margalef 指数和 Shannon - Wiener 指数而言，由于 Margalef 指数变化幅度较大，故对群落多样性的反映更为敏感。一般来讲，物种多样性与物种丰富度、均匀度呈正相关，与生态优势度呈负相关本研究基本与上述结论一致。清水河河岸带各监测点位植物多样性统计见表 5.10。

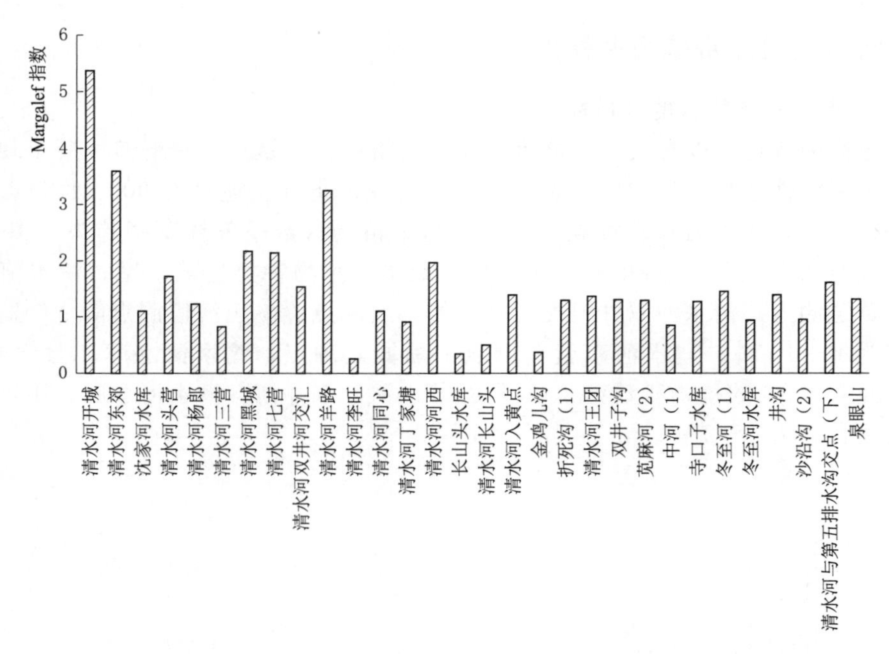

图 5.21 清水河河岸带各监测点 Margalef 指数变化

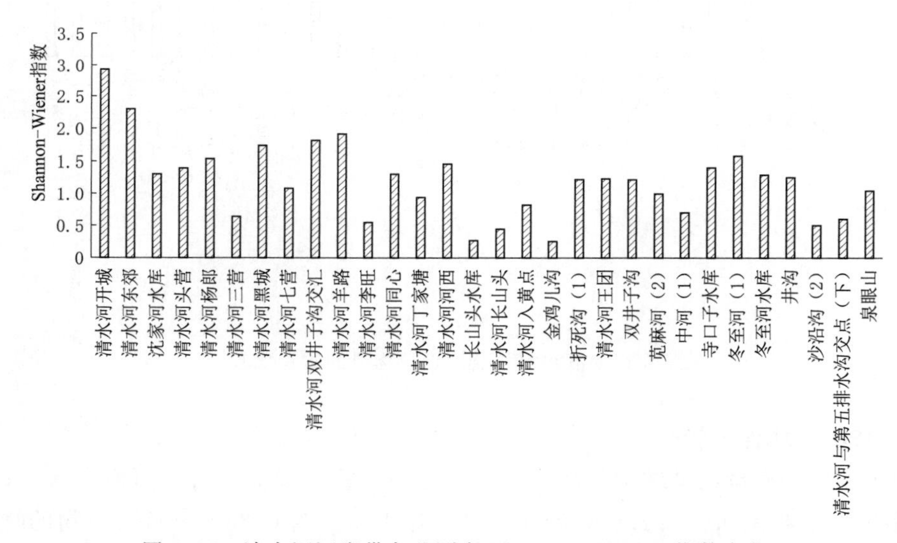

图 5.22 清水河河岸带各监测点 Shannon - Wiener 指数变化

5.4.4 群落分布特征

5.4.4.1 群落类型划分

本调查分为 4 个分类单元，对清水河植被进行分类。植被型是湿地植被分类系统中最重要的高级单位，大多数是按照建群种的生活型异同而定的；群系是植被分类系统中最重要的中级单位，由建群种或者优势种相同的群丛或群丛组归纳而成；群丛是群落分类的基本单位，是一个植物区系成分上一致的植物群落，它与外界因子或多或少处于平衡之中，并通过为该群丛所特有的特征种的存在，显示出生态上的独立性。

依据《中国植被》的植被分类原则与系统，并参照《中国湿地植被》确定的湿地植被分类原则和依据，结合清水河植物分布特点、野外调查结果的生态分析和群丛生境特征，将清水河植被划分为3个植被型组、4个植被型、11个群系和18个群丛（表5.11）。

表5.10 清水河河岸带各监测点位植物多样性统计

样点号	监测点位	植物种类	科的数量/个	优势种	*D*	*H*
1	清水河开城	芦苇、猪毛蒿、藜、拂子茅、牛口刺、铁杆蒿、密花香薷、冰草、问荆、缘毛紫菀、草地老鹳草、百里香、甘露子、黄花蒿、刺儿菜、薄荷、天蓝苜蓿、泽漆、款冬、车前、野豌豆、匍匐委陵菜、亚菊、茴茴蒜、旋覆花、毛莲菜、小灯芯草、剑苞藨草、白花车轴草、三春水柏枝、旱柳、国槐、洋白蜡、油松	17	芦苇、牛口刺	5.370	2.930
2	清水河东郊	赖草、蒲公英、猪毛蒿、灰绿藜、稗草、拂子茅、问荆、刺儿菜、辽东蒿、苍耳、长芒草、罔草、石龙芮、扁秆藨草、酸膜叶蓼、车前、长苞香蒲、皱叶酸模、天蓝苜蓿、野艾蒿、黄香草木樨、西伯利亚蓼、鹅绒委陵菜、旱柳、垂柳、白榆、柽柳、紫丁香	10	旱柳、赖草、稗草、拂子茅	3.597	2.300
3	沈家河水库	芦苇、香蒲、黄花蒿、拂子茅、水葱、扁秆藨草	4	芦苇、香蒲	1.103	1.302
4	清水河头营	芦苇、赖草、蒲公英、猪毛蒿、稗草、盐地碱蓬、水葫芦苗、扁秆藨草、西伯利亚蓼、鹅绒委陵菜、萹蓄、海乳草、盐蒿	8	芦苇、赖草、拂子茅	1.723	1.396
5	清水河杨郎	碱蓬、芦苇、蒲公英、猪毛蒿、乳苣、拂子茅、西伯利亚蓼、海乳草、苣荬菜、海韭菜	6	芦苇、拂子茅	1.225	1.538
6	清水河三营	芦苇、反枝苋、刺苍耳、小藜、水蓼	5	芦苇	0.822	0.637
7	清水河黑城	碱蓬、芦苇、赖草、芨芨草、猪毛菜、白茎盐生草、中亚滨藜、猪毛蒿、乳苣、多裂骆驼蓬、柽柳	5	芨芨草	2.170	1.735
8	清水河七营	碱蓬、赖草、芨芨草、猪毛菜、中亚滨藜、猪毛蒿、乳苣、藜、灰绿藜、小藜、反枝苋	4	芨芨草、碱蓬、中亚滨藜	2.140	1.080
9	清水河双井子沟交汇	芨芨草、猪毛菜、多裂骆驼蓬、黄花蒿、二色补血草、独行菜、柽柳、白刺、枸杞	7	柽柳、芨芨草	1.534	1.812
10	清水河羊路	碱蓬、芦苇、赖草、芨芨草、白茎盐生草、中亚滨藜、猪毛蒿、多裂骆驼蓬、二色补血草、盐地碱蓬、盐爪爪、柽柳、白刺	6	白刺、碱蓬	3.250	1.913

续表

样点号	监测点位	植物种类	科的数量/个	优势种	*D*	*H*
11	清水河李旺	碱蓬、盐爪爪	1	碱蓬	0.260	0.548
12	清水河王团	猪毛菜、葡根骆驼蓬、虎尾草、中亚滨藜、刺苍耳、蒺藜、金色狗尾草	4	猪毛菜、葡根骆驼蓬、虎尾草	1.360	1.230
13	清水河同心	碱蓬、赖草、猪毛蒿、盐地碱蓬、盐爪爪	3	柽柳、盐爪爪	1.103	1.302
14	清水河丁家塘	碱蓬、白茎盐生草、中亚滨藜、盐地碱蓬	1	中亚滨藜	0.910	0.940
15	清水河西河	碱蓬、芦苇、白茎盐生草、中亚滨藜、多裂骆驼蓬、藜、独行菜、盐地碱蓬、盐爪爪、柽柳、白刺	5	柽柳、白茎盐生草、碱蓬	1.968	1.459
16	长山头水库	柽柳、白刺、枸杞	3	柽柳	0.345	0.268
17	清水河长山头	柽柳、碱蓬、中亚滨藜、二色补血草	3	柽柳、碱蓬	0.500	0.441
18	清水河入黄点	柽柳、碱蓬、芦苇、乳苣、藜、灰绿藜、拂子茅、鹅绒藤、大叶独行菜、辽东蒿	6	柽柳、芦苇	1.386	0.820
19	金鸡儿沟	白刺、碱蓬、中亚滨藜	2	白刺、碱蓬	0.374	0.254
20	折死沟（1）	白茎盐生草、虎尾草、雾冰藜、芨芨草、黄花蒿、金色狗尾草	3	白茎盐生草	1.291	1.218
21	双井子沟	碱蓬、中亚滨藜、灰绿藜、二色补血草、盐地碱蓬、尖叶盐爪爪	2	盐地碱蓬	1.299	1.215
22	苋麻河（2）	柽柳、芦苇、碱菀、赖草、中亚滨藜、猪毛蒿、乳苣、稗草、地肤、滨藜、拂子茅	4	柽柳、芦苇	1.285	0.992
23	中河（1）	碱蓬、赖草、芨芨草、中亚滨藜、柽柳、藜、灰绿藜	3	赖草	0.844	0.700
24	寺口子水库	碱蓬、盐角草、芦苇、灰绿藜、扁秆藨草、西伯利亚蓼、牛膝姑草、柽柳	6	柽柳、芦苇、碱蓬	1.268	1.403
25	冬至河（1）	碱蓬、盐角草、芦苇、碱菀、赖草、乳苣、滨藜、西伯利亚蓼、早熟禾、苦马豆、柽柳	6	拂子茅、芦苇、赖草	1.449	1.580
26	冬至河水库	碱蓬、盐角草、芦苇、碱菀、赖草、蒲公英、长叶碱毛茛	4	柽柳、芦苇、碱蓬	0.940	1.290
27	井沟	中亚滨藜、白茎盐生草、碱蓬、白草、虎尾草、蒺藜、多裂骆驼蓬、黄花蒿、锋芒草	4	中亚滨藜、白茎盐生草	1.390	1.250
28	沙沿沟（2）	白茎盐生草、反枝苋、独行菜、地肤、虎尾草	4	白茎盐生草	0.950	0.500
29	清水河与第五排水沟交点（下）	碱蓬、芦苇、灰绿藜、稗草、拂子茅、大叶独行菜、菖蒲、水葫芦苗、苍耳、加杨、垂柳	7	芦苇、拂子茅	1.608	0.597
30	泉眼山	猪毛菜、白茎盐生草、中亚滨藜、虎尾草、蒺藜、柽柳	4	柽柳、白茎盐生草	1.310	1.040

表 5.11 清水河河岸带植被类型

植被型组	植被型	群 系	群 丛
阔叶林	落叶阔叶	旱柳群系	旱柳-杂草群落
沙生植被	荒漠植被	白茎盐生草群系	白茎盐生草群丛
		中亚滨藜群系	中亚滨藜-白茎盐生草群丛
			中亚滨藜群丛
		猪毛菜群系	猪毛菜群丛
		刺苍耳群系	刺苍耳群丛
沼泽和水生植被	沼泽植被	芦苇群系	芦苇+拂子茅群丛
			芦苇+碱蓬群丛
			芦苇+长苞香群丛
			芦苇群丛
		拂子茅群系	拂子茅群落
	盐生植被	芨芨草群系	芨芨草群落
		碱蓬群系	碱蓬群丛
			盐地碱蓬群丛
		赖草群系	赖草群丛
		柽柳群系	柽柳群丛
			柽柳+白刺群丛
			柽柳-盐爪爪群丛

5.4.4.2 群落分布特征

按照对清水河河岸植被分类系统，依据已有的研究资料和现场考察情况，清水河河岸区各植被类型的高度、盖度的分布情况如下。

阔叶林主要由旱柳-杂草群丛 1 个群丛组成。该群落主要位于清水河源头区域开城，乔木层旱柳高度在 8m 左右，盖度 20%，夹杂有人工种植的国槐、洋白蜡、油松等树种；林下草本主要以铁杆蒿、牛口刺、百里香、问荆等为主，高度在 30cm 左右，盖度为 80%～90%。伴生植物有旋覆花、密花香薷、缘毛紫菀、款冬、茴茴蒜等。

沙生植被包括 1 个植被型、4 个群系 5 个群丛。白茎盐生草群丛：该群落分布于同心折死沟、沙沿沟附近区域、河西、泉眼山，沿河岸两边呈片状分布，折死沟附近群落盖度 30%～50%，沙沿沟、河西、泉眼山群落盖度 80%，主要优势种白茎盐生草高 40cm，伴生植物有碱蓬、虎尾草、猪毛蒿、雾冰藜、地肤、中亚滨藜、反枝苋、蒺藜等。中亚滨藜群丛：该群落主要位于同心丁家塘清水河区域，中亚滨藜成片沿河岸带分布，盖度 75%～90%，高度 50～60cm，伴生植物有碱蓬、盐地碱蓬白茎盐生草。中亚滨藜-白茎盐生草群丛：该群落分布于同心井沟区域、七营清水河区域，沿河岸两边呈片状分布，群落盖度 30%～50%，优势种为中亚滨藜和白茎盐生草，群丛高度 30cm 左右，伴生植物有碱蓬、白草、虎尾草等。猪毛菜群丛：该群落分布于同心王团附近区域，沿河岸两边呈条块状分布，群落盖度 50%以上，优势种猪毛菜高 40cm，伴生有斑块状的葡根骆驼蓬和虎尾草群丛分布，主要伴生植物有中亚滨藜、虎尾草、刺苍耳、蒺藜等。刺苍耳群丛：该群落分布于原州区三营清水河区域，沿河岸两边呈带状分布，群落盖度95%以上，刺苍耳高度90cm左右，伴生植物有反枝苋、小藜。

沼泽和水生植被包括2个植被型、6个群系12个群丛。芦苇群丛：该群落主要位于原州区三营寺口子水库、杨郎、三营、中卫五排清水河交汇处、清水河入黄河口、苋麻河清水河交汇区域。沿河岸以芦苇为主要植被，呈片状或带状分布，群落盖度为30%～80%，芦苇高度70～120cm，清水河入黄河口、苋麻河清水河交汇区域芦苇群落盖度达到90%～95%，高度140～160cm；寺口子水库、杨郎、三营伴生植物有盐角草、碱蓬、灰绿藜、海乳草、水蓼，五排伴生植物有水葫芦苗、扁秆藨草、苍耳、菖蒲等，苋麻河清水河交汇区域芦苇群落伴生植物有乳苣，拂子茅、猪毛蒿、稗草等。芦苇＋拂子茅群丛：该群落主要分布于清水河流域冬至河、杨郎，周围以芦苇、拂子茅为主要植被，群落盖度在30%～80%，芦苇高80～120cm，拂子茅高80cm左右，伴生植物主要有碱蓬、赖草、碱菀、苦马豆、狗尾草等。芦苇＋长苞香群丛：该群落分布于清水河沈家河水库区域。优势种芦苇和长苞香蒲150cm左右，盖度60%～80%。伴生植物有碱蓬、稗草、水蓼等。芦苇＋碱蓬群丛：该群落主要位于冬至河水库区域，芦苇和碱蓬混生成片沿岸分布，芦苇高度80～200cm，盖度30%～60%，碱蓬盖度20%，高度30～40cm，伴生植物有赖草、碱菀、盐角草、蒲公英等。芨芨群丛：该群落分布于清水河与双井交汇处、固原黑城清水河流域、七营清水河流域，群落盖度50%～60%，最大达到80%，芨芨草高150cm左右，每平方米分布3～4株，伴生植物有猪毛蒿、芦苇、碱蓬、白茎盐生草、赖草、乳苣、小藜等。拂子茅群丛：该群落主要位于原州区杨郎清水河流域，周边以拂子茅为主，高度在90cm左右，群落盖度50%左右，伴生植物有猪毛蒿，碱蓬、蒲公英等。碱蓬群丛：该群落主要位于清水河与苦水河交汇处、同心河西清水河区域、清水河李旺区域、清水河羊路区域。河岸区碱蓬成片分布，群落盖度40%～90%，高度40～60cm，伴生植物有中亚滨藜、白茎盐生草、二色补血草、盐爪爪、赖草、猪毛蒿。盐地碱蓬群丛：该群落主要位于双井沟入清水河流域，群落以盐地碱蓬为优势种，伴生有灰绿藜、中亚滨藜、尖叶盐爪爪、二色补血草。群落盖度50%～70%，高度10～30cm。赖草群丛：该群落分布于三河镇中河清水河区域、清水河原州区东郊区域。优势种赖草高100～140cm，盖度40%～70%，每平方米分布100～200株。伴生植物有碱蓬、中亚滨藜、芨芨草、蒲公英、天蓝苜蓿、刺儿菜等。柽柳群丛：该群落主要位于原州区三营寺口子水库、长山头天湖水库和长山头水库河岸边、泉眼山、清水河入黄口、冬至河水库、三河镇中河清水河区域、苋麻河清水河交汇区域。寺口子水库、清水河入黄口、冬至河水库、三河镇中河清水河区域、苋麻河清水河交汇区域柽柳以纯林分布。寺口子水库群落盖度30%～60%，柽柳高度在1～2m，清水河入黄口群落盖度85%～90%，高度120～200cm。长山头清水河区域、泉眼山区域柽柳群落盖度80%～90%，高度150～200cm，每平方米分布20株以上，样地内有枸杞和白刺个别分布。三河镇中河清水河区域柽柳高150cm，盖度20%。苋麻河清水河交汇区域柽柳盖度20%～30%，高130～150cm，柽柳-盐爪爪群丛：该群落主要位于同心县城及河西清水河区域，柽柳层群落盖度35%～50%，高度在150cm左右，每平方米分布7～8株，盐爪爪层高度30cm左右，盖度20%～30%，伴生植物有碱蓬、赖草、盐地碱蓬、猪毛蒿等。柽柳+白刺群丛：该群落分布于清水河与双井子沟交汇处与清水河羊路区域。清水河双井子沟交汇处群落盖度50%～70%，柽柳高度70cm左右，白刺高50cm左右，柽柳每平方米分布2～3株，白刺每平方米分布1～2株，偶见有枸杞伴生。羊路柽柳和白刺高30cm左右，盖度30%。

5.4.5 小结

清水河河岸带分布有50科125属180种维管植物，单子叶与双子叶植物是大部分植物群落的建群种，由此可知：被子植物广布较多，湿地植物灌木和乔木相对贫乏。在进行的30个样地植物重要值和Shannon－Wiener指数计算中，得出乔木类植物中旱柳、垂柳为主要物种；在灌木植物类群中以柽柳分布最广，重要值亦是所有物种中最大的；在草本植物类型中，以芦苇、碱蓬、赖草、中亚滨藜、芨芨草构成清水河主要植被和群落。虽然物种组成丰富且种类繁杂，但是以较少物种为主，影响其生态功能。通过对30个监测点植物科数分布进行统计，清水河从发源地到入黄河口，植物科数呈整体下降趋势。清水河开城监测点包含17科植物，所含科数最多，相比植物种类也最丰富；其他监测点植物科数为1～10。一般来说，物种丰富度与均匀度呈正相关，与物种多样性也呈现正相关，与生态优势度呈负相关。由此可以说明，清水河河岸带的物种的生态功能相对较弱，主要受制于物种分布的均匀度不够，随机性较强，即种群分布较为集中，物种均匀度指数偏低，生态优势度就高，所以多样性就低。

物种多样性是量度物种结构与功能复杂性的一个首要标准。清水河河岸区Shannon－Wiener多样性指数为0.25～2.93，Margalef丰富度指数为0.36～5.27。植物的物种多样性指数较大，表明该地区植物群落类型在本地区表现为由多个物种组成，物种丰富，组成复杂。可以看出，清水河两岸植物的生态功能相对较弱，主要由于物种分布的均匀度不够，随机性较强，而且由较少的物种为主，影响其生态功能。从上图比较可知，在Margalef指数中与Shannon－Wiener指数中趋势基本一致，就Margalef指数和Shannon－Wiener指数而言，由于Margalef指数变化幅度较大，故对群落多样性的反映更为敏感。

清水河植被划分为3个植被型组、4个植被型、11个群系和18个群丛。它与外界因子或多或少处于平衡之中，并通过为该群丛所特有的特征种的存在，显示出生态上的独立性。清水河河岸带以草本植被为主，群落显得十分单一，植被群落的层次性较差，垂直结构不够强，资源利用效率较低，河岸带高生产力的特点难以发挥，也不利于环境及生物生境的维持和保护，难以为更多的物种提供栖息空间，最终将影响群落物种多样性和系统的稳定性。清水河河岸区植物物种的生态功能相对较弱，主要受制于物种分布的均匀度不够，随机性较强，而且由较少的物种占优势，影响其生态功能的发挥。

此区域植被稀疏，水土流失严重，水资源问题突出，量少质差。区域气候干旱，水蚀、风蚀交错，植被稀疏，沙化土地广布，生态十分脆弱。因此相关部门应该实施生态调度，维持河流植被的基本功能，在保证合理开发利用的同时，应该减少土地的开垦，防止污染，改善流域的生态状况。

5.5　调查河段鱼类区系组成

5.5.1　鱼类种类组成

通过实地捕捞取样分析和调查了解，在青铜峡及清水河河口、清水河长山头水库进行鱼类调查，结果显示共有鱼类19种，隶属于4科18属，其中鲤科鱼类12种、占63.2%，鳅科3种、占15.8%，鲇科2种，详见表5.12。

表5.12　　调查河段鱼类区系组成情况表

科	属	种　名	分布区域		
			青铜峡	清水河口	长山头水库
鲤科	鲤属	鲤鱼	+	+	+
	鲫属	鲫鱼	+	+	+
	麦穗鱼属	麦穗鱼	+	+	+
	餐条属	餐条	+	+	+
	刺鮈属	刺鮈	+		
	鳑鲏属	中华鳑鲏	+	+	
	鮈属	黄河鮈	+	+	+
	草鱼属	草鱼	+		+
	马口鱼属	南方马口鱼	+		+
	雅罗鱼属	瓦氏雅罗鱼	+		
	鳙属	鳙鱼			+
	鲢属	鲢鱼			+
鳅科	副泥鳅属	大鳞副泥鳅	+	+	+
	细头鳅属	细头鳅	+		
	高原鳅属	黄河高原鳅		+	+
塘鳢科	黄黝鱼属	黄黝鱼	+	+	+
	栉鰕虎鱼属	波氏栉鰕虎鱼	+	+	+
鲶科	鲶属	兰州鲶	+	+	
		鲶	+	+	+

注　+表示在监测中该物种出现。

5.5.2　鱼类区系组成

(1) 按其起源该河段鱼类可分为以下几种：

1) 第三纪早期复合体：鲤、鲫、鳅、麦穗鱼、兰州鲇等。

2) 中国江河平原复合体：草鱼、鲢鱼、鳙鱼、餐条、南方马口鱼等。

3) 北方平原复合体：瓦氏雅罗鱼。

4）南方平原复合体：黄黝鱼、波氏栉鰕虎鱼。

（2）按其食性该河段鱼类可分为以下四类：

1）主食着生藻类：鰕虎鱼、黄黝鱼等，它们的食物主要为硅藻、蓝藻，其次为绿藻等着生藻类，这类鱼不同程度地有摄食底栖无脊椎动物和水生植物腐烂碎屑的情况。

2）以底栖水生无脊椎动物为主要食物的鱼类：黄河鮈、鲤、鲫鱼等。

3）以浮游动物为主兼食藻类的鱼类：餐条、棒花鮈、瓦氏雅罗鱼。

4）肉食性鱼类：兰州鲇、鲶。

5.5.3 鱼类组成的特点

无大型洄游性鱼类，主要经济鱼类以定居性的兰州鲇、鲤鱼和鲫鱼为主。麦穗鱼、鰕虎鱼等小型鱼类的个体数量在逐渐增加。产卵类型均为黏性卵鱼类，无产漂流性卵的经济鱼类，主要分布于长山水库。

产黏性卵鱼类：兰州鲇、鲤鱼、鲫鱼、黄河鮈，为主要土著经济鱼类。

产漂流性卵：鲢、鳙、草鱼，多为放养鱼类。

产沉性卵：黄黝鱼。

贝体内产卵：中华鳑鲏。

第6章 生态环境需水量

6.1 研究背景

生态环境需水量是维持河道生态系统稳定，能够正常发挥其生态功能所需的水量，是水资源进行合理配置的前期重要的基础性工作。在我国西北干旱区，流域生态环境极其脆弱，生物多样性的不断减少，轻度人类活动就有可能致使生态功能退化。孟祥仪等针对清水河的沿岸污染现状，在水环境质量方面进行了预警研究；李帅等基于SWAT模型对清水河的径流趋势进行模拟预测；和志国等为清水河的水资源合理管理，研究了清水河下游泉眼山断面处的生态基流。然而生态环境需水量是缓解河流生态持续恶化、保证河流生态健康稳定发展的关键，学者们针对清水河这方面的研究却较少。和志国等学者的研究只是清水河的下游断面，且只估算了生态基流，没有考虑满足不同生态功能需要的水量，比如输沙需水量。本书认为清水河的年均含沙量极高，输沙需水不能忽视。因此在充分考虑可持续发展和河流生态功能的前提下，对宁夏清水河全段干流的生态需水量的展开研究十分必要。研究西北干旱区域河流的生态环境需水量对于合理调配水资源，保护河流生态环境，减少水土流失方面具有重要意义。此次对于宁夏清水河干流的生态需水量的研究，可以深刻理解该区域的水文循环过程，通过合理的需水量估计，可以更加科学地为满足清水河某项功能进行生态补水，更好地为该地区水资源合理调配以及优化提供依据，以期减少经济用水过分挤占生态用水，促进该地区生态经济的可持续发展。

清水河流域水资源问题突出，量少质差，大部分区域地处宁夏中部干旱风沙区，多年平均地表水资源量不足。区域水土流失严重，生态十分脆弱，农灌退水污染影响入黄水质，对河流生态功能及其连通性产生了一定影响，基于此开展清水河干流生态环境需水量的研究意义重大。

本研究根据清水河径流随降水在时间上的季节性变化特点和河流区域多年水文特征变化，在空间上选取清水河干流的不同断面计算河流生态环境需水量。结合清水河干流上的典型水文观测站的空间位置，此次计算将其划分3个断面区域：开城—固原水文站为上游段、固原—韩府湾水文站为中游段，韩府湾—泉眼山水文站为下游段。根据流域的生态系统结构和自然环境特点将生态环境需水量分为河道内需水量和河道外需水量两部分进行计算，最终将各部分有效值加和求得生态环境需水总量。

6.2 材料与方法

6.2.1 水文数据来源

本研究计算所用的径流量、降水量、蒸发量等水文数据资料由宁夏回族自治区水文水资源勘测局提供，根据河流水文特性，选取原州、韩府山和泉眼山3处具有较长系列水文资料的水文站进行相关研究分析。

6.2.2 水质数据来源

样品采集和检测见2.2.1.1节和2.2.1.2节，在清水河流域干流设置18个水质监测断面，各采样点编号及位置见表6.1，清水河干流水文站及采样点位置示意图如图6.1所示。

表6.1 各采样点编号及位置

样点号	监测点位	经度（E）	纬度（N）
A1	清水河开城（上游）	106.2586	35.8566
A2	清水河东郊（上游）	106.2972	36.0538
A3	沈家河水库（上游）	106.2591	36.1029
A4	清水河头营（上游）	106.2180	36.1669
A5	清水河杨郎（中上游）	106.1860	36.2246
A6	清水河三营（中上游）	106.1666	36.2734
B1	清水河黑城（中游）	106.1418	36.3551
B2	清水河七营（中游）	106.1567	36.5037
B3	清水河双井子沟交汇（中游）	106.1879	36.5582
B4	清水河羊路（中游）	106.1327	36.6341
B5	清水河李旺（中下游）	106.1119	36.6632
B6	清水河王团（中下游）	106.0063	36.8327
C1	清水河折死沟交汇（下游）	106.0722	36.7293
C2	清水河同心（下游）	105.8965	36.9660
C3	清水河丁家塘（下游）	105.8709	37.0265
C4	清水河河西（下游）	105.8240	37.1125
C5	清水河长山头（下游）	105.6180	37.4131
C6	泉眼山入黄口（下游）	105.5319	37.4791

6.2.3 清水河流域生态环境需水量的构成

生态环境需水根据其要求的各项功能不同可分两大类：河道内生态环境需水和河道外生态环境需水。而清水河有输沙、排沙功能要求，故其应该包括河道输沙需水量的计算。清水河流域属于干旱半干旱地区，含沙量较大，径流季节性变化明显，两岸冲刷较严重，主要靠天然降水补给水量。考虑到清水河生态现状以及其排水、输沙、生态、水土保持的功能特点，故需水量的研究主要针对河道内需水量的估算。河道内生态环境需水量一般包括维持生态基本稳定的河道基本需水量、蒸发需水量以及水体自净能力需水量。计算模型构成见式（6.1）：

$$Q_R = \max[Q_V, Q_J] + Q_Z + Q_S \tag{6.1}$$

式中：Q_R 为河流内生态环境需水量，万 m^3；Q_V 为河道内基础需水量，万 m^3；Q_J 为水体自净需水量，万 m^3；Q_Z 为蒸发需水量，万 m^3；Q_S 为水体输沙需水量，万 m^3。

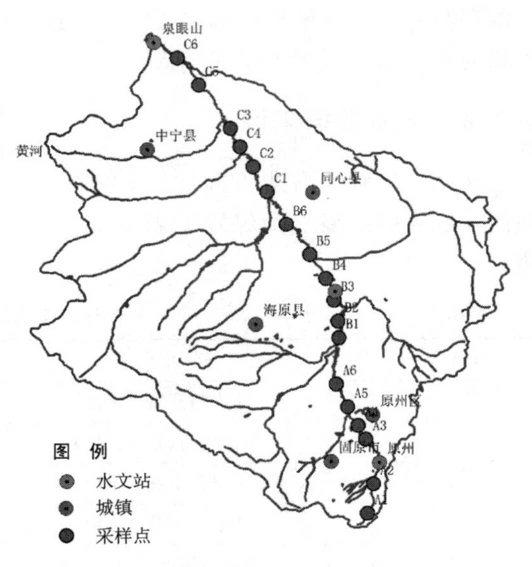

图 6.1　清水河干流水文站及采样点位置示意图

6.2.4　河道内基础生态环境需水量

Montana（Tennant）法是根据河道目标生态功能和时期不同，以其相对的天然径流量的推荐百分比为基础计算水量。该方法可分为 8 个等级，推荐流量的百分比依据丰水期、枯水期以及目标不同进行选定。根据杨志峰生态需水理论研究，一般枯水期（10 月至次年 3 月）最小的河道基础生态需水计算取多年月平均径流量的 10%，丰水期（4—9 月）则取多年月平均径流量的 30%进行计算。清水河是典型季节性河流，丰水期和枯水期要求显然不同，Tennant 法适合清水河需水量研究计算。根据水文站提供的实测数据资料分析，选择代表性较好，水文资料较完整的近 13 年实测月平均径流作为需水量计算推荐值。

6.2.5　水面蒸发量

水面蒸发是指用于补充河道用水湿润带蒸发和河道渗漏损失水量。一般认为当水面蒸发强度大于降雨强度时，需要进行补充河道用于蒸发的水量，补充的水量是水面蒸发需水。一般考虑情况如下：

$$\left.\begin{array}{ll} Q_Z = A \times (E - P), & E > P \\ Q_Z = 0, & E < P \end{array}\right\} \tag{6.2}$$

式中：A 为平均水面面积，km^2；E 为平均蒸发量，mm；P 为平均降雨量，mm。

6.2.6　水体输沙需水量

水体输沙需水量是为满足河流的输沙、排沙功能要求，并维持一定的水沙平衡所需的生态用水。计算公式见式（6.3）和式（6.4）。

$$Q_S = S / C_{max} \tag{6.3}$$

$$C_{max} = 1/n \sum_{i}^{n} \max C_{ij} \tag{6.4}$$

式中：Q_S 为水体输沙需水量，万 m^3；S 为年平均输沙量，万 t；C_{max} 为年最大月含沙量的平均值，kg/m^3；C_{ij} 为月含沙量，kg/m^3。

6.2.7 水体自净需水量

水体自净需水量是河道水质受到污染为维持其生态环境功能需要对其进行稀释所需的水量。

经过对《宁夏统计年鉴》资料查阅工厂沿河附近位置和实地考察，主要的污水排放口在清水河上游固原段原州区沿岸处，其他的较小的主要分布在清水河中游同心县处，下游段污染排放相对较轻。考虑清水河的水环境污染主要是流经城市段落的污水排放，本章采用王顺久等针对城市河流污染稀释净化的需水量计算方法，通过绘制月最枯河道流量 Q 与累计频率 P 的 $Q—P$ 关系曲线，找到 $P=90\%$时曲线对应的月河道内流量，以此作为水体自净需水量估计值的基础流量。计算公式见式（6.5）。

$$Q_{\mathrm{J}}=\frac{C_i}{C_{0i}}\times Q_i \tag{6.5}$$

式中：Q_{J} 为水体自净需水量，万 m^3；C_{0i} 为达到地方水质标准规定的第 i 种污染指标浓度，mg/L；C_i 为实测河流的第 i 种污染指标浓度，mg/L；Q_i 为 90%保证率最枯月平均流量；$\frac{C_i}{C_{0i}}$为污染指数，（取各项污染物中污染指数最大值）。

6.3 结果与分析

6.3.1 河道内基础需水量估算

根据表 6.2 典型水文站多年实测月流量情况，清水河上游、清水河中游、清水河下游的河道径流量受降水影响，季节性变化很明显。本次以固原、韩府湾、泉眼山 3 个典型水文站进行断面划分，依据 Tennant 法，按照枯水期和丰水期的不同基流的百分比，计算得出清水河年均月河道内基本生态环境需水量并估计全年平均需水量。从表 6.2 可以看出，清水河上游段相对中下游段需水量较小，仅 22.65 万 m^3，其中 8 月年均月需水量最高，为 26.11 万 m^3；下游段河道内需水量无论按月或者按年均是最大，且需水量明显超过中上游，年均月需水量最高达到 1349.11 万 m^3。根据清水河水系构成，造成下游的需水量偏高的原因主要是中下游的支流汇入干流，流量增大，依据 Tennant 法计算的需水量认为与流量存在正相关关系，故河道内基本需水量也会增加。

表 6.2 清水河干流段河道内基本生态环境需水量

月份	清水河上游			清水河中游			清水河下游		
	年均月流量 /(m^3/s)	年均月径流 /万 m^3	基本需水量 /万 m^3	年均月流量 /(m^3/s)	年均月径流 /万 m^3	基本需水量 /万 m^3	年均月流量 /(m^3/s)	年均月径流 /万 m^3	基本需水量 /万 m^3
1	0.07	19.55	1.96	0.36	96.15	9.62	1.16	311.49	31.15
2	0.08	19.11	1.91	0.34	82.98	8.30	1.45	349.81	34.98
3	0.09	24.11	2.41	0.37	100.17	10.02	1.94	518.27	51.83

续表

月份	清水河上游			清水河中游			清水河下游		
	年均月流量/(m^3/s)	年均月径流/万 m^3	基本需水量/万 m^3	年均月流量/(m^3/s)	年均月径流/万 m^3	基本需水量/万 m^3	年均月流量/(m^3/s)	年均月径流/万 m^3	基本需水量/万 m^3
4	0.08	19.69	5.91	0.49	127.01	38.10	1.61	417.32	125.19
5	0.10	26.78	8.04	0.56	149.99	44.00	1.93	516.40	154.92
6	0.12	29.80	8.94	2.01	520.21	156.06	4.86	1260.23	378.07
7	0.14	36.43	10.93	7.84	2099.33	629.80	15.30	4098.76	1229.62
8	0.34	87.05	26.11	8.44	2261.11	678.33	16.79	4497.03	1349.11
9	0.26	67.13	20.14	0.89	229.13	68.74	3.45	893.46	268.04
10	0.17	46.07	4.61	0.59	157.76	15.78	2.05	548.54	54.85
11	0.14	37.06	3.71	0.44	114.31	11.43	1.69	437.27	43.72
12	0.09	22.77	2.28	0.33	87.05	8.70	1.41	377.65	37.77
合计	1.65	435.57	96.94	22.65	6025.20	1679.88	53.63	14226.24	3759.26

6.3.2 水面蒸发量和输沙需水量估算

清水河流域地处宁夏中部干旱带区域，降水量远远小于蒸发量，属于典型干旱区水文特征流域。根据清水河流域水文站多年实测降雨蒸发资料分析计算出清水河上游实际水面年均蒸发量为945.70mm，中游段为1285.55mm，下游段为1328.00mm。清水河干流水面面积依据谷歌地图进行获得，上游段水面面积为2.72km^2，中游段为4.21km^2，下游段7.46km^2。将上下游蒸发量代入式（6.2），蒸发需水量计算结果见表6.3。

表6.3　　干流蒸发需水量

月份	上游 $E-P$ /mm	需水量/万 m^3	中游 $E-P$ /mm	需水量/万 m^3	下游 $E-P$ /mm	需水量/万 m^3
1	20.2	5.49	29.5	12.42	31.1	23.20
2	35.6	9.68	41.2	17.35	43.6	32.53
3	60.5	16.46	82.5	34.73	79.6	59.38
4	100.6	27.36	140.4	59.11	150.8	112.50
5	120.3	32.72	180.6	76.03	190.5	142.11
6	130.4	35.47	173.4	73.00	160.4	119.66
7	126.3	34.35	175.8	74.01	180.3	134.50
8	130.5	35.50	189.2	79.65	170.5	127.19
9	100.6	27.36	131.3	55.28	150.2	112.05

续表

月份	上游 $E-P$ /mm	需水量 /万 m^3	中游 $E-P$ /mm	需水量 /万 m^3	下游 $E-P$ /mm	需水量 /万 m^3
10	80.6	21.92	90.1	37.93	110.6	82.51
11	40.1	10.91	51.5	21.68	60.4	45.06
12	26.5	7.21	33.1	13.94	42.2	31.48
合计	945.7	257.23	1285.55	541.20	1328	990.69

西北地区干旱少雨，植被稀少，水土保持功能较差，大多数河流水土流失现象较重，致使泥沙淤积。清水河是黄河宁夏段的第一大支流，含沙量极高。根据1998—2011年的水文资料分析，清水河流域输沙量年内分配极不均匀，其中绝大部分集中在汛期7—9月，输沙量占全年的80%以上，这种高含沙水流与汛期暴雨洪水有直接关系；非汛期枯水期11月至次年3月含沙量很小。通过对实测数据计算得出清水河固原水文站上游段的年最大月含沙量为33.66kg/m^3，输沙总量为4.9万t；韩府湾水文站中游段的年最大月含沙量为221.60kg/m^3，输沙总量为963.0万t；泉眼山水文站下游段的年最大月含沙量为217.90kg/m^3，年均输沙总量为2452.0万t。依据式（6.3）和式（6.4）计算水体输沙需水量。输沙需水量计算结果见表6.4。

表6.4　　河流输沙需水量

河段	年均输沙总量/万 t	年最大月含沙/(kg/m^3)	输沙需水量/万 m^3
上游	4.9	33.66	145.57
中游	963.0	221.60	4345.56
下游	2452.0	217.90	11225.67

从河段的输沙需水量计算结果可以看出，输沙需水量与年均输沙总量成正相关关系，且中下游明显大于上游段。这种情况是合理的，由于清水河从源头到入黄口沿程支流较多，其中8条为二级支流，支流携带大量泥沙汇入干流，清水河中下游流量随之增加的同时含沙量也增加，因此需要更多的水量来满足河流的输沙功能，减少淤积。

6.3.3 水体净化需水量估算

经过对《宁夏统计年鉴》资料查阅和实地考察，主要的污水排放口有两个在清水河上游固原段原州区沿岸处，其他的主要分布在清水河中游同心县处，下游段污染排放较少。污染指数的确定：根据研究中布设的上、中、下游各个断面水质监测点测得各断面水质评价指标的浓度，对清水河的丰、平、枯3个不同的年内水期实测水质指标通过主成分分析后进行因子荷载矩阵旋转，确定出各个主成分对水体污染影响较大的因子，见表6.5。依据清水河地区水质标准，本章以水质控制目标为《地表水环境质量标准》（GB 3838—2002）规定的Ⅳ类，通过式（6.5）计算出污染指数。为保证稀释后水环境达到水质标准，本章选择指数最大的指标，依据式（6.3）计算水体自净需水量，其中各断面90%保证率最枯月均流量由频率分布曲线确定，结果如图6.2～图6.4所示。上游段流量为0.042m^3/s，中游段为0.09m^3/s，下游段为0.74m^3/s。通过实测水质资料分析，上游主要是由于固原段热电厂生产排放废水中的TN、NH_3-N、TP含量太高，中下游主要是由于水中氟化物（以F^-离子计）和BOD_5的浓度过高导致水质较差。分别计算污染指数并排序，最终计算结果见表6.5。

表6.5 水体净化需水量

断面	清水河上游			清水河中游			清水河下游		
	丰水期	平水期	枯水期	丰水期	平水期	枯水期	丰水期	平水期	枯水期
主成分个数	2	3	2	2	3	2	2	3	2
累计方差贡献率/%	80.45	86.14	85.77	87.35	95.3	89.52	91.35	98.23	91.55
第一主成分贡献率/%	56.65	43.77	45.87	52.93	50.56	47.11	46.59	52.32	58.84
第一主成分主要因子	TP	TP	TP	TN	NH_3-N	NH_3-N	NH_3-N	F^-	NH_3-N
	TN	COD_{Mn}	TN	COD_{Mn}	COD_{Mn}	TP	TN	BOD_5	TP
	NH_3-N	F^-	NH_3-N	BOD_5	TP	COD_{Mn}	TP	COD_{Mn}	F^-
最大污染指数	1.82	1.30	2.07	3.46	1.45	0.94	3.03	1.37	1.16
水体自净需水量/万m^3	79.25	56.61	89.99	323.23	134.99	87.71	2322.16	1052.39	889.98

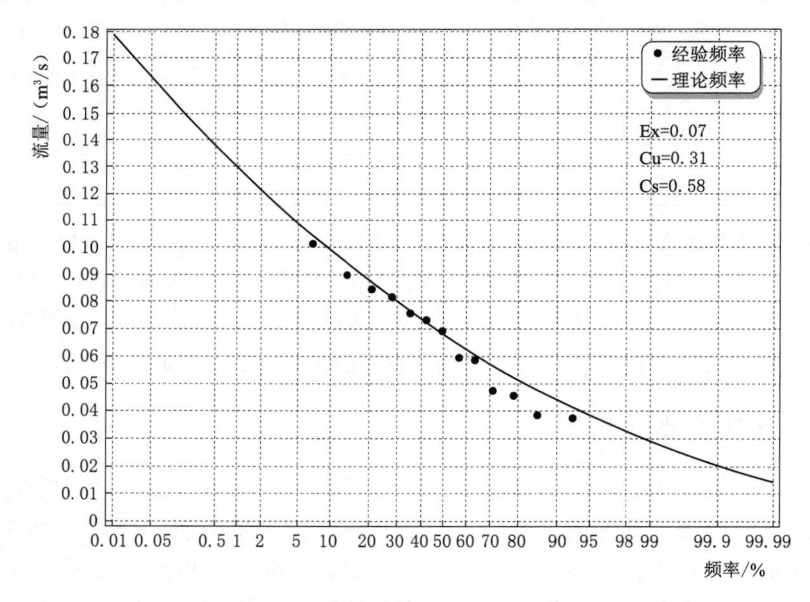

图6.2 上游段流量频率分布曲线

6.3.4 河道内生态环境需水总量计算

根据式（6.1）采用耦合的计算方法计算生态环境需水总量，结果见表6.6。

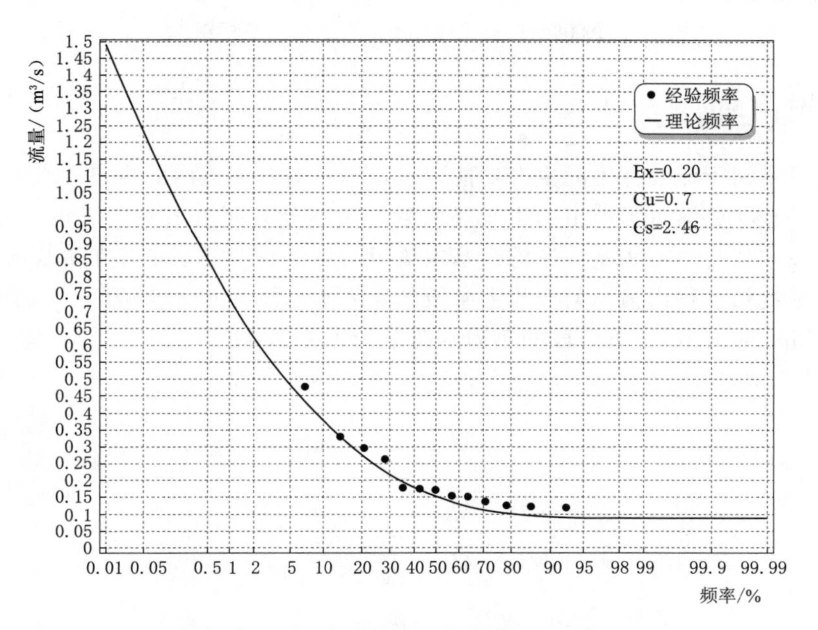

图 6.3 中游段流量频率分布曲线

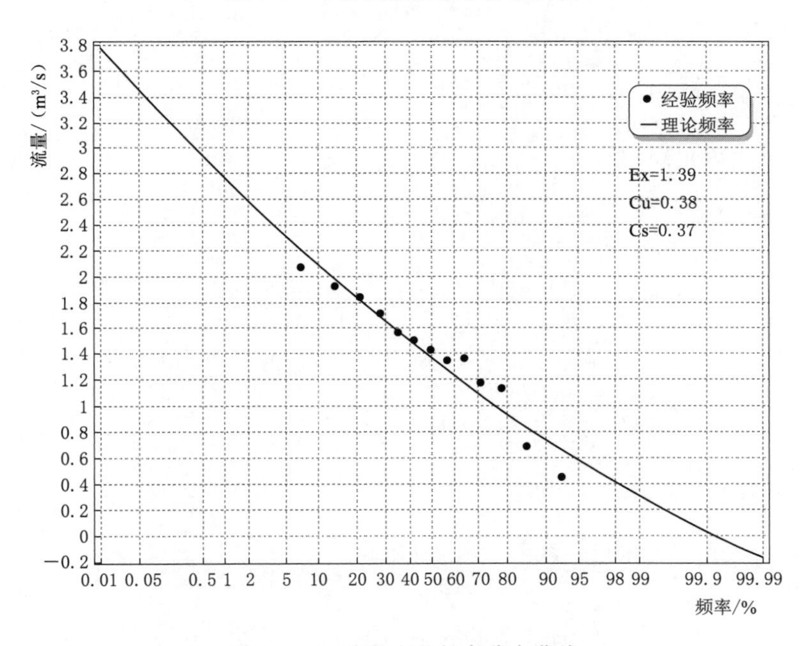

图 6.4 下游段流量频率分布曲线

表 6.6 **河道内生态环境需水总量** 单位：万 m^3

河段	基本需水量	蒸发需水量	输沙需水量	水体自净需水量	河道内需水总量
清水河上游	96.94	257.23	145.57	225.85	628.65
清水河中游	1679.88	541.20	4345.56	545.93	6566.64
清水河下游	3759.26	990.69	11225.67	4264.53	16480.89

6.4 小结

为满足清水河干流发挥不同生态功能要求，本章对其河道内的生态环境需水量进行计算。依据生态现状将清水河河道内生态环境需水量划分为河道内基本流量、输沙需水量、蒸发需水量及水体自净需水量。考虑到基本流量与水体自净需水量存在重复部分，故取其中最大值。最终结果得出清水河干流上游段的年需水总量为628.65万m^3，中游段的年需水总量为6566.64万m^3，下游段的年需水总量为16480.89万m^3。

第7章　水生态承载力研究

7.1　研究背景

随着社会经济的快速发展以及生产力水平的大幅提高，资源快速消耗，大量污染物排放，造成环境恶化、生物多样性减少等问题日益突出，生态环境的日益恶化与经济可持续发展之间的矛盾引发了人们深入的思考，以可持续发展为目标的生态文明建设随之被提出，作为解决当下生态危机，统筹两者协调发展的迫切需求。2012年以来，党的十八大将生态文明建设纳入“五位一体”总布局中，将生态文明建设提升到了国家战略高度，水是生命之源，在人类生产活动中起着决定性作用，因此水生态文明是生态文明的重要组成部分，2013年提出的“绿水青山就是金山银山”的思想，向世界展现中国在绿色治理上的坚定信念。2013年水利部发布的水资源1号文件明确了水生态文明城市建设的基本原则、目标和主要内容，是水利部贯彻落实党的十八大精神提出“尊重自然、顺应自然、保护自然”这一生态文明理念的重要举措。2019年9月，黄河流域生态保护和高质量发展座谈会上指出要“共同抓好大保护，协同推进大治理，让黄河成为造福人民的幸福河”，进一步发展和深化了“大保护”战略思想。

我国是拥有14亿人口的发展中国家，同时也是水资源严重匮乏的国家之一，到目前为止，人均占有水资源量仅为2300m^3，是世界平均水平的1/4，随着我国人口的不断增长以及社会经济的持续发展，农业、工业、生活、生态等各方面的用水量都将呈逐年增长的趋势，不断增加的水量需求与水资源匮乏之间的矛盾日益凸显。近年来我国为追求经济的快速发展，不合理的开发活动造成了区域水质的恶化，同时也加快了区域水生态环境的退化，水生态问题与社会经济可持续发展之间的矛盾也日益突出。

随着经济的快速发展，人类对河流资源的不合理利用，河流生态系统受到破坏，面临环境污染、富营养化、水文条件改变、生物多样性减少等诸多问题。河流水域生态环境恶化成为区域经济稳定持续发展的主要制约因素，水生态环境作为社会、经济系统存在和发展的基本载体，其承载能力对社会经济的发展有着重要作用。由于西北地区气候干旱、生态脆弱，使得水资源成为经济建设、社会发展和生态环境保护的决定性因素，而且水环境恶化与水生态退化问题也日益凸显，如何优化西北地区水资源的配置、保护水环境、保护生物多样性以及协调区域经济发展与水生态环境之间的关系，已是目前西北地区水生态文明建设亟须解决的关键问题。

7.2　承载力国内外研究进展

7.2.1　国外研究进展

承载力这一描述资源与发展间相互关系的理论思想最早可追溯至18世纪90年代，

Malthus首次从人口增长与资源间相互关系的角度提出了承载力这一理论思想。直至20世纪20年代初期，生态学家Park与Burgoss将承载力这一思想扩展至生态学领域，其认为承载力是在特定的环境条件下容许存在的某种生物群落数量极限，首次明确并提出了承载力这一概念。70年代，由Meadows等学者共同组建的“罗马俱乐部”联合发表的*The Limits to Grows*中描述了人口数量增长与资源和环境间的关系，极大地推动了承载力概念的发展，使其快速的扩展至不同的科学领域。70年代末期，Schneider提出了环境承载力的概念，并定义为“在环境不遭受严重破坏和退化的前提条件下，人工或者自然环境系统能够维持人口数量增长的能力”。90年代中期，Arrow等在*Scinece*上发表的文章中讨论了经济增长与环境质量之间的关系，以及经济活动与环境的承载能力和弹性之间的联系，引起了社会间的广泛关注。随着科学技术的发展，数据的获取性更便捷，资源承载力也更具动态性及综合性等特点，众多学者将3S技术应用到了承载力研究过程中，2000年Nam-jo等将地理信息系统应用于户外休闲管理，以期找到有效的管理工具，以应对涉及诸如变迁、冲突、拥挤和安全等社会变量的社会承载力。2005年Sawunyama等利用遥感技术评估了津巴布韦林波河流域地表面积对Mzingwane集水区的12座小型水库调蓄的承载能力。2011年，Osman在景观规划的视觉景观质量研究中首次将承载力的概念与水环境质量相结合，利用视觉效果评价了水环境质量；Carrie首次将湖泊生态系统与承载力概念相结合，评估了高冲洗温带泻湖的生态承载能力。2015年，Widodo等将土地资源和水资源与承载力概念结合，评估了印尼日惹地区土地、水资源环境承载力，众多学者将承载力扩展至各学科研究中，承载力逐渐成为各学科领域中的研究热点。

7.2.2 国内研究进展

国内有关资源环境承载力的研究相对于国外起步较晚，由于我国人口众多，资源相对匮乏，环境极易受到破坏等，20世纪80年代，国内学者最早将承载力这一概念与土地、人口和粮食相结合开展了相关研究。陈百明对黄淮海平原土地资源承载力做了评估；胡春胜对生态系统人口承载力展开了研究，分析探讨了生态系统人口承载力的研究思路、内容、发展方向及应用前景；杨昌达等学者对贵州省8个市（县）粮食生产潜力进行了估算。随着我国人口和经济的快速发展造成的水资源短缺及环境恶化等问题日益凸显，90年代，国内学者开始对水资源及环境承载力展开一系列研究，魏斌等最早结合承载力这一概念预测了本溪市水资源系统发展趋势，并提出可比较的区域不同策略的水资源承载力；阮本青等建立了区域水资源适度承载力分析计算模型，研究了黄河下游沿黄地区水资源对区域经济的支持作用，曾维华等以福建省湄州湾新经济开发区为例针对人口、资源与环境协调发展进行了相关研究。随后国内学者将承载力概念扩展至不同科学领域，崔凤军等从影响旅游环境承载力的诸多因素分析入手，构建了旅游承载力指数（TBCI）及运算模式；朱湖根等赋予了流域水环境承载力内涵，并从多个方面探讨了淮河流域水环境承载力脆弱性的成因；韩蕾等构建了大气环境承载力评价指标体系，并对陕西多个城市的大气环境承载力进行了量化评价。随着对资源环境承载力的深入研究，以及科学技术的不断发展，国内学者们不再研究单因素的承载力，转而结合科学的工具进行综合承载力的研究，袁汝华等基于Pythagoras-TOPSIS法对长三角水资源承载力进行了综合评价分析；邓红卫等基于 GIS 与离差平方和组合赋权法对恩施州的水环境承载力作出了评价；王顾希基于高光谱数据建模对眉山市彭山区的水环境承载力作出了评价。

7.3 水生态承载力

7.3.1 水生态承载力研究进展

国际上针对某一流域及湖泊开展水生态承载力的研究报道较少，通常将自然资源及生态环境等因素纳入区域可持续发展的问题中进行综合研究。近年来，国内学者将承载力与水资源、水环境等学科相结合，以流域、湖泊承载力的研究较为多见，并对此提出了众多承载力概念。继十八大之后生态文明建设被提升至国家战略高度，基于水资源、水环境承载力概念及生态文明建设理念的基础，水生态承载力被提出，它是对水生态的健康可持续发展而提出的新兴概念。党中央不断部署生态文明建设工作，就水生态承载力开展了大量的基础性科学研究，水生态承载力从概念、内涵及数学方法等各方面都有了长足的进展，同时也成为近年来的研究热点。李林子在已有的水生态承载力内涵的基础上，对水生态承载力的概念及内涵进行了解析。张远等辨析并界定了水生态承载力概念内涵，从水资源、水环境、水生态、水安全 4 个层面构建了水生态承载力指标体系，丰富了水生态承载力的概念及内涵。刘子刚等对水生态承载力指标体系的构建依据、构建原则、分类框架、指标选取方法和标准确定方法展开了研究。杨俊峰等基于人类社会与水生态系统耦合作用和 DPSIR 模型，建立了一套水生态承载力指标体系，完善了水生态承载力指标体系。危文广等采用熵权法对层次分析法权重的修正，基于理想点法原理计算贴近度，构建水资源承载力评价模型。王西琴等以浙江省湖州市为研究区域，建立了区域水生态承载力多目标优化模型，并对方案进行优选，推动了水生态承载力评价方法的发展。

7.3.2 水生态承载力的概念

水生态承载力是随着生态文明建设基于水资源与水环境概念而被提出的新兴概念，近年来学者们对其定义并未达成共识，随着对水生态承载力的深入研究，各学者对水生态承载力的阐述也有所不同。王西琴等从广义和狭义两个层面给出了水生态承载力的定义，其从广义的角度定义为水生态系统在维持自身及支持系统健康的前提条件下，基于水生态保护和承载目标，能够支撑人类活动的阈值；从狭义的层面定义为在保证水功能区水质目标、生物需水和生存环境的条件下，区域水资源及水环境基于用水、排水方式能够承载的最大的人口数量及经济规模。谭红武等在水资源及水环境承载力辨析的基础上，同样从广义和狭义两个层面给出了水生态承载力的定义，其从广义的层面定义为河湖系统在维持自身结构及功能稳定的基础上能够承载一定技术水平和生活水平的人类社会经济规模的阈值；从狭义的层面定义为能够保证水生态功能区水质目标及生物栖息地环境质量的前提条件下，流域水资源能够满足一定技术水平和生活水平的人类社会经济的最大规模。曹智等从生态系统服务的角度将其定义为某个生态系统的结构、过程及空间格局所决定的对一定发展水平的人口和经济规模的服务能力。张远等将其定义为在一定发展阶段、一定技术水平条件下，某空间范围内的水生态系统在维持自身结构功能长期稳定、水生态过程可持续运转的基础上，具有为人类社会活动提供生态服务产品的能力。

以上学者对水生态承载力概念的阐述不同，但本质相同，可以归纳为以下两点：第一是对社会经济发展及人口规模的承载能力；第二是保证水生态系统不退化的前提条件，对水资源量的合理利用以及满足水生态功能区水质的要求。以上阐述均存在承载对象不清晰、约束条件不充分等缺陷。随着社会的发展，我国水环境管理方式从目标总量向容量总量转变，亟须从生态需水量、水环境质量、生物多样性的需求与社会经济发展间的关系综合考虑，提出流域水生态承载力的概念。

7.3.3 水生态承载力的内涵

流域水生态承载力的基本内涵应包括下列几个方面。

（1）水生态承载力的评价对象应为现有区域人口规模及经济水平条件作用下的河湖生态系统，由于河湖自然水体不仅对社会工业、农业、生活用水等人工给水系统起着关键的支撑作用，且要保证自身生态系统稳定及健康发展；同时工业、农业、生活等人工排水系统又反作用于河湖系统本身，对河湖生态系统的健康稳定造成了冲击，故最终的载体为河湖生态系统本身。

（2）水生态承载力是基于水资源与水环境的基础发展起来的概念，其具有明显的复合性特点，首先应涵盖水资源承载力与水环境承载力在“量”与“质”上的内涵，在此基础上加入生态系统的概念作为约束条件，水生生物作为河湖生态系统构成的一部分，也是人类活动直接作用的载体，其在种群及数量上的变化能够很好地反映水生态系统的健康状况。以上3个约束条件对水生态承载力内涵的表述并非简单的相加关系，水资源承载力强调的是资源量的限制，水环境承载力是在量的基础上对质的限制，而水生态承载力则加入了生态系统的概念，耦合了量、质、生态健康三者间的关系，使水生态承载力更具区域性和有限性等特点。

（3）水生态承载力是变化的，河湖生态系统是人类社会经济活动作用的直接结果，其在自我维持、自我调节的过程当中是不断调整的，具有动态变化与可调控的特点。

基于以上分析本书认为流域水生态承载力的概念为：在一定时间与空间内，保证水生态功能区水质目标和水生生物群落结构及多样性稳定的条件下，河湖生态系统能够承受人类活动影响的最大限度。

7.3.4 水生态承载力评价指标构建原则

水生态承载力评价指标体系的确定需遵循科学、全面、可操作及有层次等原则，科学性是能够较好反映水生态承载力概念内涵的要求，全面性是对水生态系统综合特征的反映及避免指标重叠的要求，可操作性是对指标的可测性、对比性以及指标数据易获取的要求，层次性是对指标体系层次结构和逻辑的清晰合理要求。

表征水生态承载力的指标非常多，在以往的研究中水生态承载力的指标体系主要包括下列几个部分：水资源指标，如水资源量、地表水开发利用程度、人均水资源占有量、水资源利用率等；社会经济指标，如工业用水水平（工业总产值、工业用水水平、工业用水量、工业节水水平、工业重复利用率、工业用水保证率等）、农业用水水平（农灌面积、农灌定额、农业节水水平、农灌用水定额、农业用水保证率、农业节水灌溉面积等）、生活用水水平（人口总量、人口增长率、人均 GDP、生活水平、生活用水定额、生活用水保证率、城镇化水平等）。

以上指标纷繁庞杂，在研究实践中很难做到面面俱到，根据评价指标体系的确定原则，综合分析将以上指标概括为两个方面：一是水质指标，主要为人类社会经济活动作用下污染物的排入量和容纳量；二是水资源量，即河湖生态系统维持自身生态系统发展的需水量和可供给量。因此对经济、人口的承载可归纳为对水生态系统中水质、水量的承载。水生生物是构成水生态系统的重要组成部分，也是影响水生态系统健康的重要因子，水生生态系统的健康状况决定了水生态承载力的大小，因此，根据评价指标体系的确定原则必须将水生生物指标纳入水生态承载机制体系。综上所述，可从水生态环境纳污总量、需水量及供给量、生物多样性及完整性三个层面构建水生态承载机制体系。

7.4　承载力评价方法

由于承载力研究的角度和侧重点不同，因而出现的承载力的度量方法也有各领域特点。国内外常用的承载力研究方法主要有背景分析法、指标体系评价法、系统分析法等。

7.4.1　背景分析法

背景分析法是将研究区域与一定历史时段内自然和社会背景相似区域的实际情况作对比，推算对比研究区域可能的承载能力。背景分析法简单易行，在分析过程中因子间相互独立，局限于静态的历史背景，割裂了因子间相互作用的结果，应用于水生态承载力这个复杂的系统显得过于简单。

7.4.2　指标体系评价法

（1）多目标分析法。多目标分析法是一种常用的量化方法，将研究区域视为一个整体，列举出影响系统的主要约束条件，它采用分解-协调的系统分析思路，寻求多目标条件下的最优方案，采用数学模型对其进行刻画，各子系统模型之间通过多目标核心模型的协调关联变量相连接。

（2）模糊综合评价法。模糊综合评价是将某一系统的承载力评价作为模糊综合评价过程，首先确定影响系统承载能力的因素，其次确定评价集及指标权重，最后通过综合评估矩阵评价影响系统承载能力的多重因素。

7.4.3　系统分析法

（1）系统动力学法。系统动力学（system dy－namics，SD）方法是一种定性与定量相结合，系统、分析、综合与推理集成的方法，通过 DYNAMO 软件，从定性与定量相结合的角度推理分析具有高阶次、非线性、多变量、多反馈、机理复杂和时变特征的承载力研究。

(2) 主成分分析法。通过压缩较多原始数据，用少量的新指标数据代替原始数据，替换后的新指标依旧可以完全地表达原始数据想要表达的信息，在原始数据变量多且相关性较好时主成分分析法常被用来评价系统的承载能力。

(3) 人工神经网络法。人工神经网络法是由大量简单的处理单元以一定的方式相互连接而形成的计算机系统，是一种非线性的动力学系统，用于模仿人脑神经的复杂网络系统。BP人工神经网络是目前最具代表性且应用最广泛的模型，由一个输入层、一个输出层和一个或多个隐蔽层组成，其通过把输出层单元的误差逐层向输入层逆向传播，以“分摊”给各层单元，从而获得各层单元的参考误差，以便调整相应的连接权，直到网络的误差达到最小化。

7.4.4 韦伯-费希纳模型

以上方法在水生态承载力评价过程中，虽对判断人类社会是否生存于生态系统的承载力范围之内给出了一种简单实用的计算方法，但其结果只是说明生态系统是否超载的问题，对超载的缘由没有作出更准确的判断，这样不利于采取相应措施与对策。

韦伯-费希纳（Weber-Fechner，W-F）定律，简称W-F定律，起源于物理学领域研究刺激的物理特性与感觉经验之间的关系，即当外界的刺激强度以几何级数增加时，感觉强度则会以算术级增加，其计算模型早期被应用于心理学和声学领域。近年来，这一理论作为一种指导思想和方法被引入环境评价中，如地表水环境预警、地下水环境质量评价、湖泊富营养化与公众满意度评价等，但在水生态承载力评价中的应用尚未见报道。本书从水体自身出发，分别从水环境、水资源、水生态三个层面建立清水河水干流生态承载力综合评价指标体系，并基于W-F定律的理论内涵，确定水生态承载力评价指数 K_i 值与水生态承载力之间的关系，建立对河流水生态承载力量化综合评价模型，应用于清水河水生态承载力评价。

7.5 研究目的及意义

随着社会经济的发展，清水河受到各种人为因素的污染，造成河流水体污染加剧、补水量不足、水生生物群落受到破坏等诸多问题，水生态承载力对于水生态系统科学管理具有重要意义，本研究以清水河为案例，对其水生态承载力进行现状评价，为清水河污染治理、改善水生态环境提供科学参考。

7.6 材料方法

7.6.1 样点设置与采样时间

样点设置及采样时间见2.2.1.1节，选取点位与第6章一致，见表6.1和图6.1。

7.6.2 水样采集与测定

水质理化因子检测参照 2.2.1.2 节，选取 TN、NH_3-N、TP、BOD_5、COD_{Cr}、COD_{Mn}、F^-为评价因子纳入指标体系，水生生物是影响水生生态系统健康的重要因子，其群落结构及多样性对外部环境变化响应显著因此，有必要将水生生物指标纳入水生态承载力评价体系，为全面评估清水河干流水生态现状，将浮游生物、底栖动物 Shannon - Wiener 多样性指数纳入指标体系；浮游植物、浮游动物、底栖动物的采集参照 5.1.1.1、5.1.1.2、5.1.1.3 节。

7.6.3 水生态承载力评价指标体系构建

本书针对水生态承载力这一目标层，构建了水环境质量、生态环境需水量及水生生物多样性 3 个准则层，共选取 11 项指标构成清水河干流水生态承载力评价指标体系（表 7.1），其中“+”代表正向指标，“-”代表负向指标。

表 7.1 清水河干流水生态承载力评价指标体系

	准则层（B）	指标层（C）		指标性质
目标层（A）	水质层面（B_1）	COD_{Cr}	C1	-
		COD_{Mn}	C2	-
		BOD_5	C3	-
		NH_3-N	C4	-
		TN	C5	-
		TP	C6	-
		F^-	C7	-
	水量层面（B_2）	W—生态需水量	C8	-
		H—浮游植物多样性指数	C9	+
	水生生物层面（B_3）	H—浮游动物多样性指数	C10	+
		H—底栖动物多样性指数	C11	+

7.7 评价方法

水体承载力评价常见方法可以归纳为指标体系评价法、系统分析法、层次分析法和生态足迹法 4 个类别，以上方法在水环境承载力评价过程中，常给出了是否承载的评价结果，未明确原因，且忽略了超标因子权值对承载力评价结果的影响，单一的主客观赋权带来的权重偏差，在一定程度上影响了承载力评价的准确性。近年来，韦伯-费希纳模型作为一种指导思想和方法被引入地表水环境预警、地下水环境质量评价、湖泊富营养化与公众满意度的评价等，在水生态承载力评价中尚未见报道，本书应用韦伯-费希纳模型的思想及理论，对清水河干流水生态承载力展开研究。

本研究基于 3 类水质目标情景、生态环境需水等级及水生生物多样性评价标准，构建

Sigmoid函数，对各因子指标值进行标准化，同时基于离差平方和组合赋权法对指标进行赋权，构建清水河干流水生态承载力评价标准，并结合W-F定律的理论及思想，确定了水生态承载力评价指数 K_i 与水生态承载力之间的关系，建立清水河干流水生态承载力量化模型。

7.7.1 数据标准化

对于成本型因子，其数值越大表示水质越差，可用式（7.1）进行标准化。

$$Z_{ij}=\begin{cases}1, & X_{ij}\geqslant S_{i\text{V}}\\ \dfrac{X_{ij}}{S_{i\text{V}}}, & S_{i\text{III}}\leqslant X_{ij}<S_{i\text{V}}\\ 0, & X_{ij}<S_{i\text{III}}\end{cases} \tag{7.1}$$

式中：X_{ij} 为实测因子的浓度值；$S_{i\text{V}}$ 为Ⅴ类地表水标准值；$S_{i\text{III}}$ 为Ⅲ类地表水标准值。

对于效益型因子（如生态环境需水量等），数值越大表示水质越好，可用式（7.2）进行标准化：

$$Z_{ij}=\begin{cases}0, & X_{ij}>S_{i\text{III}}\\ 1-\dfrac{X_{ij}}{S_{i\text{III}}}, & S_{i\text{V}}\leqslant X_{ij}\leqslant S_{i\text{III}}\\ 1, & X_{ij}<S_{i\text{V}}\end{cases} \tag{7.2}$$

式中：X_{ij} 为实测因子的核算值；$S_{i\text{III}}$ 对应于评价标准的理想值；$S_{i\text{V}}$ 为评价标准的最差值。

7.7.2 客观赋权

客观赋权常用方法有熵值法、TOPSIS法、灰关联分析法、主成分分析法、变异系数法等。变异系数法是直接利用各项指标所包含的信息，通过计算得到指标的权重，当评价指标对于评价目标而言比较模糊时，采用变异系数法评价进行评定较为合适，适用于各构成要素内部指标权数的确定，本研究采用变异系数法对各指标进行权数确定，计算过程见式（7.3）～式（7.6）。

$$\overline{C}_j=\frac{1}{n}\sum_{i=1}^{n}C_{ij}(i=1,2,3,\cdots,n;j=1,2,3,\cdots,m) \tag{7.3}$$

$$S_j=\sqrt{\frac{\sum_{i=1}^{n}(C_{ij}-\overline{\overline{C}}_j)^2}{n-1}} \tag{7.4}$$

$$\theta_j=\frac{S_j}{\overline{C}_j} \tag{7.5}$$

$$\alpha_j=\frac{\theta_j}{\sum_{i=1}^{n}\theta_j} \tag{7.6}$$

式中：$\overline{C}_j$ 为监测点的第 j 个指标的平均值；S_j 为监测点的第 j 个指标的标准偏差；θ_j 为监测点的第 j 个指标的变异系数；α_j 为监测点的第 j 个指标的权重。

7.7.3 主观赋权

基于层次分析法将清水河干流水生态承载力评价分为目标层A、准测层B、指标层C，目标层A为水生态承载力总权重，准则层B分为水环境因子B_1、生态环境需水量B_2、水生生物B_3，指标层C为准则层下的各评价指标，由指标体系确定的C_1，C_2，C_3，…，C_{11}。在目标层A下将准测层指标两两对比，计算出各子系统的权重，在准则层B_1、B_2、B_3下将指标层的各指标进行两两对比，计算各指标的权重，计算方法如下。

将同层指标两两对比重要性，采用9分法衡量指标相对重要程度，划分标准见表7.2，得出相对重要程度数值，$C_i:C_j=a_{ij}$，相应判断矩阵见式（7.7）。

$$A=(a_{ij})_{nm},a_{ij}=1,2,\cdots,9 \tag{7.7}$$

表7.2 9分法划分标准

比较得分	1	3	5	7	9
a_i较a_j重要性	同样重要	稍微重要	明显重要	强烈重要	极其重要

运用行和法对重要程度数值进行归一化得到指标权重值，并计算判断矩阵的最大特征值和特征向量进行一致性判断，见式（7.8）和式（7.9）。

$$CI=(\lambda_{\max}-n)/(n-1) \tag{7.8}$$

$$CR=CI/RI \tag{7.9}$$

式中：$\lambda_{\max}$为最大特征根；n为研究变量个数；RI为平均随机一致性指标。$CR<0.1$时可接受一致性，$CR>0.1$时不符合一致性检验。

RI为平均随机一致性指标，与阶数n存在关系，经验公式见式（7.10）。

$$RI=\frac{-5.739303+4.303993n-1.281630n^2+0.241633n^3}{1.771704n-0.540019n^2+0.137736n^3} \tag{7.10}$$

7.7.4 基于博弈论的主客观组合赋权

博弈论的基本思想是在不同的权重之间寻求一致或妥协，使得到的综合权重在各权重之间的偏差极小化，尽可能地保留原权值的信息，其数学方法如下。

将各赋权方法得到的m个权重向量记为W_i^T的线性组合，见式（7.11）。

$$W=\sum_{i=1}^{m}\alpha_i W_i^T,\alpha_i>0 \tag{7.11}$$

因此寻找最满意的权重向量即对式（7.11）中的m个线性组合系数α_i进行优化，使得W与各权重向量的离差极小化，由此得到下列对策模型，见式（7.12）。

$$\min\left\|\sum_{i=1}^{m}\alpha_i W_i^T-W_j^T\right\|_2,j=1,2,3,\cdots,m \tag{7.12}$$

根据矩阵的微分性质，可得到式（7.12）的最优化一阶导数条件见式（7.13）。

$$\sum_{i=1}^{m}\alpha_i W_j W_i^T=W_j W_j^T \tag{7.13}$$

式（7.13）对应式（7.14）线性方程组。

$$
\begin{bmatrix} W_1 W_1^T & W_1 W_2^T & \cdots & W_1 W_{1m}^T \\ W_2 W_1^T & W_2 W_2^T & \cdots & W_2 W_m^T \\ \vdots & \vdots & & \vdots \\ W_m W_1^T & W_m W_2^T & \cdots & W_m W_1^T \end{bmatrix} \begin{bmatrix} \alpha_1 \\ \alpha_2 \\ \vdots \\ \alpha_m \end{bmatrix} = \begin{bmatrix} W_1 W_1^T \\ W_2 W_2^T \\ \vdots \\ W_m W_m^T \end{bmatrix} \tag{7.14}
$$

求出式（7.14）α_i，并代入式（7.11）即可求出综合权重向量 W。

7.7.5　水生态承载力评价模型

本书引入韦伯-费希纳的思想及理论对清水河水生态承载力进行评价，计算方法见式（7.15）和式（7.16）。

$$
K_{ij} = \alpha_{ij} \lg(C_{ij} + 1) \tag{7.15}
$$

$$
K_i = \sum_{i=1}^{n} K_{ij} \tag{7.16}
$$

式中：K_{ij} 为第 i 个监测点第 j 个水质指标的污染对环境的危害程度；α_{ij} 为第 i 个监测点第 j 个水质指标的权重；C_{ij} 为第 i 个监测点第 j 个水质指标的标准化值；$C_{ij}+1$ 的对数 $(C_{ij}+1)>0$ 可以通过数学证明，并不会影响评价结果。K_i 为第 i 个河流监测点水环境的综合影响指数。

7.7.6　承载力标准划分依据

根据不同水生态管理目标，确定清水河干流水生态承载力各指标的评价标准，将每个指标值分为理想值、适宜值、最差值，当实际指标优于理想值时为良好可承载，实际指标差于最差值时为不可承载，介于理想值、适宜值之间时为可承载，介于适宜值、最差值之间时为弱承载。

由前文水功能区划研究结果表明，清水河流域除源头至二十里堡为自然保护区，水质控制目标为地表水Ⅱ类及以上，其中下游水均为饮用水源及农业用水区，水质控制目标为地表水Ⅲ～Ⅴ类。故水质层面，根据水质管理目标设置 3 个目标情景：情景 1，水质达到Ⅲ类水；情景 2，水质达到Ⅳ类；情景 3，水质达到Ⅴ类。分别对应污染物控制总量的理想、适宜、最差水质。生态环境需水量层面，年内各游段河流基本需水量（生态环境需水量 60%）、适宜需水量（生态环境需水量 80%）、理想需水量（生态环境需水量）分别对应最差值、适宜值、理想值。水生生物层面，Shannon - Wiener 多样性指数反映了群落物种的多样性，H'值 0～1 为富营养，1～3 为中营养，大于 3 为贫营养，因此 $H'=2$ 作为适宜值，$H'\geqslant 4$ 作为理想值，$H'\leqslant 1$ 作为最差值。

7.8　结果与讨论

7.8.1　权重结果

评价指标主客观赋权结果见表 7.3，从赋权结果来看，指标间权值变化幅度较大的指标有 COD_{Mn}、TP、F^-、浮游动物 4 项指标，其中 COD_{Mn}、F^- 两项指标在客观权值中占比较小，主观权值中占比较大，在客观赋过程中难以有效识别，给予了较小权值，经过主观调整对其权值起到了优化作用；TP、浮游动物客观权值占比较大，主观权值占比较小，客观赋权认为其为主要因子，给予较大权值，主观权值分析中认为TP相对于其他水质污染因子重要程度较弱，故给予较小权值对其进行优化；主观权值分析中认为浮游动物群落不仅受气候等因素影响，还主要受到浮游植物群落结构影响，其相对于浮游植物及底栖动物群落结构较不稳定，故主观赋权给予较小比重，对客观权重进行优化。

表 7.3　评价指标主客观赋权结果表

指标	客观赋权（W_1）	主观赋权（W_2）	指标	客观赋权（W_1）	主观赋权（W_2）
C1	0.07	0.13	C7	0.03	0.13
C2	0.05	0.01	C8	0.16	0.15
C3	0.07	0.03	C9	0.15	0.19
C4	0.05	0.02	C10	0.15	0.07
C5	0.05	0.06	C11	0.15	0.19
C6	0.05	0.01			

清水河指标层求出客观权重 W_1 和主观权重 W_2 的系数分别为 $X_1=0.10$，$X_2=0.92$，归一化得 $X_1=0.098$，$X_2=0.902$；基于此计算组合赋权结果见表7.4。

表 7.4　基于博弈论的组合赋权结果表

C1	C2	C3	C4	C5	C6	C7	C8	C9	C10	C11
0.125	0.014	0.034	0.023	0.060	0.014	0.122	0.153	0.188	0.079	0.188

水生态承载力研究中常忽略了数值标准化对结果带来的影响，本书基于清水河3种水质目标情景下的水环境因子浓度标准值、不同等级条件下生态需水等级以及水生生物多样性评价标准，以真实情况下的标准值限定了指标数值区间，而非无参考的相对区间，在标准化过程中消减了极端数值对最终结果所带来的偏差，使标准化结果更加可靠，综合赋权同时结合了两种赋权方法的优点，协调了单一主客观影响对结果产生的偏差。从最终赋权结果来看水质系统总权重分别为0.392，水量子系统总权重分别为0.153，水生生物子系统总权重分别为0.455。

7.8.2　水生态承载力评价标准划分

基于污染物标准浓度、生态需水满程度、水生生物学水质评价分析结果以及博弈论权值优化结果，构建清水河干流水生态承载力评价标准体系，结果见表7.5。

表 7.5　清水河干流水生态承载力评价标准

项　目	最优值	及格值	最差值
WECC－COD_{Mn}/(mg/L)	6	10	15
WECC－COD_{Cr}/(mg/L)	20	30	40
WECC－BOD_5/(mg/L)	4	6	10

续表

项目	最优值	及格值	最差值
WECC - NH_3 - N/(mg/L)	1	1.5	2
WECC - TN/(mg/L)	1	1.5	2
WECC - TP/(mg/L)	0.2	0.3	0.4
WECC - F^-/(mg/L)	1	1.5	1.5
生态环境需水量（上游）/万 m^3	628	502	377
生态环境需水量（中游）/万 m^3	6566	5253	3940
生态环境需水量（下游）/万 m^3	16480	13184	9888
$H_{浮动}$	4	2	1
$H_{浮植}$	4	2	1
$H_{底栖}$	4	2	1
标准综合指数 k_i	0.189	0.542	0.792

通过对水生态承载力概念及内涵的辨析，各学者从社会、经济、土地、水环境、水资源等系统中选取适合的指标构建水生态承载力评价指标体系，在多系统下繁杂的指标中选取及构建评价指标体系是极为复杂的过程，难以将主要影响因子全部纳入评价体系，且强相关性指标因子存在重复赋权的情况，同时不同尺度的流域受到地理位置及经济情况影响不同，评价指标体系难以复制等诸多因素均对水生态承载力的评价结果造成较大的偏差。在水生态承载力评价过程中往往模糊了承载主体与客体的概念，且缺乏对水生生物的研究及其与水质水量的关系。水体中的有机、无机等污染物是人类活动作用下的结果，结合水功能区及相关标准的要求，极大地简化了水质因子的筛选，合理的评价模型能够准确地对污染物排入总量进行量化控制，本书将具有代表性的水环境因子指标体系从水质层面分析水生态承载力。生态环境需水量对维持河流生态系统稳定、保护物种多样性具有重要作用，最小生态环境需水量是保证河流生态系统不被破坏的最小水量，是维持生态系统中生物群落生存和生活环境稳定所需的水量，在其基础上可保护和改善水生境。本书将生态环境需水量纳入水生态承载力评价体系从水量层面分析其对水生态承载力的影响。浮游植物作为水体中的生产者，其种群结构特征控制着浮游动物及底栖动物的种群结构特征，同时其对水体变化极为敏感，是人类活动对水体产生影响最为直接和敏感的因子，本书将生物多样性指标引入到朱思恒泰承载力的评价指标体系中，从生物学角度研究其对水生态承载力的影响。

根据清水河干流污染物的实际浓度、生态环境需水量、生物多样性结果得到的清水河水生态承载力评价标准值更能真实地评价出其水生态承载力现状，同时能够直接地反映出水生态承载力变化的原因，结合实际从评价结果来看，基于韦伯-费希纳模型的水生态承载力评价结果与预期相符，结果较为可靠。

7.8.3 清水河干流水生态承载力评价结果

清水河干流水生态承载力评价结果见表7.6。清水河干流水生态承载力评价标准指数为 0.189～0.792，清水河上游、清水河中游、清水河下游综合指数分别为 0.60、0.63、0.64，综合指数均介于及格指数与最差指数之间，处于弱承载状态。从承载力指数大小来看，清水河水生态承载力排序为清水河上游＞清水河中游＞清水河下游，但清水河上游、清水河中游、清水河下游综合承载指数结果相近，且从指数距不可承载状态较近，水质、水生生物层面占较大均值，若水质持续恶化或水生生物多样性减少均可造成水生态承载力下降为不可承载。

水质系统总权重分别为 0.392，其中 COD_{Mn}、F^- 分别占比 0.125 和 0.122，两项指标占水质系统总权重的 63%，在水质子系统中占据主导地位，其浓度波动变化是水生态承载力大小的主要原因之一。水生生物子系统总权重分别为 0.455，可以看出水生生物在清水河水生态承载力评价中起到决定性作用，从权重结果来看，浮游植物多样性指数、底栖动物多样习性指数在水生生物系统中相对于浮游动物指数更重要，而清水河水生态承载力评价中，底栖动物多样性指数较小是导致水生态承载力较小的另一主要原因。

本书引入 W－F 定律的思想及数学模型应用于清水河干流水生态承载力评价中，从水生态承载力评价结果来看，其能够较为灵敏和准确地评价水生态承载力状态，且能够较好地解释水生态承载力状态的原因，适合在水生态承载力评价中应用。

表 7.6 清水河干流水生态承载力评价结果

项　目	最优指数 K_i	及格指数 K_i	最差指数 K_i	综合指数 K_i	承载状态
清水河上游	0.189	0.542	0.792	0.60	弱承载
清水河中游	0.189	0.542	0.792	0.63	弱承载
清水河下游	0.189	0.542	0.792	0.64	弱承载

7.9 小结

清水河流域水生态承载力综合指数介于 0.189～0.792，清水河上游、清水河中游、清水河下游的水生态承载力指数分别为 0.60、0.63、0.64，承载力均处于弱承载状态。其中 COD_{Mn}、F^- 浓度和浮游植物、底栖动物多样性指数是影响清水河流域水生态承载力大小的最主要因子。从水生态承载评价结果来看，韦伯-费希纳模型对清水河流域水生态承载力评价结果符合实际情况，评价结果较为准确。

根据水生态承载力评价结果，对清水河流域水生态改善提出下列建议：①人为活动造成的污染为清水河干流目前主要的污染方式，对工业及生农业污染的排放应从源头控制污染物入河总量；②特殊地质条件下的矿物质离子富集造成的清水河干流水体污染为另一主要原因，采用有效的化学、生物方法可有效降低水体中矿物质离子含量；③水生生物群落结构及多样性对水生态承载力的影响较大，在有遏制水体恶化的条件下改善水体生物群落结构及多样性能够对水生态改善起到积极的作用。

第8章 水生生态系统健康评价

8.1 研究背景

人类在谋求自身发展的过程中，将生态系统的平衡打破，从而造成湿地减少、水体污染、生物多样性减少等水生态问题。水生生态失衡，不仅使相应的自然功能和服务功能得不到体现，还影响整个社会的可持续发展。健康的水生生态系统对于保护水环境和维持水环境的各项正常功能起着重要作用。水生生态系统对于人类发展的重要性不言而喻，它不仅可提供食物、工农业及生活用水，还有商业、交通、休闲娱乐等诸多服务功能。作为一种重要的生态系统类型，水生生态系统还是生物圈物质循环的主要通道之一，很多营养盐及污染物在其中进行迁移和降解。因此，评价水生生态系统的健康状况已经成为水利科学、生态科学、环境科学等研究热点之一。在资源环境约束日益加剧的今天，有必要通过对水生生态系统进行健康评价，从而为完善环保体制、构建环境修复方案提供一定的理论依据。

8.2 国内外研究进展

8.2.1 生态系统健康的概念及内涵

8.2.1.1 生态系统健康的概念

"健康"一词源于医学，应用于人体研究，逐渐引申到动植物范围，随后出现在公众健康领域。随着全球的环境问题逐渐突出，并且严重威胁到人体健康，"健康"的概念又应用到了环境学和医学的交叉领域，出现了环境健康学和环境医学。20世纪80年代，可持续发展观念的提出，使人们意识到生态环境保护的重要性，引入了生态系统健康的概念，各国学者开展生态系统健康研究的热潮。虽然对于生态系统健康的研究颇多，但对其定义迄今尚无统一观点。"生态系统健康"源于James Hutton在1778年提及的"自然健康"一词。在国外，Rapport D J认为健康的生态系统具有维持自身功能稳定的恢复力；Schaeffe D J等认为生态系统健康是生态系统未打破可使其发展不利因素增加的条件；Kar J R等认为健康的生态系统受到外界干扰时具备自我恢复能力；Costanza R等认为生态系统健康是生态内稳定现象，没有疾病，具有多样性、复杂性、稳定性和可恢复性，具有活力且能增长的空间。国内的水生态系统健康研究起步较晚，唐涛等认为生态系统健康是指生态系统能够保持物化及生物完整性，且能够维持对人类社会的服务功能；杨志峰等认为生态系统健康是指系统整体功能保持多样性、复杂性、活力性等，其中的物质能量流动未遭到破坏。目前普遍认为生态系统健康指的是生态系统具有结构的完整性和功能的稳定性，具备自我维持和自我修复的能力。

8.2.1.2 水生生态系统健康的内涵

水生生态系统是指既有水生植物、水生动物、底栖生物等生物环境，也有与水体密切相关的非生物环境所组成的一类生态系统，健康的水生生态系统对于保护水环境和维持水环境的各项正常功能起着重要作用。水生生态系统健康评价内容就是对生态系统自身形态结构、生态环境状况等方面的评价。利用科学的工具及方法对该生态系统的基本资料进行收集、处理，建立科学的评价系统，研究在人类及自然因素双重驱动下，该水生生态系统的健康状态变化趋势。评价结果不仅可以直观地体现水生生态系统的健康状况，为相关环境部门提供水资源开发、保护、修复的依据，还能加深公众对水生生态系统现状的了解程度，提高公众生态保护意识，做到人水和谐相处。

8.2.2 评价指标选取原则

生态系统健康评价的指标必须与评价水生生态系统所存在的问题相契合，这样才能反映水生生态健康的真实水平，有利于生态系统的治理和修复。在指标的选取过程中应遵循这样一些原则。

(1) 科学性原则。指标的内涵必须能明确地表达水生生态系统的特征，准确地表征水生生态系统的各项功能，能够客观真实地描述河流的本质属性，具有一定的实用价值。

(2) 代表性原则。表征水生生态系统本质属性的指标很多，选择那些能翔实有效地反映水生生态系统生命特征的指标进行河流健康评价，避免评价指标的冗杂，整个评价过程宜简明。

(3) 独立性原则。评价指标不但要全面地反映水生生态系统的功能和本质属性，各指标之间还需具有一定的独立性，即各指标的内涵相互独立。指标意义的重复会使水生生态系统的一些方面多次参与健康评价，最终影响评价的结果。

(4) 稳定性与动态性原则。水生生态系统健康是一个动态的概念，所以其评价指标的选取也应是一个动态的过程，但在确定的时间范围内，水生生态系统健康评价指标应是确定的，否则评价工作将无法进行。因此，水生生态系统健康评价指标的选取是一个稳定性与动态性相结合的过程。

(5) 指标定量性与可操作性原则。指标参数应便于获取，定量化，计算和分析过程易于理解。不同的水生生态系统其指标的选取应有所不同，比如即使是同一条河流，但在不同的时期其指标的选取也应有所侧重。

8.2.3 健康评价的方法

虽然我国在水生生态系统健康评价方面取得了不少进展，但是仍没有统一的评价方法。目前，常用的方法主要有生物监测法、指标体系法两大类，具体如下。

8.2.3.1 生物监测法

生物监测方法是指通过监测某些生物的生物量、生产力、功能指标及生理状态等变化，来代表生态系统的健康状况，常用的方法有指示物种法和预测模型法。

1. 指示物种法

复杂的生态系统常用指示群种来监测其健康状况的变化。指示物种法主要根据生态系统中指示物种的多样性和丰富度，确定丰富度指数或完整性指数。当生态系统受到外界胁迫后，生态系统的结构和功能会受到影响，并产生变化。因此，可以通过指示物种在环境改变下产生的功能指标和数量的变化来表示生态系统的健康程度。同时，由于指示物种具有一定的抗环境变化能力，可以通过指示物种的恢复能力表示生态环境在受胁迫下的恢复能力。石磊等利用鱼类完整性指数对鲥鯮淀进行鱼类群落组成特征分析及健康状况评价；张宇航等利用底栖动物建立完整性指数，对浑河流域进行健康评价。

由于生态系统十分复杂，仅仅依靠单一指示物种不能够完整正确地表示生态系统变化，不能正确地表示其中的因果变化关系。此外，指示物种法有关指示物种的筛选标准不统一，难以确定在不同系统内的取样尺度和频率；缺乏指示物种与水生植物的直接联系，难以全面表示健康变化；缺乏指标验证的准确性，在结果解释方面力度不强；缺乏在人类干扰等因素方面的分析，仅局限于水体环境变化。

2. 预测模型法

在预测模型方法中，选取无人为干扰或人为干扰最小的样本点作为参考点，建立了理想条件下样本点的环境特征及相应生物组成的经验模型，比较观测点生物组成的实际值（O）与模型推导的预期值（E），以 O/E 值作为评价环境状况的指标。O/E 比值在 0～1 变化，比值越接近于 1，则表明该观测点的健康状况越好。

我国常用的模型评价方法有层次分析法、聚类分析法、PSR 模型等。一些研究学者建立了由目标层、要素层、指标层组成的河流健康评价指标体系，运用层次分析法确定评价指标的权重，再通过加权计算出综合评价指数。陈凤等以闽东滨海湿地为研究对象，基于 PSR 模型选取 17 个指标，采用综合评价指数对闽东滨海湿地生态系统健康进行了评价；秦趣等基于 PSR 模型构建评价体系，采用熵权法和模糊数学法对草海湿地生态系统健康进行了评价。

预测模型法弥补了指示物种法中缺乏反映人为干扰因素对生态系统健康等级的影响，评价指标综合、全面。其缺点是当生态系统受到破坏，环境的变化未反映在所选取的评价物种组成变化上，就无法反映该环境真实的健康状况时。此外，该方法在模型检验时，校准工作量较大。

8.2.3.2 指标体系法

在水生生态系统健康评价中，指标体系法应用最广泛。指标体系法是根据生态系统的特征和其服务功能建立指标体系，采用数学方法确定其健康状况，常用的方法有综合健康指数法、模糊综合评价法、灰色评价法、PSR 模型等。常选取水质、营养盐、浮游动植物等因子作为评价指标。Robert 于 1992 年提出河岸带完整性、河床条件、鱼类、水生植物等 16 个指标，并将河流的健康状况划分为 5 个等级进行评价，Ladson 于 1999 年提出包括水文学、河岸区状况、物理构造特征、水质及状况、水生生物 5 个方面共计 22 项指标构成溪流状况指数。合理的指标体系既要反映水域的总体健康水平，又要反映生态系统健康变化趋势。

1. 模糊综合评价法

模糊评价法是一种运用模糊数学原理分析和评价。利用模糊综合评价可以有效处理评价过程中人的主观性以及客观所遇到的模糊性现象。模糊评价法基本流程如下：应用模糊关系合成的原理特征，以隶属度描述各个指标的模糊界线，构建模糊评判矩阵，运用多层复合运算，最终确定评价对象的总指标。蔚青等采用层次分析法确定河流健康体系中的准则层和指标层的权重，运用模糊综合评价法对辽河保护区铁岭段河流进行健康评价。该方法能作出比较科学、合理、贴近实际的量化评价，但其计算复杂，对指标权重矢量的确定主观性较强。

2. 灰色关联法

灰色关联法是根据因素之间发展趋势的相似或相异程度，作为衡量因素间关联程度的一种方法。灰色关联法评价步骤如下：将数据进行归一化处理，计算绝对差数值 $\Delta_{ik}(j)$、最小绝对差数值 Δ_{min}、最大绝对差数值 Δ_{max}，确定分辨系数 ρ 并计算关联系数 [$\varepsilon_{ik}(j)$]、灰关联度值（γ_{ij}），最后根据最大隶属度原则作出健康等级的评价。吴岳玲等利用灰色关联法对星海湖水生生态系统进行健康评价。该方法计算量小，数据要求低，但是计算关联度时平权所带来的客观性不足。

8.3 研究目的及意义

清水河流域出现水质恶化、水土流失等环境问题，水环境整治迫在眉睫。本书通过对清水河进行评价指标的确定，并采用熵值法确定指标权重，运用灰色联法对水生生态系统健康状况进行评价，以期为清水河的生物多样性保护及科学治理提供依据。

8.4 材料方法

8.4.1 采样设置

根据清水河的自然地理条件，此次研究共设置了 23 个采样点（表 8.1）。点位 1～15 为干流，其中，点位 1～8 为上游，点位 9～12 为中游，点位 13～15 为下游；点位 16～23 为支流，其中，点位 19～20 为中河，点位 22～23 为冬至河。

表 8.1 各采样点位置

采样点	监测点位	经度（E）	纬度（N）
1	清水河开城	106.259	35.857
2	清水河东郊	106.297	36.054
3	沈家河水库	106.259	36.103
4	清水河头营	106.218	36.167
5	清水河杨郎	106.186	36.225
6	清水河三营	106.167	36.273

续表

采样点	监测点位	经度（E）	纬度（N）
7	清水河黑城	106.142	36.355
8	清水河七营	106.157	36.504
9	清水河羊路	106.133	36.634
10	清水河李旺	106.112	36.663
11	清水河王团	106.007	36.833
12	清水河同心	105.897	36.966
13	清水河丁家塘	105.871	37.027
14	清水河河西	105.824	37.113
15	清水河入黄点	105.545	37.485
16	清水河折死沟交汇	106.072	36.729
17	双井子沟	106.195	36.560
18	苋麻河（1）	105.844	36.319
19	中河（1）	105.970	36.099
20	寺口子水库	105.961	36.268
21	猫儿沟水库	105.861	36.198
22	冬至河（1）	106.085	35.038
23	冬至河水库	106.074	36.049

8.4.2 样品采集与测定

8.4.2.1 水样的采集与鉴定

水样的采集与测定方法见2.2.1.1节和2.2.1.2节。采样时间为2018年4月、2018年7月、2018年11月。

8.4.2.2 浮游植物样品的采集与鉴定

浮游植物采集与测定方法见5.1.1.1节。采样时间为2018年4月、2018年7月、2018年11月。

8.4.2.3 浮游动物样品采集与鉴定

浮游动物样品采集与测定方法见5.1.1.2节。采样时间为2018年4月、2018年7月、2018年11月。

8.5 研究方法

8.5.1 清水河水生生态系统健康综合评价指标的确定

8.5.1.1 指标体系的构成

根据清水河流域实际情况，结合祁泽慧、英士娟、胡悦等人对水生生态系统健康评价基础上，选取能够代表水质、营养盐、生物多样性等特征的评价指标，候选指标如下。

水质指标：BOD_5、TN、TP、NH_3-N、COD_{Mn}、COD_{Cr}、Chl-a。

生物指标：浮游植物 Shannon-Wiener 指数（H'）、浮游动物 Shannon-Wiener 指数（H'），同时选取综合营养状态指数［TLI（Σ）］共同构成评价指标。其中，Shannon-Wiener 多样性指数具体计算见式（8.1）。

$$H'=-\Sigma\frac{ni}{N}\ln\frac{ni}{N} \tag{8.1}$$

式中：ni 为第 i 种浮游植物的个体数；N 为浮游植物总个体数。

综合营养状态指数计算见式（8.2）和式（8.3）。

$$TLI(\Sigma)=\sum_{i=1}^{m}W_j\times TLI(j) \tag{8.2}$$

$$W_j=\frac{r_{ij}^2}{\sum_{j=1}^{m}r_{ij}^2} \tag{8.3}$$

式中：$TLI(\Sigma)$ 为综合营养状态指数；$TLI(j)$ 为代表第 j 种参数的营养状态指数；W_j 为第 j 种参数的营养状态指数的相关权重，r_{ij} 为水质参数与叶绿素间的关系。

在水生态系统的健康评价过程中，由于监测指标的性质和意义各不相同，各指标量纲上存在差异，同时为防止计算过程中数值较大的和数值较小的监测指标相对强化和弱化，在健康评价前需要对各项指标进行标准化处理，解决指标不可比问题。采用杨谦使用的方法进行指标的无量纲标准化处理，计算公式见式（8.4）和式（8.5）。

（1）效益型因子（数值越大，健康状态越好）：

$$Z_i=\frac{X_i-X_{\min}}{X_{\max}-X_{\min}} \tag{8.4}$$

式中：X_i 为第 i 个实测数值；$X_{\min}$ 为实测数值中的最小值；$X_{\max}$ 为实测数值中的最大值。

（2）成本型因子（数值越大，健康状态越差）：

$$Z_i=\frac{X_{\max}-X_i}{X_{\max}-X_{\min}} \tag{8.5}$$

式中：X_i 为第 i 个实测数值；$X_{\min}$ 为实测数值中的最小值；$X_{\max}$ 为实测数值中的最大值。

8.5.1.2 指标权重的确定

权重的确定是多指标综合评价中的一个重要环节，指标权重的科学合理性在很大程度上影响到综合评价结果的正确性。本书根据清水河流域水生生态系统健康评价指标体系，采用熵值法计算各指标权重。

熵值法是一种客观赋权法，其原理是在客观条件下，由评价指标值构成的判断矩阵来确定指标权重，其优点是能尽量消除各评价因素权重的主观性，计算步骤如下。

（1）构建 n 个样本 m 个评价指标的判断矩阵。

（2）根据 8.5.1.1 方法计算的指标无量纲化的结果构建判断矩阵 B，B 中元素表达式见式（8.6）。

$$R=(r_{ij}) \tag{8.6}$$

式中：r_{ij} 为方案 j 指标 i 的特征值对优的相对隶属度。

（3）根据熵的定义，n 个样本 m 个评价指标，可确定评价指标的熵，见式（8.7）和式（8.8）。

$$H_i=-\frac{1}{\ln n}\left(\sum_{i=1}^{n}f_{ij}\ln f_{ij}\right) \tag{8.7}$$

$$f_{ij}=\frac{b_{ij}}{\sum_{i=1}^{n}b_{ij}} \tag{8.8}$$

其中，$0\leqslant H_i\leqslant 1$，为使 $\ln f_{ij}$ 有意义，假定 $f_{ij}=0$，$f_{ij}\ln f_{ij}=0$，$i=0$，1，2，…，m；$j=0$，1，2，…，n。

（4）利用熵值计算评价指标的熵权见式（8.9）。

$$W_i=\frac{1-H_i}{m-\sum_{i=1}^{m}H_i} \tag{8.9}$$

上述式中应满足 $\sum_{i=1}^{m}W_i=1$。

8.5.1.3 评价标准的确定

参照《地表水环境质量标准》（GB 3838—2002）和文献确定水生生态系统健康评价标准体系，分为很健康、健康、亚健康、不健康和病态5个评价等级，见表8.2。

表8.2 水生生态系统健康评价标准

指标	分级标准				
	很健康	健康	亚健康	不健康	病态
BOD_5/(mg/L)	≤3.0	3	4	6	10
Chl-a/(μg/L)	≤1.0	2	4	10	26
NH_3-N/(mg/L)	≤0.15	0.5	1	1.5	2
TN/(mg/L)	≤0.2	0.5	1	1.5	2
TP/(mg/L)	≤0.01	0.025	0.05	0.1	0.2
COD_{Mn}/(mg/L)	≤2	4	6	10	15
COD_{Cr}/(mg/L)	≤15	15	20	30	40
浮游植物 H'	≥4	3	2	1	≤1
浮游动物 H'	≥4	3	2	1	≤1
$\sum TLI$	≤30	50	60	70	>70

8.5.2 清水河水生生态系统健康评价

灰色关联法是根据因素之间发展趋势的相似或相异程度，作为衡量因素间关联程度的一种方法。该方法计算量小，数据要求低，能够对指标进行定性分析。本书以健康评价标准分级为比较数列，各指标实测值为参考数列，计算各月及年均值分别与各健康评价标准级别的关联度，由关联度的大小判断各时间段水体的健康评价等级。评级步骤如下。

（1）计算各指标实测值与5个等级相应评价标准值之间的绝对差数值［$\Delta_{ik}(j)$］。

（2）计算各评价指标值与5个评价等级的最小绝对差数值［Δ_{min}］和最大绝对差数值［Δ_{max}］。

（3）确定分辨系数$\rho=0.5$，分别计算太阳山湿地公园各月以及年平均值各个指标值与相应评价标准值之间的关联系数$\varepsilon_{ik}(j)$，见式（8.10）。

$$\varepsilon_{ik}(j)=\frac{\Delta_{min}+\rho\Delta_{max}}{\Delta_{ik}(j)+\rho\Delta_{max}} \tag{8.10}$$

（4）根据每个指标的权重值计算太阳山湿地公园各月及年平均值与5个评价等级的灰关联度值γ_{ij}，见式（8.11）。

$$\gamma_{ij}=W_i\varepsilon_{ik}(j) \tag{8.11}$$

（5）根据最大隶属度原则，对太阳山湿地公园各采样月份及年平均的健康等级做出评价。

8.6　结果与分析

8.6.1　权重计算结果

根据熵的定义及计算方法，确定各评价指标的熵H，计算结果见表8.3，再根据计算公式计算各指标权重W，计算结果见表8.4。

表8.3　各评价指标的熵H

月份	BOD_5	Chl-a	TN	NH_3-N	TP	COD_{Mn}	COD_{Cr}	浮游植物H'	浮游动物H'	ΣTLI
4	0.645	0.940	0.840	0.904	0.892	0.926	0.938	0.000	0.493	0.865
7	0.800	0.927	0.802	0.823	0.937	0.935	0.904	0.796	0.472	0.923
11	0.748	0.903	0.786	0.836	0.944	0.938	0.938	0.456	0.486	0.375

表8.4　各评价指标的权重W

月份	BOD_5	Chl-a	TN	NH_3-N	TP	COD_{Mn}	COD_{Cr}	浮游植物H'	浮游动物H'	ΣTLI
4	0.139	0.023	0.062	0.037	0.042	0.029	0.024	0.391	0.198	0.053
7	0.119	0.043	0.118	0.106	0.037	0.039	0.057	0.121	0.314	0.046
11	0.097	0.037	0.082	0.063	0.022	0.024	0.024	0.210	0.198	0.241

8.6.2　清水河水生生态系统健康评价结果

通过进行关联度计算，再根据最大隶属度原则得出评价结果，计算及评价结果见表8.5。

2018年4月清水河上游、清水河中游、清水河下游、折死沟、双井子沟、苋麻河、中河、西河为不健康，冬至河为健康；2018年7月清水河上游为不健康，清水河中游、折死沟、双井子沟、苋麻河、中河、西河为不健康，清水河下游为亚健康，冬至河为很健康；2018年11月清水河上游、折死沟为亚健康，清水河中游、清水河下游、双井子沟、苋麻河、中河、西河、冬至河为健康。清水河下游健康状况较好，呈现11月＞7月＞4

月，清水河上游、清水河中游健康状态较差。由于清水河枯水期上游基本无来水，不适宜藻类等水生植物生长，且只有在丰水期开始出现径流，而该时期的水的主要来源为工业、农业所生产的废水，且4月宁夏气温较低，不适于浮游动植物生长，多样性差。此外，清水河水生植物群落结构不均衡，多样性比较低，其自然演替速度不能适应目前外源污染物的压力胁迫，对氮磷营养盐的降解能力不足，也是导致清水河水生生态系统处于健康状态差的主要原因。折死沟、双井子沟、中河健康状况差是由于该处农业耕地较多，且附近居民产生大量生活污水，不加以治理造成水体污染；苋麻河、西河处于土地宽广的农用地处，造成这一现象的原因可能为农田施用大量的化肥造成水体污染。

表8.5 关联度计算结果

时间	地点	很健康	健康	亚健康	不健康	病态	结果
2018年4月	清水河上游	0.555	0.665	0.835	0.874	0.774	不健康
	清水河中游	0.501	0.609	0.722	0.896	0.794	不健康
	清水河下游	0.534	0.630	0.773	0.905	0.762	不健康
	折死沟	0.528	0.641	0.784	0.881	0.834	不健康
	双井子沟	0.538	0.632	0.741	0.909	0.799	不健康
	苋麻河	0.527	0.625	0.716	0.885	0.797	不健康
	中河	0.643	0.708	0.787	0.878	0.767	不健康
	西河	0.568	0.654	0.729	0.883	0.747	不健康
	冬至河	0.053	0.053	0.038	0.029	0.029	健康
2018年7月	清水河上游	0.460	0.555	0.812	0.898	0.719	不健康
	清水河中游	0.470	0.560	0.681	0.899	0.784	不健康
	清水河下游	0.518	0.623	0.882	0.846	0.648	亚健康
	折死沟	0.475	0.572	0.692	0.880	0.874	不健康
	双井子沟	0.496	0.603	0.759	0.895	0.864	不健康
	苋麻河	0.475	0.560	0.741	0.887	0.772	不健康
	中河	0.532	0.585	0.823	0.807	0.695	亚健康
	西河	0.569	0.585	0.727	0.864	0.841	不健康
	冬至河	0.733	0.713	0.733	0.735	0.660	不健康
2018年11月	清水河上游	0.459	0.603	0.782	0.847	0.800	不健康
	清水河中游	0.474	0.681	0.691	0.760	0.752	不健康
	清水河下游	0.479	0.770	0.708	0.656	0.525	健康
	折死沟	0.462	0.608	0.780	0.834	0.833	不健康
	双井子沟	0.488	0.696	0.741	0.779	0.780	病态
	苋麻河	0.592	0.707	0.709	0.793	0.734	不健康
	中河	0.491	0.666	0.682	0.790	0.724	不健康
	西河	0.527	0.687	0.698	0.806	0.714	不健康
	冬至河	0.677	0.854	0.647	0.565	0.516	健康

8.7 小结

（1）2018 年 4 月清水河上游、清水河中游、清水河下游、折死沟、双井子沟、苋麻河、中河、西河为不健康，冬至河为健康；2018 年 7 月清水河上游为不健康，清水河中游、折死沟、双井子沟、苋麻河、中河、西河为不健康，清水河下游为亚健康，冬至河为很健康；2018 年 11 月清水河上游、折死沟为亚健康，清水河中游、清水河下游、双井子沟、苋麻河、中河、西河、冬至河为健康。

（2）清水河流域水生生态系统结构不均衡，多样性较低，对氮营养盐的降解能力不足，以及城镇生活污水的排放及农业污染是导致清水河流域水生生态系统健康状态差的主要原因。因此，应该加强对清水河流域的水质监测，降低清水河流域外源性输入氮磷营养盐含量，将其控制在一个标准范围内，重建和恢复水生生态系统，保证其结构的完整性和功能的稳定性。

第9章 任务与远景

本书基于2017年11月，2018年4月、2018年7月、2018年11月和2019年4月、2019年7月、2019年11月清水河水质、沉积物的理化因子调查数据和浮游植物、浮游动物、底栖动物、河岸带植物、鱼类的调查数据，系统地研究了清水河流域的水环境因子时空分布特征，明确了清水河流域各区域的水环境功能，评价了清水河水体和沉积物重金属的污染水平及生态风险，了解了清水河流域浮游生物、底栖动物、河岸带植物和鱼类的种群分布及物种多样性，确定了清水河流域的水环境容量、水生态承载力及水生生态系统健康状况，为清水河流域的水环境保护提供了数据支撑和科学参考。

研究表明清水河流域受到了较为严重的污染，污染物浓度总体表现为支流高于干流，下游高于上游，其中以 F^- 污染最为严重。氟（F）位于元素周期表第二周期第ⅦA族，在地壳丰富度元素中排列第13位（WHO），是自然界分布广泛的卤族元素，是世界卫生组织认定的环境污染物，可以通过多种环境介质（大气、水体、生物体等）长距离迁移或滞留，对全球生态环境和人类健康构成严重危害。氟与人体健康密切相关，饮用水和食物中氟的缺乏，会影响人和动物牙齿的发育，而氟过量则会造成氟中毒。宁夏清水河流域是地氟病的高发区，地方性氟中毒已经成为一种严重危害当地居民身体健康的地方病。

20世纪70年代以来，我国的环境科学工作者、医学地理学工作者和土壤学工作者从氟污染和地方性氟中毒病的角度出发，对土壤和地下水中氟含量进行了大量研究，目前的研究主要集中在氟的区域空间分布、来源、赋存形态、迁移转化的影响因素以及控制对策等方面，但对水、沉积物、土壤中氟赋存形态的形成机理、迁移规律等研究的深度和广度都还不够。因此今后需要对清水河流域水体、沉积物、河岸带土壤、流域内农田土壤及农作物中不同形态的氟进行研究，研究多态氟的迁移转化规律及其与环境因子、水文、气象因素的关系，确定氟在植物间的迁移转化规律、迁移通量及迁移抑制机理，为清水河流域地氟病控制提供依据，为地氟病高发区的防治提供参考。

参考文献

[1] 吴岳玲，李世龙，邱小琮，等．清水河流域水质综合分析与评价［J］．环境监测管理与技术，2021，33（2）：40-45.

[2] 石伟，段杰仁，邱小琮，等．清水河流域浮游动物种群结构及多样性研究［J］．湖北农业科学，2021，60（6）：100-104.

[3] 王世强，赵增锋，邱小琮，等．清水河干流水质空间分布特征及季节性变化［J］．西南农业学报，2021，34（2）：386-391.

[4] 段杰仁，石伟，邱小琮，等．清水河流域河岸带植物群落结构及多样性［J］．安徽农业科学，2020，48（19）：73-76.

[5] 李世龙，赵增锋，邱小琮，等．宁夏清水河流域重金属分布特征及风险评价［J］．灌溉排水学报，2020，39（7）：128-137.

[6] 雷兴碧．清水河流域水环境功能分区研究［D］．银川：宁夏大学，2020.

[7] 吴岳玲．清水河流域水环境因子时空分异研究［D］．银川：宁夏大学，2020.

[8] 李世龙．清水河流域重金属分布特征及风险评价［D］．银川：宁夏大学，2020.

[9] 郭玉华．太湖流域跨界水生态现状及演化的原因分析［J］．生态经济．2009（2）：158-160.

[10] 张威，付新峰．黄河流域水生态现状与气候变化适应性对策［J］．人民黄河，2011，33（5）：51-53.

[11] 娄广艳，王文君，葛雷，等．红碱淖流域水生态现状及保护对策［J］．水生态学杂志，2012，33（2）：147-152.

[12] 徐宗学，顾晓昀，刘麟菲．渭河流域河流健康调查与评价［J］．水资源保护，2018，34（1）：1-7.

[13] 杜鹏．不确定条件下流域水量与水质管理模型研究［D］．北京：华北电力大学，2013.

[14] 王圣瑞，倪兆奎，席海燕．我国湖泊富营养化治理历程及策略［J］．环境保护，2016，44（18）：15-19.

[15] 陈小锋，揣小明，杨柳燕．中国典型湖区湖泊富营养化现状、历史演变趋势及成因分析［J］．生态与农村环境学报，2014，30（4）：438-443.

[16] 王晓青．三峡库区澎溪河（小江）富营养化及水动力水质耦合模型研究［D］．重庆：重庆大学，2012.

[17] 李卫平．高原典型湖泊营养元素地球化学循环与重金属污染研究［D］．呼和浩特：内蒙古农业大学，2012.

[18] 陈小锋．我国湖泊富营养化区域差异性调查及氮素循环研究［D］．南京：南京大学，2012.

[19] 张欣．济南市水生态功能分区及水生态健康评价［D］．大连：大连海洋大学，2016.

[20] 梁吉义．略论自然资源可持续开发利用系统的构建与优化［J］．资源科学，1998（2）：30-35.

[21] 王西琴，张远，刘昌明．河道生态及环境需水理论探讨［J］．自然资源学报，2003（2）：240-246.

[22] 钱正英，陈家琦，冯杰．人与河流和谐发展［J］．河海大学学报（自然科学版），2006（1）：1-5.

[23] 黄艺，蔡佳亮，郑维爽，等．流域水生态功能分区以及区划方法的研究进展［J］．生态学杂志，2009，28（3）：542-548.

[24] 时艳婷．基于水生态功能分区的流域水环境质量评价模型研究［D］．哈尔滨：哈尔滨工业大学，2017.

[25] 左世文．城镇化进程中沈抚连接带水生态变化与四级水生态功能分区研究［D］．沈阳：辽宁大

学，2016.

[26] 张欣，徐宗学，殷旭旺，等. 济南市水生态功能区划研究 [J]. 北京师范大学学报（自然科学版），2016 (3)：303-310.

[27] 张欣，徐宗学，刘麟菲，等. 应用底栖动物完整性指数评价济南市水生态健康状况 [J]. 水资源保护，2016 (6)：123-130.

[28] 王金宝. 试论流域水环境功能区划问题 [J]. 科技致富向导，2011 (26)：340.

[29] 中华人民共和国环境保护部. HJ 522—2009 地表水环境功能区类别代码（试行）[S]，2009.

[30] 甄明泽，钱夔超，程光，等. 天津市水环境功能区划分方案及水质标准的确定 [J]. 城市环境与城市生态，1999 (6)：10-12.

[31] 张高生，董广清. 主成分分析方法在小清河水环境功能区划中的应用 [J]. 山东环境，1998 (5)：13-15.

[32] 李凤，吴长文. 水源保护林理水功能研究 [J]. 南昌工程学院学报，1995 (S1)：30-36.

[33] Herbertson A J. The Major Natural Regions：An Essay in Systematic Geography [J]. The Geographical Journal，1904.

[34] Whittlesey D. Major Agricultural Regions of the Earth [J]. Annals of the Association of American Geographers，1936.

[35] Rao C J，Zhang Q，Gan J P. Total Amount Control of Pollutant and Allocation of Total Permitted Pollution Discharge Capacity [J]. Applied Mechanics and Materials，2012，246-247：653-657.

[36] 徐财江. 基于环境容量的污染物排放总量控制与系统构建研究 [D]. 杭州：浙江大学，2006.

[37] Karr J R，Dudley D R. Ecological perspective on water quality goals [J]. Environmental Management，1981，5 (1)：55-68.

[38] Omernik J M. Ecoregions of conterminous Unite States [J]. Annals of the Association of American Geographers，1987，77 (1)：118-125.

[39] 孟伟，张远，郑丙辉. 水环境质量基准、标准与流域水污染物总量控制策略 [J]. 环境科学研究，2006 (3)：1-6.

[40] 郑丙辉，朱建平，刘琰，等. 我国地表水环境功能区达标评价方法 [J]. 中国给水排水，2007 (8)：105-108.

[41] Usepa. Ambient water qaulity criteria (series) [S]，1980.

[42] 郑丙辉，朱建平，刘琰，等. 我国地表水环境功能区达标评价方法 [J]. 中国给水排水，2007 (8)：105-108.

[43] 石秋池. 关于水功能区划 [J]. 水资源保护，2002 (3)：58-59.

[44] 朱党生，王筱卿，纪强，等. 中国水功能区划与饮用水源保护 [J]. 水利技术监督，2001 (3)：33-37.

[45] 侯宇光，杨凌真，黄川友. 水环境保护 水资源保护 [M]. 成都：四川大学出版社，1989.

[46] 陆建明. 平原河网地区地表水环境保护功能区划分的研究 [J]. 环境导报，2000 (2)：35-36.

[47] 周晓刚. 堵河流域水环境保护功能区划分及功能可达性分析探讨 [J]. 环境科学研究，1996，9 (1)：29-35.

[48] 胡开明，逄勇，余辉，等. 太湖水环境功能区调整方案 [J]. 河海大学学报（自然科学版），2012，40 (5)：503-508.

[49] 林启才. 渭河陕西段水体特征及水环境功能演变分析 [J]. 环境与发展，2014，26 (5)：83-85.

[50] 顾自强，高飞，汪周园. 梁子湖流域水环境功能区划及水质现状分析 [J]. 中国环境管理，2014，6 (5)：32-36.

[51] 夏春龙. 抚顺市水功能区与水环境功能区对比分析及建议 [C] //. 水与水技术（第 9 辑），2019：98-100.

[52] 阳平坚，吴为中，孟伟，等．基于生态管理的流域水环境功能区划——以浑河流域为例 [J]．环境科学学报，2007 (6)：944-952.

[53] 陈立．海河流域水环境功能区与水功能区整编 [D]．哈尔滨：东北林业大学，2011.

[54] 李永振，陈丕茂．南沙群岛重要珊瑚礁水域鱼类资源数量分布 [J]．水产学报，2004 (6)：651-656.

[55] 张景华，封志明，姜鲁光．土地利用/土地覆被分类系统研究进展 [J]．资源科学，2011，33 (6)：1195-1203.

[56] 许伟，奚砚涛．基于 Landsat8 遥感影像的合肥市土地利用分类 [J]．湖北农业科学，2015，54 (15)：3625-3629.

[57] 尹海龙，徐祖信．河流综合水质评价方法比较研究 [J]．长江流域资源与环境，2008，17 (5)：729-733.

[58] 王俭，李雪亮，李法云，等．基于系统动力学的辽宁省水环境承载力模拟与预测 [J]．应用生态学报，2009，20 (9)：2233-2240.

[59] 中华人民共和国环境保护部．HJ 338—2018 饮用水水源保护区划分技术规范 [S]，2018.

[60] 苏新礼．宁夏清水河流域干旱演变特征分析 [J]．宁夏农林科技，2011，52 (12)：266-268.

[61] 彭淑敏，王军宁．基于神经网络的图像识别方法 [J]．电子科技．2005 (1)：38-41.

[62] 胡博，鞠洪波，刘华，等．基于遥感影像的大区域植被类型样本快速提取方法研究——以寒温带针叶林区域为例 [J]．林业科学研究，2017，30 (1)：111-116.

[63] 徐祖信．我国河流单因子水质标识指数评价方法研究 [J]．同济大学学报（自然科学版），2005 (3)：321-325.

[64] 王文林，胡孟春，唐晓燕．太湖流域农村生活污水产排污系数测算 [J]．生态与农村环境学报，2010，26 (6)：616-621.

[65] 唐剑武，叶文虎．环境承载力的本质及其定量化初步研究 [J]．中国环境科学，1998 (3)：36-39.

[66] 莫淑红，孙新新，沈冰，等．基于系统动力学的区域水环境动态承载力研究 [J]．西安理工大学学报，2007 (3)：251-256.

[67] 诚汪恕．水环境承载能力分析与调控 [J]．水利发展研究，2002 (1)：2-6.

[68] 郭怀成，唐剑武．城市水环境与社会经济可持续发展对策研究 [J]．环境科学学报，1995 (3)：363-369.

[69] 李清龙，张焕祯，王路光，等．水环境承载力及其影响因素 [J]．河北工业科技，2004 (6)：30-32.

[70] 崔凤军．城市水环境承载力及其实证研究 [J]．自然资源学报，1998，13 (1)：58-62.

[71] 莫淑红，孙新新，沈冰，等．基于系统动力学的区域水环境动态承载力研究 [J]．西安理工大学学报，2007 (3)：251-256.

[72] 侯国祥，张豫，苏海，等．基于 ArcGIS 的长江流域水环境功能区划研究 [J]．华中科技大学学报（自然科学版），2004 (6)：105-107.

[73] 余向勇，吴舜泽．全国水环境功能区编码研究 [J]．环境科学研究，2006 (3)：134-138.

[74] 陈静生，陶澍，邓宝山，等．水环境化学 [M]．北京：高等教育出版社，1993.

[75] 李战，李坤．重金属污染的危害与修复 [J]．现代农业科技，2010，16：268-270.

[76] 王宏镔，束文圣，蓝崇钰．重金属污染生态学研究现状与展望 [J]．生态学报，2005，25 (3)：596-605.

[77] 金相灿．沉积物污染化学 [M]．北京：中国环境科学出版社，1992.

[78] 耿雅妮，河流重金属污染研究进展 [J]．中国农学通报，2012 (11)：262-265.

[79] 周启艳，李国葱，唐植成．我国水体重金属污染现状与治理方法研究 [J]．轻工科技，2013，4：98-99.

[80] 李致春．安徽宿州沱河沉积物重金属污染特征研究 [D]．淮南：安徽理工大学，2013.

[81] 王漫漫．太湖流域典型河流重金属风险评估及来源解析 [D]．南京：南京大学，2016.

[82] 宋颖. 南四湖典型入湖河流表层沉积物中重金属的分布及生态风险 [D]. 济南：山东大学，2014.
[83] 李帅. 宁夏黄河流域气候与土地利用变化及其对径流影响研究 [D]. 重庆：西南大学，2015.
[84] 气候与土地利用变化下宁夏清水河流域径流模拟 [J]. 生态学报，2017 (4).
[85] Johnson C A. The regulation of trace metal concentration in river and esturine waters contaminated with acid mine drainage：the adsorption of Cu and Zn on amorphpus Fe oxyhydroxides. Geochim. Acts，1986，50：2433-2438.
[86] 李淑媛，苗丰民. 北黄海沉积物中重金属分布及环境背景值 [J]. 海洋科学进展，1994 (3)：20-24.
[87] 李磊，沈新强. 春、夏季长江口溶解态重金属的时空分布特征及其污染评价 [C] //中国水产学会学术年会，2011：541-549.
[88] 苏春利，王焰新. 墨水湖上覆水与沉积物间隙水中重金属的分布特征 [J]. 长江流域资源与环境，2008，17 (2)：285-285.
[89] 王莉红，汤福隆，胡岭，等. 杭州西湖水中四种重金属的形态分布和交换过程研究 [J]. 环境科学学报，1998，18 (2)：147-152.
[90] Yin Y Y，Huang G H，Hipel K W. Fuzzy relation analysis for multicriteria water resources management [J]. Journal of Water Resources Planningand Management，1999，125 (1)：41-47.
[91] 高继军，张力平，黄圣彪，等. 北京市饮用水源水重金属污染物健康风险的初步评价 [J]. 环境科学，2004，1 (2)：47-50.
[92] 张妍，李发东，欧阳竹，等. 黄河下游引黄灌区地下水重金属分布及健康风险评估 [J]. 环境科学，2013，34 (1)：121-128.
[93] Meyer J S，Santore R C，Bobbitt J P，et al. Binding of nickel and copper to fish gills predic-ts-toxicity when waterh ardness varies，but free-ion activity does not [J]. Environ Sci Technol，33：913-916.
[94] Morel F M. Principles of aquatic chemistry [M]. NewYork：John Wiley & Sons，1983：300-309.
[95] Pagenkopf G K. Gill surface interaction model for trace-metal toxicity to fishes：Role of complexation，PH and waterhardness [J]. Environ Sci Technol，1983，17：342-347.
[96] 吕怡兵，李国刚，宫正宇，等. 应用BLM模型预测我国主要河流中Cu的生物毒性 [J]. 环境科学学报，2006，26 (12)：2080-2085.
[97] Santore R C，Ditoro D M，Paquin P R，et al. Biotic ligand model of the acute toxicity of metals. Application to acute coppertoxicity in freshwater fish and Daphnia [J]. Environment To-xicology And Chemistry，2001，20：2397-2402.
[98] 刘英华. 太子河本溪城区段河流重金属空间分布及风险分析 [D]. 沈阳：辽宁大学，2017.
[99] 韦朝阳，陈同斌. 重金属超富集植物及植物修复技术研究进展 [J]. 生态学报，2001，21 (7)：1196-1203.
[100] 程杰. 巢湖水体重金属污染评价及水中重金属污染的植物修复研究 [D]. 合肥：安徽农业大学，2008.
[101] Tessier A，Cambell M，et al. Sequential extraction procedure for the speciation of particulatet-racemetals [J]. Analytical Chemistry，1979，51 (7)：844.
[102] Davidson C M，Thomaa R P，Mcvey S E，et al. Evaluation of a sequential extraction procedu-refor the speciation of heavy metals in sediments [J]. Analytica Chimica Acta，1994，291：277.
[103] Usero J，Gamero M，Morillo J，et al. Comparative study of three sequential extraction procedures for metals in marine sediments [J]. Environment International，1998，24 (4)：487.
[104] 范文宏，陈静生，洪松，等. 沉积物中重金属生物毒性评价的研究进展 [J]. 环境科学与技术，2002，25 (1)：36-39.

[105] Alcock S D, Barelo P D, Hansen. Monitoring fresh water sediments [J]. Biosensors and Bioelec - tronics, 2003, 18 (8): 1077 - 1083.

[106] 王新伟，何江，李朝生. 水体中重金属的形态分析方法 [J]. 内蒙古大学学报（自然版），2002，33 (5)：587 - 591.

[107] 洪华生，戴民汉，陈水生. 春季厦门港、九龙江口各种形态磷的分布与转化 [J]. 海洋环境科学，1989 (2)：1 - 8.

[108] 朱广伟，秦伯强，高光，等. 长江中下游浅水湖泊沉积物中磷的形态及其与水相磷的关系 [J]. 环境科学学报，2004，24 (3)：381 - 388.

[109] 陈明，蔡青云，徐慧，等. 水体沉积物重金属污染风险评价研究进展 [J]. 生态环境学报，2015 (6)：1069 - 1074.

[110] 陈静生. 水环境化学 [M]. 北京：高等教育出版社，1987.

[111] 廖为权. 水质评价的浓度级数法 [J]. 水文，1992，(3)：45 - 49.

[112] 胡成，苏丹. 综合水质标识指数法在浑河水质评价中的应用 [J]. 生态环境学报，2011，20 (1)：186 - 192.

[113] 蔡文贵，林钦，贾晓平，等. 考洲洋重金属污染水平与潜在生态危害综合评价 [J]. 生态学杂志，2005，24 (3)：343 - 347.

[114] 沈春燕，冯波，卢伙胜. 茂名放鸡岛海域水体重金属的分布与污染评价 [J]. 海洋通报，2008，27 (5)：116 - 120.

[115] 马迎群，时瑶，秦延文，等. 浑河上游（清原段）水环境中重金属时空分布及污染评价 [J]. 环境科学，2014，35 (1)：108 - 116.

[116] 常旭，马迎群，杨晨晨，等. 大辽河主要污染源重金属特征及污染评价 [J]. 环境污染与防治，2015，37 (5)：32 - 38.

[117] 吴学丽，杨永亮，汤奇峰，等. 沈阳河水、地下水及沉积物中重金属的生态风险评价及来源解析 [J]. 生态学杂志，2011，30 (3)：438 - 447.

[118] 吴彬，臧淑英，那晓东. 灰色关联分析与内梅罗指数法在克钦湖水体重金属评价中的应用 [J]. 安全与环境学报，2012，12 (5)：134 - 137.

[119] 周志勇，邱继彩. 祊河沉积物重金属（Cu、Zn、Cd）的污染评价 [J]. 环境保护科学，2013，39 (3)：95 - 98.

[120] 贾旭威，王晨，蒋祥英，等. 三峡沉积物中重金属污染累积及潜在生态风险评估 [J]. 地球化学，2014，43 (2)：174 - 179.

[121] Zoller W H, Gladney E S, Duce R A. Atmospheric Concentrations and Sources of Trace Metal - s at the South Pole [J]. Science, 1974, 183: 199 - 201.

[122] Blaser P, Zimmermann S, Luster J, et al. Critical examination of trace element enrichments an - d depletions in soils: As, Cr, Cu, Ni, Pb, and Zn in Swiss forest soils [J]. The Scienc - e of Total Environment, 2000, 249: 257 - 280.

[123] Sutherland R A. Bed sediment - associated trace metals in an urban stream, Oahu, Hawaii [J]. E - nvironmental Geology, 2000, 39 (6): 611 - 627.

[124] Woitke P, Wellmitz J, Helm D, et al. Analysis and assessment of heavy metal pollution in sus - pended solids and sediments of the river Danube [J]. Chemosphere, 2003, 51: 633 - 642.

[125] 张兆永，吉力力·阿不都外力，姜逢清. 博尔塔拉河河水、表层底泥及河岸土壤重金属的污染和潜在危害评价 [J]. 环境科学，2015，36 (7)：2422 - 2429.

[126] Muller G. Index of Geoaccumulation in Sediments of the Rhine River [J]. GeoJournal, 1969, 2 (3): 108 - 118.

[127] 彭渤，唐晓燕，余昌训，等. 湘江入湖河段沉积物重金属污染及其 Pb 同位素地球化学示踪

[J]. 地质学报，2011，85 (2)：282 - 299.

[128] 余辉，张文斌，余建平. 洪泽湖表层沉积物重金属分布特征及其风险评价 [J]. 环境科学，2011，32 (2)：437 - 444.

[129] 王岚，王亚平，许春雪，等. 长江水系表层沉积物重金属污染特征及其生态风险性评价 [J]. 环境科学，2012，33 (8)：2599 - 2606.

[130] 王丽，陈凡，马千里，等. 东江淡水河流域地表水和沉积物重金属污染特征及风险评价 [J]. 环境化学，2015，34 (9)：1671 - 1684.

[131] Tomlinson D L，Wilson J D，Harris C R，et al. Problems in the assessment of heavy metals levels in estuaries and the formation of pollution index [J]. Helgoland Marine Research，1980，33：566 - 575.

[132] 郑玲芳. 黄浦江水源地沉积物重金属潜在生态风险评价 [J]. 生态与农村环境学报，2013，29 (6)：762 - 767.

[133] 古正刚，吴敏，卫蓉，等. 泸沽湖表层沉积物中重金属污染特征明. 环境科学与技术，2014，37 (11)：11 - 115.

[134] 张珍明，林绍霞，张清海，等. 草海湖湿地重金属分布特征及污染负荷 [J]. 水土保持研究，2014，21 (2)：279 - 284.

[135] Hakanson L. An ecological risk index for aquatic pollution control of sediment ecological approach [J]. Water Research，1980，14：975 - 1000.

[136] 谢文平，王少冰，朱新平，等. 珠江下游河段沉积物中重金属含量及污染评价 [J]. 环境科学，2012，33 (6)：1808 - 1815.

[137] 王晨，曾祥英，于志强，等. 湘江衡阳段沉积物中铊等重金属的污染特征及其生态风险评估 [J]. 生态毒理学报，2013，8 (1)：16 - 22.

[138] Wang Z M，Sun R H，Zhang H P，et al. Analysis and assessment of heavy metal contaminationin surface water and sediments：a case study from Luan River，Northern China [J]. Frontiers of Environmental Science&Engineering，2015，9 (2)：240 - 249.

[139] 郭泌汐，刘勇勤，张凡，等. 西藏湖泊沉积物重金属元素特征及生态风险评估 [J]. 环境科学，2016，37 (2)：490 - 498.

[140] 包淑萍，马云，王生鑫. 宁夏清水河流域水资源评价分析 [J]. 宁夏农林科技，2015，56 (3)：43 - 46.

[141] 温世恩，曹建忠，潘军，等. 清水河城镇产业带供水问题调研报告 [D]. 银川：宁夏水利厅，2017：01 - 09.

[142] 马文明. 基于主成分分析法和熵值法的我国指数基金综合评价 [D]. 长沙：中南大学，2007.

[143] 伍冠星，杨永宇，刘畅. 水环境因子时空分布特征研究进展 [J]. 民营科技，2016，(10)：21 - 23.

[144] 高志刚，韩延玲. 主成分分析方法在区域经济研究中的应用——以新疆为例 [J]. 干旱区地理，2001，24 (2)：157 - 160.

[145] 史小红，李畅游，贾克力，等. 灌区湖泊污染主成分分析 [J]. 节水灌溉，2007 (6)：13 - 16.

[146] 雷静，张思聪. 唐山市平原区地下水脆弱性评价研究 [J]. 环境科学学报，2003，23 (1)：94 - 99.

[147] 麦碧娴，傅家谟. 珠江干流河口水体有机氯农药的时空分布特征 [J]. 环境科学，2004，25 (2)：150 - 156.

[148] Vega M，Pardo R，Barrado E，et al. Assessment of seasonal andpolluting effects on the quality of river water by exploratory dataanalysis [J]. Water Research，1998，32：3581 - 3592.

[149] 周丰，郝泽嘉，郭怀成. 香港东部近海水质时空分布模式 [J]. 环境科学学报，2007，27 (9)：1517 - 1524.

[150] 付江波，李新，周静，等. 聚类分析和标识指数法在苏州城区河道的应用 [J]. 环境工程，

2016，(1)：103-107.
[151] 奥布力·塔力普，汪慧玲，阿里木江·卡斯木. 基于系统聚类分析的西部地区环境污染程度评价 [J]. 冰川冻土，2015，(1)：266-270.
[152] 张薇，赵亚娟. 国际水资源现状与研究热点 [J]. 地质通报，2009，28 (Z1)：177-183.
[153] 中华人民共和国水利部. 中国水资源公报 [R]. 北京：中国水利水电出版社，2014.
[154] 张科举. 基于组合赋权方法的宁夏灌区初始水权分配研究 [D]. 郑州：华北水利水电大学，2015.
[155] 薛正昌. 黄河文化与宁夏农业文明 [J]. 渭南师范学院学报，2004 (4)：35-41.
[156] 王冰. 清水河流域（原州区段）生态系统健康评价 [D]. 银川：宁夏大学，2014.
[157] 李淑霞，王炳亮. 宁夏生态水文分区及水资源开发利用策略 [J]. 人民黄河，2013，35 (12)：68-70.
[158] 李杰. 漳河上游河流水质评价及预测 [D]. 邯郸：河北工程大学，2018.
[159] Stiff M J. Rive Po1lution Contro1 [M]. E1lis Horwood Limited，1980：319-331.
[160] 刘国梁. 中英法律制度对环境影响评价作用的比较研究 [D]. 大连：大连理工大学，2016.
[161] 保金花，黄勇. 水质综合评价方法研究综述 [J]. 水利科技与经济，2008 (8)：639-642.
[162] Jacobs H L. Water quality criteria [J] Research Journal of the Water Pollution Control Federation，1965.
[163] Brown R M，McClelland N L. Deininger R A.，et al. A water quality index：Do we dare [J]. Water & Sewage Works，1970，117：339-344.
[164] Nemerow N L. Scientific Stream Pollution Analysis [M]. New York：McGraw Hill，1974.
[165] Ross S. An index system for classifying river water quality [J]. Water Pollution Control，1977，76 (1)：113-122.
[166] 陈荣. 东江湖流域水质变化趋势分析与水质评价 [D]. 长沙：中南林业科技大学，2016.
[167] 张士俊. 基于 GIS 的辛安泉水质评价及污染物浓度的动态显示 [D]. 太原：太原理工大学，2013.
[168] 杜兰. 地表水水质监测现状分析与对策 [J]. 资源节约与环保，2018 (7)：34.
[169] 丁桑岚. 环境评价概论 [M]. 北京：化学工业出版社，2001.
[170] 郭晶，王丑明，黄代中，等. 洞庭湖水污染特征及水质评价 [J]. 环境化学，2019，38 (1)：152-160.
[171] 孙大明. 基于层次分析法的大连市大沙河流域水质综合评价 [J]. 水电能源科学，2017，35 (8)：53-55，115.
[172] 中华人民共和国地表水环境质量标准 [N]. 中国环境报，2002-06-01 (3).
[173] 李新德，张紫悦. 改进的模糊综合评价法对洺关水质的评价研究 [J]. 水利科技与经济，2019，25 (9)：1-5.
[174] 鲁斐，李磊. 主成分分析法在辽河水质评价中的应用 [J]. 水利科技与经济，2006 (10)：660-662.
[175] 王兆波. 长春市典型水库水质综合评价及预测研究 [D]. 长春：长春工程学院，2018.
[176] 鲍广强. 基于 GIS 的黑河流域重金属分布特征及污染风险评估 [D]. 银川：宁夏大学，2018.
[177] 周丰，郝泽嘉，郭怀成. 香港东部近海水质时空分布模式 [J]. 环境科学学报，2007 (9)：1517-1524.
[178] 刘琰，郑丙辉，付青，等. 水污染指数法在河流水质评价中的应用研究 [J]. 中国环境监测，2013，29 (3)：49-55.
[179] 陈守煜，陈晓冰. 水质模糊评价理论与模型 [J]. 环境科学学报，1991 (1)：1-8.
[180] 朱洁，连新泽，柯爱英，等. 模糊评价法在楠溪江水质评价中的应用 [J]. 浙江水利科技，2018，46 (6)：8-13，28.
[181] 侯玉婷，周忠发，王历，等. 基于改进模糊综合评价法的喀斯特山区水质评价研究 [J]. 水利

水电技术，2018，49（7）：129－135.
[182] 邓聚龙．社会经济灰色系统的理论与方法［J］．中国社会科学，1984（6）：47－60.
[183] 张彦波，司训练．基于改进灰色关联法的地表水环境质量评价［J］．人民黄河，2017，39（11）：109－111，127.
[184] 储金宇，柴晓娟．用灰色聚类法对长江镇江段水环境质量的评价［J］．人民长江，2006（11）：76－78.
[185] 张耀辉，郭瑞，胡蕊，等．基于层次分析法的地下水水质综合评价［J］．兰州交通大学学报，2015，34（6）：17－22.
[186] 郭小青，项新建．基于神经网络模型的水质监测与评价系统［J］．重庆环境科学，2003（5）：8－10，59.
[187] 郑飞．基于数据挖掘的洞庭湖水质评价预测研究［D］．长沙：湖南农业大学，2013.
[188] 李如忠．水质评价理论模式研究进展及趋势分析［J］．合肥工业大学学报（自然科学版），2005（4）：369－373.
[189] 张青，王学雷，张婷，等．基于BP神经网络的洪湖水质指标预测研究［J］．湿地科学，2016，14（2）：212－218.
[190] 孔刚，王全九，黄强．基于BP神经网络的北京昌平山前平原地下水水质评价［J］．农业工程学报，2017，33（S1）：150－156，389.
[191] Streeter H W，Phelps E B．A study the pollution and naturai purification of the Ohio River［R］．US Department of Health，Education & Welfare，1958.
[192] 张学成．MFAM模型在河流水质污染模拟及预测中的应用［J］．四川环境，1994（4）：10－15.
[193] 徐敏，曾光明，苏小康．混沌理论在水质预测中的应用初探［J］．环境科学与技术，2004（1）：51－54，113.
[194] Hydraulics Laboratory．CE－QUAL－W2：A numerical two－dimensional，laterally averaged model of hydrodynamics and water quality：user's manual［J］，1986.
[195] 陈月，席北斗，何连生，等．QUAL2K模型在西苕溪干流梅溪段水质模拟中的应用［J］．环境工程学报，2008（7）：1000－1003.
[196] Kanda E K，Kosgei J R，Kipkorir E C．Simulation of organic carbon loading using MIKE 11 model：A case of River Nzoia，Kenya［J］．Water Practice & Technology，2015，10（2）：298－304.
[197] Jiao R H，Li X．Forecasting the environment effect of draining water and residual chlorine on marine environment based on MIKE21 model from Dalian LNG project［A］，2011.
[198] 韩龙喜，陆东燕，李洪晶，等．高盐度湖泊艾比湖风生流三维数值模拟［J］．水科学进展，2011，22（1）：97－103.
[199] 张永祥，王磊，姚伟涛，等．WASP模型参数率定与敏感性分析［J］．水资源与水工程学报，2009，20（5）：28－30.
[200] 张维江．干旱地区水资源及其开发利用评价［M］．郑州：黄河水利出版社，2018.
[201] 徐明德，师莉红．浅析QUASAR河流综合水质模型［J］．科技情报开发与经济，2005（2）：172－174.
[202] 陈丽华，臧荣鑫，王宏伟，等．人工神经网络及其在水质信息检测中的应用［M］．北京：国防工业出版社，2011.
[203] 包淑萍，马云，王生鑫．宁夏清水河流域水资源评价分析［J］．宁夏农林科技，2015，56（3）：43－46，50.
[204] 艾成，丁环．宁夏清水河流域水文特性分析［J］．宁夏农林科技，2010（3）：71－72.
[205] 孙波，陈晓虎，邹欣媛．适应新常态施展新作为——宁夏回族自治区发展和改革委员会［DB/OL］，2015－3－12.

[206] 孟祥仪. 基于WASP模型的宁夏清水河水质预警研究 [D]. 西安：长安大学，2017.

[207] Brettum P. Changes in the volume and composition of phytoplankton after acidification of a humic lake [J]. Environment International，1996，22：619-628.

[208] Temponeras M，Kristiansen J，Moustaka-Gouni M. Seasonal variation in phytoplankton composition and physical-chemical features of the shallow Lake Doirani，Macedonia，Greece [J]. Hydrobiologia，2000，424：109-122.

[209] 游亮，崔莉凤，刘载文，等. 藻类生长过程中DO、pH与叶绿素相关性分析 [J]. 环境科学与技术，2007 (9)：42-44，117.

[210] 吴丰昌，孟伟，宋永会，等. 中国湖泊水环境基准的研究进展 [J]. 环境科学学报，2008 (12)：2385-2393.

[211] 张鹏，基于主成分分析的综合评价研究 [D]. 南京：南京理工大学，2004.

[212] 惠秀娟，杨涛，李法云，等. 辽宁省辽河水生态系统健康评价 [J]. 应用生态学报，2011，22 (1)：181-188.

[213] 盛周君，孙世群，王京城，等. 基于主成分分析的河流水环境质量评价研究 [J]. 环境科学与管理，2007 (12)：172-175.

[214] 张亚丽，周扬，程真，等. 不同水质评价方法在丹江口流域水质评价中应用比较 [J]. 中国环境监测，2015，31 (3)：58-61.

[215] 李倩，陈颖. 应用灰色关联法评价张集地下水水质状况 [J]. 能源技术与管理，2017，42 (3)：164-165，173.

[216] 宋菁，曹梦璐，闫伟伟. 磁湖湖滨带水质模糊综合评价 [J]. 中国环境管理干部学院学报，2019，29 (4)：85-89，93.

[217] 刘新铭. 丹河流域水环境模糊评价与容量研究 [D]. 南京：南京理工大学，2005.

[218] 杨永宇. 黑河流域水环境因子分析及水环境质量综合评价 [D]. 银川：宁夏大学，2017.

[219] 花瑞祥，张永勇，刘威，等. 不同评价方法对水库水质评价的适应性 [J]. 南水北调与水利科技，2016，14 (6)：183-189.

[220] 肖晓柏，许学工. 地表水环境质量灰关联评价方法探讨 [J]. 环境科学与技术，2003 (3)：34-36，65.

[221] 王玉平. 固原综合治理清水河流域水环境 [N]. 新华网，2017-3-1.

[222] 李小妹，严平，郭金蕊，等. 宁夏东南部清水河、苦水河流域苦咸水水质综合评价 [J]. 干旱区资源与环境，2014，28 (2)：136-142.

[223] 张圃轩，李琪. 渭南市地下水氟化物分布特征及污染成因研究 [J]. 地下水，2019，44 (4)：59-60，70.

[224] 汤洁，卞建民，李昭阳，等. 松嫩平原氟中毒区地下水氟分布规律和成因研究 [J]. 中国地质，2010，37 (3)：614-620.

[225] 中华人民共和国国家标准生活饮用水卫生标准 [J]. 城镇供水，2007 (4)：27-31.

[226] 戴向前，刘昌明，李丽娟. 我国农村饮水安全问题探讨与对策 [J]. 地理学报，2007 (9)：907-916.

[227] 沈辉. 盐池地区地下水中氟的来源和富集规律研究 [D]. 北京：中国地质科学院，2005.

[228] 王冬. 陕西澄城县高氟地下水分布特征及成因分析 [D]. 长春：吉林大学，2016.

[229] 姜体胜，杨忠山，王明玉，等. 北京南部地区地下水氟化物分布特征及成因分析 [J]. 干旱区资源与环境，2012，26 (3)：96-100.

[230] 李强. 灰色动态模型在湖泊TN、TP贮蓄量预测中的应用 [J]. 水资源保护，1998 (2)：23-26.

[231] 林红. 引滦入津工程水质研究 [D]. 邯郸：河北工程大学，2019.